보안검색장비론

Security Screening Equipment

고광남 · 김규성 · 소대섭

도서출판
진영사

보안검색장비론

고광남 · 김규성 · 소대섭

2020년 04월 10일 초판 인쇄
2020년 04월 11일 초판 발행

발행인 박 진 영
발행처 도서출판 진영사
인천광역시 부평구 갈산동 185번지 풍진빌딩 303호
전화 : 032)505-4207
팩스 : 032)505-4206
E-mail : 0183734207@hanmail.net
등록 : 122-91-77317

ISBN 978-89-6541-486-5 93350
값 20,000원

목 차

Chapter. 1

보안검색 개요

제1절 보안검색 정의

제2절 보안검색 금지물품

제3절 총포 · 도검 · 화약류 등의 안전관리에 관한 법률

제1장 보안검색 개요

제1절 보안검색 정의

1. 국가보안 관련법에서 정한 보안검색 정의

국가보안에서 보안검색 정의를 살펴보면 “국가정보원 국가보안시설 및 보호장비 관리지침” 제10조(출입통제)에서 국가보안시설의 시설주는 “국가보안시설 출입자에게 항상 출입증을 패용하게 하고, 허가받지 않은 지역의 출입을 통제하여야 하며 국가보안시설의 기능유지를 위해 출입인원과 차량에 대해서 보안검색을 할 수 있다”라고 규정하고 있다.

같은 지침 제27조(보안검색)에서는 보안검색에 대한 별도의 용어를 정의하고 있지는 않고 있으나 보안검색에 대한 국가차원의 범위를 명확히 정하고 있으며 다음과 같다.

① 「항공보안법」 제15~17조에 따라 항공기에 탑승하는 사람, 휴대물품, 위탁수하물 및 항공기에서 내린 통과 승객, 환승승객 및 휴대물품에 대해서는 공항운영자, 항공화물에 대해서는 항공운송사업자가 각각 보안검색을 실시한다. 이 경우 보안검색에 대한 지도·감독은 감독기관의 장이 실시한다.

② 「국제항해선박 및 항만시설의 보안에 관한 법률」 제30조의2 등에 따라 선박에 승선하는 자의 신체, 휴대물품 및 위탁수하물에 대한

보안검색은 여객터미널을 운영하는 항만시설소유자가 실시한다. 다만, 파업 등으로 항만시설소유자가 보안검색을 실시할 수 없는 경우에는 지도·감독기관의 장이 실시한다. 이 경우 신체 및 휴대물품의 보안검색은 관할 경찰서장, 위탁수하물의 보안검색은 관할 세관장이 각각 지도·감독한다.

③ 「철도안전법」 제48조의2에 따라 여객열차에 승차하는 사람의 신체·휴대물품 및 수하물에 대한 보안검색을 실시하게 할 수 있다.

④ 제1항의 경우에 공항운영자와 항공운송사업자는 「경비업법」에 따른 특수경비업자에게, 제2항의 경우에는 항만소유자는 「청원경찰법」에 따른 청원경찰을 고용하거나 「경비업법」에 따른 특수경비업자에게 각각 보안검색을 위탁할 수 있다. 국토교통부장관은 철도차량의 안전운행 및 철도시설의 보호를 위하여 필요한 경우에는 「사법경찰관리의 직무를 수행할 자와 그 직무범위에 관한 법률」 제5조제11호에 규정된 사람 "철도특별사법경찰관리"로 하여금 보안검색을 하게 할 수 있다.

⑤ 보안검색을 행하는 자는 보안검색과정에서 반·출입 금지물품이 은닉된 것으로 의심될 경우에는 검색대상자 및 소유자 동의하에 촉수·개봉 등의 방법으로 정밀검색을 실시할 수 있다.

위에서 언급한 보안검색의 정의를 종합해 보면 "공항, 항만, 철도, 국가시설 등에서 탑승객이나 출입자들이 휴대하거나 맡기는 물건 가운데 무기나 위험물이 있는지를 살펴서 찾아내는 일"을 보안검색이라고 정리할 수도 있을 것이다.

2. 항공 보안검색

국제적으로는 국제민간항공기구(ICAO) 부속서(Annex) 17(SECURITY)에서 보안검색이란 "불법행위에 사용될 수 있는 무기, 폭발물 또는 다른 위험한 장치를 찾아내기 위한 기술 및 다른 수단의 적용"이라고 정의하고 있으며, 국내에서는 항공보안법 제2조 제9호에서 보안검색이란 "불법방해행위를 하는 데에 사용될 수 있는 무기 또는 폭발물 등 위험성이 있는 물건들을 탐지 및 수색하기 위한 행위를 말한다."라고 규정하고 있다.
여기서 "불법방해행위(Acts of Unlawful Interference)"라 함은 항공보안법 제2조 제8호에서"항공기의 안전운항을 저해할 우려가 있거나 운항을 불가능하게 하는 행위"로 규정하고 있으며 세부항목은 표 1-1과 같다.

【항공보안법에서 정한 불법방해행위의 유형】

① 지상에 있거나 운항중인 항공기를 납치하거나 납치를 시도하는 행위
② 항공기 또는 공항에서 사람을 인질로 삼는 행위
③ 항공기, 공항 및 항행안전시설을 파괴하거나 손상시키는 행위
④ 항공기, 항행안전시설 및 제12조에 따른 보호구역(이하 "보호구역"이라 한다)에 무단 침입하거나 운영을 방해하는 행위
⑤ 범죄의 목적으로 항공기 또는 보호구역 내로 제21조에 따른 무기 등 위해물품(危害物品)을 반입하는 행위
⑥ 지상에 있거나 운항중인 항공기의 안전을 위협하는 거짓 정보를 제공하는 행위 또는 공항 및 공항시설 내에 있는 승객, 승무원, 지상근무자의 안전을 위협하는 거짓 정보를 제공하는 행위
⑦ 사람을 사상(死傷)에 이르게 하거나 재산 또는 환경에 심각한 손상을 입힐 목적으로 항공기를 이용하는 행위
⑧ 그 밖에 이 법에 따라 처벌받는 행위

불법방해행위의 유형

항공보안법 제15조에 따라 항공기에 탑승하는 사람은 신체, 휴대물품 및 위탁수하물에 대한 보안검색을 받아야 한다. 공항운영자는 항공기에 탑승하는 사람, 휴대물품 및 위탁수하물에 대한 보안검색을 하고, 항공운송사업자는 화물에 대한 보안검색을 하여야 한다.

다만, 관할 국가경찰관서의 장은 범죄의 수사 및 공공의 위험예방을 위하여 필요한 경우 보안검색에 대하여 필요한 조치를 요구할 수 있고, 공항운영자나 항공운송사업자는 정당한 사유 없이 그 요구를 거절할 수 없다는 단서조항을 추가하였는데 이는 입법과정에서 경찰청의 요구를 수용한 것이었다.

공항운영자 및 항공운송사업자는 보안검색을 직접 수행하거나 경비업법에서 정한 따른 경비업자 중 공항운영자 및 항공운송사업자의 추천을 받아 국토교통부장관이 지정한 업체에 위탁하여 수행할 수 있다.

항공보안법 제16조에 따라 공항운영자의 허가를 받아 보호구역[1)]으로 들어가는 사람 또는 물품에 대하여도 보안검색을 하여야 한다. 이 경우 보안검색의 방법 · 절차 · 면제 및 위탁 등은 승객 등의 보안검색 규정을 준용하여야 한다.

화물터미널 내에 지정된 보호구역으로 들어가는 사람 또는 물품에 대한 보안검색은 화물터미널운영자가 하여야 하며 이 경우 보안검색의 방법 · 절차 · 면제 및 위탁 등에 관하여는 승객 등의 보안검색 규정을 준용하여야 한다.

3. 항만 보안검색

국제항해선박 및 항만시설의 보안에 관한 법률 제30조의2에 따라 여객선으로 사용되는 대한민국 국적 또는 외국 국적의 국제항해선박에

---

1) "보호구역"이라 함은 보안검색이 완료된 구역, 활주로, 계류장(繫留場) 등 공항시설의 보호를 위하여 필요한 구역으로 국토교통부장관의 승인을 받아 지정하여야 하며 ①보안검색이 완료된 구역 ②출입국심사장 ③세관검사장 ④관제탑 등 관제시설 ⑤활주로 및 계류장(항공운송사업자가 관리·운영하는 정비시설에 부대하여 설치된 계류장은 제외한다) ⑥항행안전시설 설치지역 ⑦화물청사 ⑧제4호부터 제7호까지의 규정에 따른 지역의 부대지역을 포함한다.

승선하는 자는 신체 · 휴대물품 및 위탁수하물에 대한 보안검색을 받아야 한다. 보안검색은 해당 국제여객터미널을 운영하는 항만시설소유자가 실시하여야 한다.

항만시설소유자가 실시하는 보안검색 중에 신체 및 휴대물품의 보안검색의 업무는 관할 경찰관서의 장이 지도 · 감독하고, 위탁수하물의 보안검색에 대하여는 관할 세관장이 지도 · 감독한다.

같은 법 시행규칙 제37조의2에 따라 국제여객터미널을 운영하는 항만시설소유자는 여객선으로 사용되는 대한민국 국적 또는 외국 국적의 국제항해선박에 승선하는 자의 신체 · 휴대물품 및 위탁수하물에 대하여 문형금속탐지기, 휴대용금속탐지기 또는 비파괴영상검색장비 등을 사용하여 보안검색을 하여야 한다. 이 경우 폭발물이나 무기류 등이 있다고 의심이 되면 폭발물 탐지장비를 사용하여 보안검색을 할 수 있다.

항만시설소유자는 보안검색을 거부하거나 폭발물이나 무기류 등을 휴대한 자가 보안검색이 완료된 지역으로 진입할 수 없도록 필요한 조치를 하여야 한다.

항만시설소유자는 다음에 해당하는 경우에는 승선하는 자의 동의를 받아 직접 신체의 검색을 하거나 휴대물품의 개봉검색을 하여야 한다.

① 검색장비가 정상적으로 작동되지 아니하는 경우
② 검색장비의 경보음이 울리는 경우
③ 폭발물이나 무기류 등을 휴대하거나 은닉하고 있다고 의심되는 경우
④ 검색장비에 의한 검색결과, 그 내용물을 판독할 수 없는 경우
⑤ 항만시설의 보안등급이 상향되거나 보안상 위협에 관한 정보의 입수 등에 따라 개봉검색이 필요하다고 인정되는 경우

국제항해선박 및 항만시설의 보안에 관한 법률 시행규칙 제37조의2에 따라 국제여객터미널을 운영하는 항만시설소유자는 법 제30조의2제1

항에 따라 여객선으로 사용되는 대한민국 국적 또는 외국 국적의 국제항해선박에 승선하는 자의 신체·휴대물품 및 위탁수하물에 대하여 문형금속탐지기, 휴대용금속탐지기 또는 비파괴영상검색장비 등을 사용하여 보안검색을 하여야 한다. 이 경우 폭발물이나 무기류 등이 있다고 의심이 되면 폭발물 탐지장비를 사용하여 보안검색을 할 수 있다.

항만시설소유자는 보안검색을 거부하거나 폭발물이나 무기류 등을 휴대한 자가 보안검색이 완료된 지역으로 진입할 수 없도록 필요한 조치를 하여야 하며 다음 각 호의 어느 하나에 해당하는 경우에 승선하는 자의 동의를 받아 직접 신체의 검색을 하거나 휴대물품의 개봉검색을 하여야 한다.

① 검색장비가 정상적으로 작동되지 아니하는 경우
② 검색장비의 경보음이 울리는 경우
③ 폭발물이나 무기류 등을 휴대하거나 은닉하고 있다고 의심되는 경우
④ 검색장비에 의한 검색결과, 그 내용물을 판독할 수 없는 경우
⑤ 항만시설의 보안등급이 상향되거나 보안상 위협에 관한 정보의 입수 등에 따라 개봉검색이 필요하다고 인정되는 경우

다만, 보안검색 결과 승선하는 자가 휴대한 폭발물이나 무기류 등이 선박보안을 침해하지 아니한다고 인정하는 경우에는 위탁수하물로 싣게 할 수 있다.

4. 철도 보안검색

철도안전법 제42조에 따라 무기, 화약류, 유해화학물질 또는 인화성이 높은 물질 등 공중이나 여객에게 위해를 끼치거나 끼칠 우려가 있는 물건 또는 물질을 열차에서 휴대하거나 적재할 수 없도록 규정하고 있으며 다만, 국토교통부장관 또는 시·도지사의 허가를 받은 경우 또는

국토교통부령으로 정하는 특정한 직무를 수행하기 위한 경우에는 제외하도록 하고 있다.

철도안전법 시행규칙 제78조에 따른 위해물품의 종류는 다음 각 호와 같으며 철도운영자등은 위해물품에 대하여 휴대나 적재의 적정성, 포장 및 안전조치의 적정성 등을 검토하여 휴대나 적재를 허가할 수 있다. 이 경우 해당 위해물품이 위해물품임을 나타낼 수 있는 표지를 포장 바깥면 등 잘 보이는 곳에 붙여야 한다.

① 화약류 : 「총포 · 도검 · 화약류 등의 안전관리에 관한 법률」에 따른 화약 · 폭약 · 화공품과 그 밖에 폭발성이 있는 물질

② 고압가스 : 섭씨 50도 미만의 임계온도를 가진 물질, 섭씨 50도에서 300킬로파스칼을 초과하는 절대압력(진공을 0으로 하는 압력을 말한다. 이하 같다)을 가진 물질, 섭씨 21.1도에서 280킬로파스칼을 초과하거나 섭씨 54.4도에서 730킬로파스칼을 초과하는 절대압력을 가진 물질이나, 섭씨 37.8도에서 280킬로파스칼을 초과하는 절대가스압력(진공을 0으로 하는 가스압력을 말한다)을 가진 액체상태의 인화성 물질

③ 인화성 액체 : 밀폐식 인화점 측정법에 따른 인화점이 섭씨 60.5도 이하인 액체나 개방식 인화점 측정법에 따른 인화점이 섭씨 65.6도 이하인 액체

④ 가연성 물질류 : 가연성고체, 자연발화성 물질, 그 밖의 가연성물질

⑤ 산화성 물질류 : 산화성 물질, 유기과산화물

⑥ 독물류 : 독물, 병독을 옮기기 쉬운 물질

⑦ 방사성 물질 : 「원자력안전법」 제2조에 따른 핵물질 및 방사성물질이나 이로 인하여 오염된 물질로서 방사능의 농도가 킬로그램당 74킬로베크렐(그램당 0.002마이크로큐리) 이상인 것

⑧ 부식성 물질 : 생물체의 조직에 접촉한 경우 화학반응에 의하여 조

직에 심한 위해를 주는 물질이나 열차의 차체·적하물 등에 접촉한 경우 물질적 손상을 주는 물질

⑨ 마취성 물질 : 객실승무원이 정상근무를 할 수 없도록 극도의 고통이나 불편함을 발생시키는 마취성이 있는 물질이나 그와 유사한 성질을 가진 물질

⑩ 총포·도검류 등 : 「총포·도검·화약류 등 단속법」에 따른 총포·도검 및 이에 준하는 흉기류

⑪ 그 밖의 유해물질 : 제1호부터 제10호까지 외의 것으로서 화학변화 등에 의하여 사람에게 위해를 주거나 열차 안에 적재된 물건에 물질적인 손상을 줄 수 있는 물질

철도안전법 제43조에 따라 점화류 또는 점폭약류를 붙인 폭약, 니트로글리세린, 건조한 기폭약, 뇌홍질화연에 속하는 것 등 대통령령으로 정하는 위험물을 탁송할 수 없으며, 철도운영자는 이를 철도로 운송할 수 없다.

철도안전법 제44조 위험물을 철도로 운송하려는 철도운영자는 국토교통부령으로 정하는 바에 따라 운송 중의 위험 방지 및 인명보호를 위하여 안전하게 포장·적재하고 운송하여야 하며 위험물을 안전하게 운송하기 위하여 철도운영자의 안전조치 등에 따라야 한다.

철도안전법 제48조의2에 따라 국토교통부장관은 철도차량의 안전운행 및 철도시설의 보호를 위하여 필요한 경우에는 여객열차에 승차하는 사람의 신체·휴대물품 및 수하물에 대한 보안검색을 실시하게 할 수 있도록 규정하고 있다.

철도안전법 시행규칙 제85조의2에서 정한 보안검색의 실시 방법 및 절차 등 실시 범위는 다음 각 호의 구분에 따른다.

① 전부검색: 국가의 중요 행사 기간이거나 국가 정보기관으로부터 테

러 위험 등의 정보를 통보받은 경우 등 국토교통부장관이 보안검색을 강화하여야 할 필요가 있다고 판단하는 경우에 국토교통부장관이 지정한 보안검색 대상 역에서 보안검색 대상 전부에 대하여 실시

② 일부검색: 법 제42조에 따른 휴대·적재 금지 위해물품(이하 "위해물품"이라 한다)을 휴대·적재하였다고 판단되는 사람과 물건에 대하여 실시하거나 제1호에 따른 전부검색으로 시행하는 것이 부적합하다고 판단되는 경우에 실시

위해물품을 탐지하기 위한 보안검색은 철도안전법 시행규칙 제85조의3에 따른 보안검색장비를 사용하여 검색한다. 다만, 다음 각 호의 어느 하나에 해당하는 경우에는 여객의 동의를 받아 직접 신체나 물건을 검색하거나 특정 장소로 이동하여 검색을 할 수 있다.

① 검색장비의 경보음이 울리는 경우
② 위해물품을 휴대하거나 숨기고 있다고 의심되는 경우
③ 검색장비를 통한 검색 결과 그 내용물을 판독할 수 없는 경우
④ 검색장비의 오류 등으로 제대로 작동하지 아니하는 경우
⑤ 보안의 위협과 관련한 정보의 입수에 따라 필요하다고 인정되는 경우

국토교통부장관은 보안검색을 실시하게 하려는 경우에 사전에 철도운영자등에게 보안검색 실시계획을 통보하여야 한다. 다만, 범죄가 이미 발생하였거나 발생할 우려가 있는 경우 등 긴급한 보안검색이 필요한 경우에는 사전 통보를 하지 아니할 수 있다. 보안검색 실시계획을 통보받은 철도운영자등은 여객이 해당 실시계획을 알 수 있도록 보안검색 일정·장소·대상 및 방법 등을 안내문에 게시하여야 한다.
법 제48조의2에 따라 철도특별사법경찰관리가 보안검색을 실시하는 경우에는 검색 대상자에게 자신의 신분증을 제시하면서 소속과 성명을 밝히고 그 목적과 이유를 설명하여야 한다. 다만, 다음 각 호의 어느 하나

하나에 해당하는 경우에는 사전 설명 없이 검색할 수 있다.
① 보안검색 장소의 안내문 등을 통하여 사전에 보안검색 실시계획을 안내한 경우
② 의심물체 또는 장시간 방치된 수하물로 신고 된 물건에 대하여 검색하는 경우

제2절 보안검색 금지물품

1. 국가보안 금지물품

국가보안시설 및 보호장비 관리지침 제27조(보안검색)에서 따라 보안검색에서 휴대 또는 반출을 금지하는 물품은 다음과 같다.
① 헌법질서를 문란하게 하거나 공안을 해할 우려가 있는 서적, 간행물, 영화, 비디오물, 컴퓨터 프로그램, 기타 이에 준하는 물품
② 국가·산업기밀과 관련된 문서, 도면, 컴퓨터 프로그램, 기타 이에 준하는 물품.
③ 위·변조 화폐(내·외국환, 은행권, 채권, 기타 유가증권 등의 위·변조품) 위·변조 여권
④ 총포·도검·화약류 등 단속법의 규제대상 물품중 관련규정에 의거 허가받지 않은 물품
⑤ 마약·향정신성 의약품, 대마 등 마약류
⑥ 기타 관계법령 및 국가안보를 위해 반·출입이 금지된 물품

기타 관계법령에 따라 보안검색에서 휴대 또는 반출을 금지하는 물품은 다음과 같다.

① 앵속, 아편, 코카 잎 등 마약류향정신성의약품류, 대마류 등, 이들의 제품은 보건복지부장관의 허가(대마관리법 제4조, 마약법 제6조, 향정신성 의약품관리법제3조)

② 멸종위기에 처한 야생 동·식물종의 국제거래에 관한 협약(CITES)에서 보호하는 살아있는 야생 동·식물 및 이들을 사용하여 만든 제품·가공품.

가. 호랑이·표범·코끼리·타조·매·올빼미·코브라·거북·악어·철갑상어·산호·난·선인장·알로에 등과 이들의 박제·모피

나. 웅담·사향 등의 동물한약 등

다. 목향·구척·천마등과 이들을 사용하여 제조한 식물한약 또는 의약품 등

③ 미화 1만불 상당액을 초과하는 대외지급수단(약속어음, 환어음, 신용장 제외)과 내국통화(원화) 및 원화표시여행자수표, 자기앞수표, 당좌수표, 우편환

④ 귀금속(일상적으로 사용하는 금반지, 목걸이 등은 제외) 및 증권

⑤ 문화재는 국외반출시 문화체육부장관의 국외반출허가증 또는 시·도지사의 비문화재 확인증 제출.

⑥ 수산업법, 수산동식물 이식승인에 관한규칙 제5조 및 제6조 해당물품으로 국내의 수자원 보호유지 및 양식용 종묘확보에 지장을 초래할 우려가 있는 물품, 천연기념물로 지정된 품종, 우리나라의 특산품종 또는 희귀품종 ,수산자원보호령 제10조에서 정한 몸길이 이하의 것,

⑦ 폐기물의 국가 간 이동 및 그 처리에 관한법률 해당물품

⑧ 식물·과일채소류·농림산물류

⑨ 동물(고기·가죽·털 포함)·축수산물

2. 항공보안 금지물품

항공보안법 제21조(무기 등 위해물품 휴대 금지)에 따라 누구든지 항공기에 무기, 탄저균, 천연두균 등의 생화학무기, 도검류, 폭발물, 독극물 또는 연소성이 높은 물건 등 국토교통부장관이 정하여 고시「항공기 내 반입금지 위해물품」하는 위해물품을 가지고 들어갈 수 없도록 규정하고 있다.

다만 경호업무, 범죄인 호송업무 등 대통령령으로 정하는 특정한 직무를 수행하기 위하여 항공보안법 시행령 제18조의2(특정 직무의 수행) 규정에 따라 "경호업무, 범죄인 호송업무 등 대통령령으로 정하는 특정한 직무"란 다음 각 호의 업무를 말한다.

(1)「대통령 등의 경호에 관한 법률」에 따른 경호업무

(2)「경찰관 직무집행법」에 따른 요인경호업무

(3) 외국정부의 중요 인물을 경호하는 해당 정부의 경호업무

(4) 법 제24조에 따른 호송대상자에 대한 호송업무

(5) 항공기 내의 불법방해행위를 방지하는 항공기내보안요원의 업무

항공보안법 시행령 제19조(기내 반입무기)에서 "대통령령으로 정하는 무기"란 다음과 같은 무기를 말한다.

(1)「총포 · 도검 · 화약류 등의 안전관리에 관한 법률 시행령」제3조에 따른 권총

(2)「총포 · 도검 · 화약류 등의 안전관리에 관한 법률 시행령」제6조의2에 따른 분사기

(3)「총포 · 도검 · 화약류 등의 안전관리에 관한 법률 시행령」제6조의3에 따른 전자충격기

(4) 국제협약 또는 외국정부와의 합의서에 의하여 휴대가 허용되는 무기

1) 항공기내 무기반입규정

항공기에 무기를 가지고 들어가려는 사람은 탑승 전에 이를 해당 항공기의 기장에게 보관하게 하고 목적지에 도착한 후 반환받아야 한다. 다만, 항공보안법 제14조 제2항에 따라 항공기 내에 탑승한 항공기내 보안요원은 업무수행을 위해 무기를 휴대하고 탑승할 수 있다.

항공기 내에 무기를 반입하고 입국하려는 항공보안에 관한 업무를 수행하는 외국인 또는 외국국적 항공운송사업자는 항공기 출발 전에 국토교통부장관으로부터 미리 허가를 받아야 한다.

항공기 내 무기 반입 허가절차 등에 관하여 필요한 사항은 항공보안법 시행규칙 제12조의2(기내 무기 반입 허가절차)에 규정되어 있으며 항공기 내에 무기를 가지고 들어가려는 사람은 항공기 탑승 최소 3일 전에 다음 사항을 지방항공청장에게 신청하여야 한다. 다만, 긴급한 경호 업무 및 범죄인 호송업무는 탑승 전까지 그 사실을 유선 등으로 미리 통보하여야 하고, 항공기 탑승 후 3일 이내에 서면으로 제출하여야 한다.

(1) 무기 반입자의 성명
(2) 무기 반입자의 주민등록번호
(3) 무기 반입자의 여권번호(외국인만 해당한다)
(4) 항공기의 탑승일자 및 편명
(5) 무기 반입 사유
(6) 무기의 종류 및 수량
(7) 그 밖에 기내 무기반입에 필요한 사항

지방항공청장은 항공기 내 무기 반입의 허가 신청을 받은 경우 시행령 제18조의2에 따른 특정한 직무인 경찰관 직무집행법에 따른 요인경호 업무에 해당하고 시행령 제19조에서 정한 "대통령령으로 정하는 무기"의 종류에 적합한 경우에는 허가하여야 하며 항공기 내 무기 반입을 허가한 경우에는 이를 관련기관에 통보하여야 한다.

외국국적 항공기 내에 무기를 반입하여 우리나라로 운항하는 경우에도 국내 규정을 준용하여야 한다.

2) 항공기내 반입금지 위해물품

가. 국토교통부 고시 제2019-337호(2019.6.28)에 따라 항공기 기내 반입금지 위해물품 목록이며, 출발지 국가 규정과 상이할 경우 해당국의 규정을 우선 적용할 수 있으며 목록은 다음 표와 같다.

① 객실내 반입 금지물품(휴대X, 위탁○)	비 고
1. 총, 소총기, 그리고 심각한 상해를 입히도록 고안된 탄환을 발사하는 다음을 포함하는 장치 또는 이와 비슷한 장치	
1) 권총, 연발권총, 라이플총, 엽총 등을 포함한 모든 종류의 총기 2) 압축공기총, 가스충전식 총 3) 총기의 구성부품	• 위탁수하물로 반입할 경우, 해당 항공운송사업자에게 총기소지허가서 또는 수출입허가서 등 관련서류를 확인시키고, 총알과 분리한 후, 단단한 보관함에 넣은 경우에만 가능 • 총기의 구성부품 중 조준경은 객실 반입 가능
4) 실제 무기로 착각될 수 있는 복제 및 모방 총기 5) 신호탄용 총 6) 활, 석궁, 화살, 창, 표창, 다트 7) 작살총 8) 새총	• 장난감용 활, 석궁, 화살, 물총은 객실반입 가능
2. 다음을 포함한 기절을 시키거나 마비시키기 위해 특별히 고안된 장치	
1) 총포용 및 막대형 전자충격기 등의 충격장치 2) 동물용 전자충격기 3) 최루가스, 고추스프레이, 산성스프레이, 동물퇴치용 스프레이 등 대상을 무능력하게 만드는 화학물질 및 스프레이	• 위탁수하물로 전자충격기를 반입할 경우, 해당 항공운송사업자에게 총기소지허가서 또는 수출입허가서 등 관련 서류 확인 • 최루가스 등 호신용 스프레이류를 위탁수하물로 반입할 경우, 1인당 1개(100ml 이하)까지만 가능

<table>
<tr><th colspan="2">3. 다음을 포함한 심각한 상해를 입히는데 사용될 수 있는 끝이 뾰족하거나 옆이 날카로운 물체</th></tr>
<tr><td>1) 도끼, 손도끼, 큰 식칼 등 자르기 위해 고안된 물품
2) 쇄빙도끼와 얼음을 깨는 송곳
3) 면도칼날, 커터칼날, 맥가이버칼(접이식칼), 외과용 메스
4) 3)을제외한 날의 길이가 6cm를 초과하는 칼
5) 날의 길이가 6cm를 초과하는 가위
6) 끝이 뾰족하거나 옆이 날카로운 무술용 장비
7) 검과 사브르(펜싱경기에서 사용되는 칼)</td><td>• 둥근날을 가진 버터칼, 안전날이 포함된 면도기, 안전면도날, 전기면도기 및 기내식 전용 나이프(항공사 소유에 한함)는 객실반입 가능</td></tr>
<tr><th colspan="2">4. 다음을 포함한 심각한 상해를 입히거나 항공기의 안전을 위협하는데 사용될 수 있는 공구</th></tr>
<tr><td>1) 망치, 쇠지레
2) 드릴(휴대용 무선 드릴 포함)과 드릴부품
3) 드라이버, 끌 등 무기로 사용될 수 있는 손잡이를 제외한 금속의 길이가 6cm를 초과하는 도구
4) 톱(휴대용 무선 전기톱 포함)
5) 볼트건과 네일건</td><td></td></tr>
<tr><th colspan="2">5. 다음을 포함한 내리쳤을 때 심각한 상해를 입히는데 사용될 수 있는 둔기 및 스포츠 용품</th></tr>
<tr><td>1) 야구 방망이와 소프트볼 방망이
2) 아령, 볼링공
3) 빙상용 스케이트
4) 경찰봉이나 야경봉과 같은 곤봉 및 수갑류
5) 무술 장비</td><td>• 공기가 1/3이상 주입된 축구공 등 공류 및 풍선류는 객실 및 위탁반입 불가
• 범죄인 호송 등 공무 목적의 수갑류 등 호송장비는 객실반입 가능</td></tr>
</table>

<table>
<tr><td colspan="2">6. 다음을 포함한 항공기의 안전을 위협하거나 심각한 상해를 입히는데 사용될 수 있는 폭발물과 인화성물질 및 장치</td></tr>
<tr><td>1) 탄약류(실탄, 공포탄 등)
2) 복제 또는 모방 폭발장치</td><td>• 탄약류를 위탁수하물로 반입하는 경우 해당 항공운송사업자의 승인이 필요하며 「항공위험물 운송기준」에 적합한 경우만 가능</td></tr>
<tr><td colspan="2">7. 「액체·분무·겔류 등 항공기내 휴대반입 금지물질 운영기준」에 따른 액체·분무·겔류</td></tr>
<tr><td>1) 휴대물품으로 반입하는 경우 「액체·분무·겔류 등 항공기내 휴대반입금지 물질 운영기준」(국토부고시)을 적용
2) 24도 초과 70도 이하의 알코올성 음료는 1인당 5L에 한해 위탁수하물 반입이 가능하고, 70도 초과의 알코올성 음료는 휴대물품 및 위탁수하물 반입 금지</td><td></td></tr>
<tr><td colspan="2">2 휴대 및 위탁 반입 금지물품(휴대X, 위탁X)
※ 다음을 포함한 항공기의 안전을 위협하거나 심각한 상해를 입히는데 사용될 수 있는 물질 및 장치</td></tr>
<tr><td>8. 실탄류</td><td>• 「항공위험물 운송기술기준」에 따라 항공사의 승인을 받은 경우에는 가능</td></tr>
<tr><td>9. 뇌관</td><td></td></tr>
<tr><td>10. 기폭장치 및 도화선</td><td></td></tr>
<tr><td>11. 지뢰, 수류탄, 기타 군사 폭발 용품</td><td></td></tr>
<tr><td>12. 폭죽, 조명탄</td><td></td></tr>
<tr><td>13. 연막탄</td><td></td></tr>
<tr><td>14. 다이너마이트, 화약 및 플라스틱 폭발물</td><td></td></tr>
</table>

15. 토치	• 단, 연료와 분리된 경우 휴대 및 위탁반입 가능
16. 토치라이터(버너라이터)	• 위험물운송기술기준에 따를 경우 휴대반입(개인소지) 가능
17. 인화성 가스, 인화성 액체	
18. 전염성·생물학적 위험물질 및 독성물질(독극물, 농약 등)	

가. 상기 별표에서 정하지 아니한 물품 또는 반입을 허용하는 물품이더라도 해당 공항의 보안검색감독자 또는 항공운송사업자가 항공기 안전 및 승객·승무원에게 위해를 줄 수 있다고 판단하는 경우에는 항공기내 반입을 금지할 수 있다.

나. 상기 별표에서 정한 물품 중(국토교통부 고시)「항공위험물 운송기술기준」제210조에서 정한 위험물에 대해서는 해당 고시에서 정한 방식에 따라 반입·운송하여야 하며, 그 외의 항공위험물에 대해서는 해당 고시에 따라 객실 또는 위탁수하물로 반입해서는 아니 된다.

다. 항공기내로 반입코자 하는 물질이 화학성·유독성 물질인 경우에는 승객이「산업안전보건법」에 따른 물질안전보건자료를 해당 항공운송사업자에게 제시하고 안전한 물질로 판단되는 경우에 한해 위탁수하물로 반입이 가능하다.

라. 국제선 항공기 객실 내에 반입되는 액체·분무·겔류의 경우에는「액체·분무·겔류 등 항공기내 휴대반입금지 물질 운영기준」(국토교통부 고시)에서 정한 기준에 적합한 경우에만 객실반입이 가능하다.

마. 항공기내 반입금지위해물품의 처리절차는 다음 표와 같다

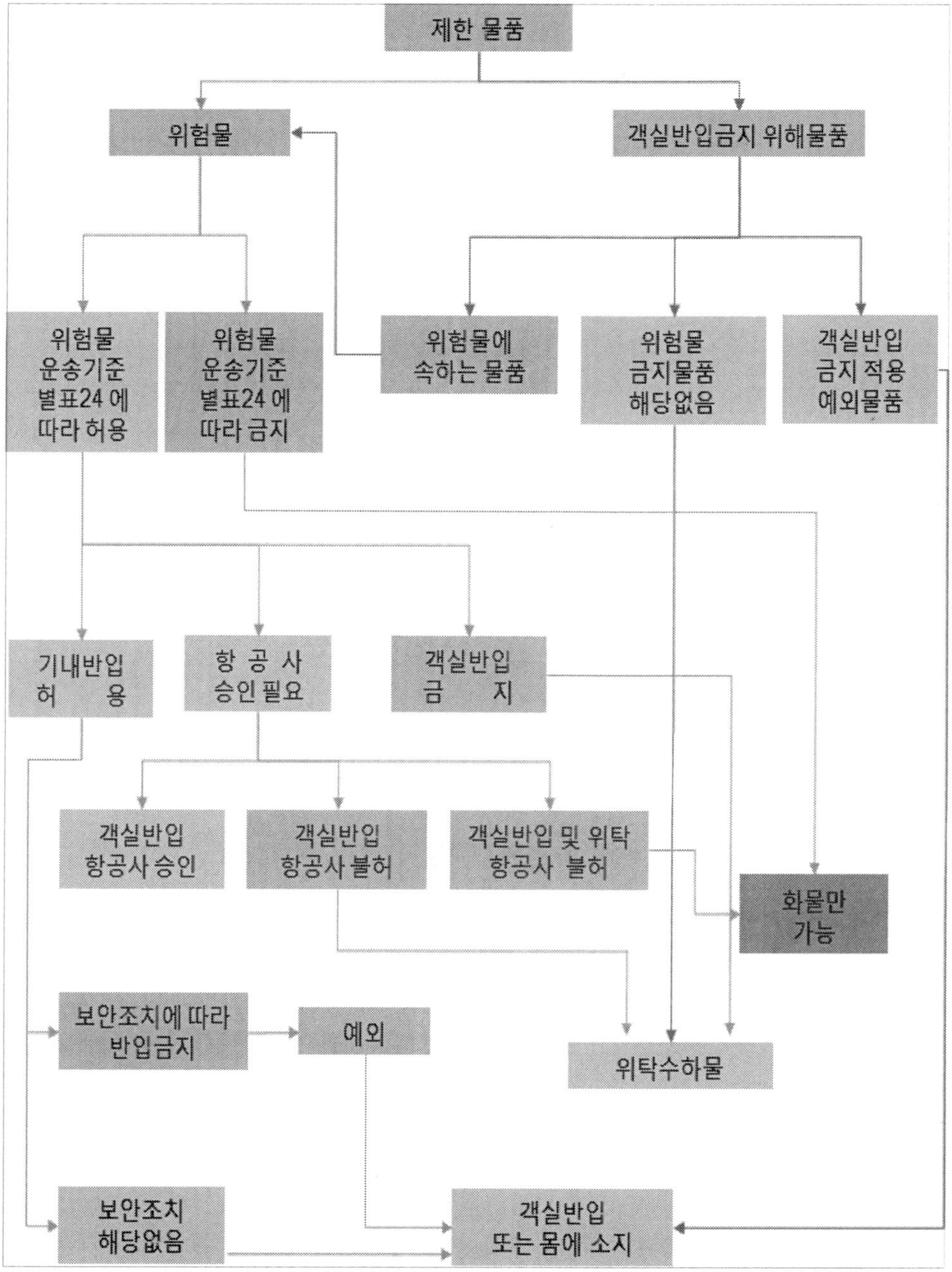
제한 물품
위험물
객실반입금지 위해물품
위험물 운송기준 별표24 에 따라 허용
위험물 운송기준 별표24 에 따라 금지
위험물에 속하는 물품
위험물 금지물품 해당없음
객실반입 금지 적용 예외물품
기내반입 허 용
항 공 사 승인필요
객실반입 금 지
객실반입 항공사 승인
객실반입 항공사 불허
객실반입 및 위탁 항공사 불허
화물만 가능
보안조치에 따라 반입금지
예외
위탁수하물
보안조치 해당없음
객실반입 또는 몸에 소지

3) 액체 · 분무 · 겔류 금지물품

(1) 관련규정

항공보안법 제14조(승객의 안전 및 항공기의 보안)에 따라 공항운영자 및 항공운송사업자는 액체, 겔(gel)류 등 국토교통부장관이 정하여 고시(액체 · 분무 · 겔류[2] 등 항공기내 휴대 반입 금지물질 운영기준)하는 항공기 내 반입금지 물질이 보안검색이 완료된 구역과 항공기 내에 반입되지 아니하도록 조치하여야 한다.

「액체 · 분무 · 겔류 등 항공기내 휴대 반입 금지물질 운영기준」 국토교통부 고시는 액체 · 분무 · 겔류 등 항공기내 휴대반입금지물질을 정하여 액체폭발물에 의한 항공 불법간섭행위로부터 항공기를 이용하는 자의 생명과 재산을 보호하기 위함을 목적으로 하고 있다.

(2) 적용범위 및 면제규정

이 지침은 대한민국 내에 위치한 공항에서 출발하는 모든 국제선 여객항공편 또는 통과 및 환승 항공기를 이용하여 여행하는 승객이 휴대운반하는 LAGs에 대하여 적용한다.

보호구역 및 항공기로 출입하는 공항근무자의 개인용품(음료, 향수, 화장품, 의료품 및 비슷한 용품)은 국가항공보안우발계획에 의한 항공보안등급이 상향조정되거나 테러발생 위협이 고조되는 경우 등 필요시 승객에 대한 보안통제와 동일하게 적용한다. 다만, 공항근무자가 직무를 수행하기 위해 합법적으로 소지한 LAGs 용품(청소제재, 실란트, 위생제, 접착제, 페인트 및 오일 등)은 보안통제에서 제외된다.

다음 각 항에 대해서는 제5조에 의한 LAGs 보안통제적용을 면제한다.

① 비행근무시간(flight duty period)동안 항공기 운항에 필수적인 업

2) 액체·분무·겔류는 Liquids, Aerosols and Gels를 말하며, 약어로 'LAGs'라 한다.

무를 수행하기 위하여 책임이 부여된 자격증명을 갖춘 운항승무원이 소지한 LAGs

② 승객이 휴대한 의약품 및 특별 식이처방음식

③ 보호구역 및 항공기로 출입하는 공항근무자가 휴대한 LAGs

④ 위기대응임무를 수행하는 요원이 휴대한 LAGs

(3) LAGs 보안검색통제

승객이 항공기를 이용하여 여행하고자 LAGs를 휴대하고 보안검색대를 통과하기 위해서는 다음 각 호를 준수하여야 하며, 그 통제대상 물품은 별표 1의1과 같다.

① 모든 LAGs는 용량이 100㎖ 또는 이와 동등한 용량(3.4온스, 100그램)을 초과하지 않는 용기에 담아야 한다.

② 100㎖를 초과하는 용기에 일부 분량의 LAGs를 담아서 운반할 수 없다. 단, 100㎖를 초과하는 빈 용기는 반입할 수 있다.

③ 모든 LAGs 용기는 최대 용량이 1리터(20.5㎝ x 20.5㎝, 25㎝ x 15㎝ 또는 이와 동등한 크기)를 초과하지 않는 투명하고 개폐가 가능한 플라스틱 봉투에 담겨져야 하며, 용기들은 이 봉투가 완전하게 닫힐 수 있는 정도의 분량이어야 한다.

④ 제5조제1항제3호의 플라스틱 봉투는 승객 1명당 1개만 휴대할 수 있다.

환승하거나 통과하는 승객이 휴대한 LAGs는 다음 각 호 이외에는 보안검색대를 통과할 수 없다.

① LAGs 물품 상용공급자가 판매한 LAGs를 액체류 보안봉투[3](구매영

3) 액체류보안봉투(Security Temper-Evident Bag, STEB)라 함은 ICAO 기술기준에 따라 만든 보안봉투를 말한다.

수증 포함)에 넣어 운반하는 경우

② LAGs 물품 상용공급자가 판매한 LAGs를 유사봉투(구매영수증 포함)에 넣어 운반하고, 환승공항에서 액체폭발물 탐지장비를 사용하여 검색을 완료한 경우

상기 규정에 의하여 허용되지 아니하는 LAGs에 대하여 승객이 휴대하기를 포기한 물품은 「국가항공보안계획」 승객 포기물품 처리절차에 따라 처리한다. 다만, 보안검색요원은 액체류 보안봉투 또는 유사봉투를 사용하지 아니한 LAGs를 휴대한 승객이 LAGs를 포기하지 아니한 경우 동 승객이 보안검색대(통과 또는 환승 포함)를 통과하도록 허용하여서는 아니 된다.

액체류 보안봉투 또는 유사봉투를 사용하지 아니한 LAGs를 휴대한 환승·통과승객이 보안검색대를 통과하는 경우 이를 액체폭탄으로 사용될 수 있는 물품으로 판단하여 압수하고 보안검색감독자 또는 보안검색요원이 현장에서 신속하게 폐기한다.

[별표 1의1]

항공기 객실내 휴대반입금지 LAGs 물품(제5조 관련)

분 류	반입금지 물질 예시
물 등 음료수 water and other drinks	생수, 과실음료(야채주스 등), 청량음료(콜라·사이다 등), 홍차음료, 커피, 유산균음료, 스포츠용 음료, 식초음료, 알코올음료(소주 · 청주 · 맥주 · 위스키 · 한방술 등), 유제품(탈지유 · 농축우유, 요구르트 등), 얼음류(아이스크림, 빙과류) 등
국 종류(스프류) soups	곰탕, 설렁탕, 다시마국물 등
시럽류 syrups	꿀, 물엿, 시럽, 엑기스 등
잼류 jams	스프레드 류(잼, 땅콩버터, 초코스프레드 등), 버터류
스튜류(국물류) stews	통조림 등
소스류 sauces	각종 장류(된장, 고추장 등), 케찹, 마요네즈 등
반죽(풀)류 pastes	도우(dough) 등
소스 또는 액체가 포함된 음식류 foods in sauces or containing a high liquid content	김치류, 액체절임 고기류, 액젓류 등
크림류 creams	약용크림, 연고, 보습크림, 화장클렌징크림, 액체형 구두약, 구두크림 등
로션류 lotions	밀크로션, 스킨로션, 바디로션, 자외선차단로션, 화장수, 액체비누 등
화장품류 cosmetics	액상파운데이션, 매니큐어, 매니큐어제거제 등
오일류 oils	식용류, 올리브유, 쇼트닝 등
향수류 perfumes	샤워코롱, 향수 등

분 류	반입금지 물질 예시
분무류 sprays	헤어스프레이, 페이셜미스트 등 스프레이류
겔류 gels including hair and shower gels	샴푸, 린스, 트리트먼트, 헤어젤, 샤워젤 등
압력용기품목 contents of pressurized containers, including shaving foam	면도크림(폼), 세안폼 등
탈취제류 other foam and deodorants	신체냄새제거제, 액상제균제 등
치약류 pastes including toothpaste	구강세정제, 구강청정제 등
액체혼합 물질 liquid–solid mixtures	한방건강식품류(십전대보탕 등), 먹물, 물감, 물감, 만년필잉크 등
마스카라 mascara	액체 마스카라, 액상 아이라이너 등
립글로스/립밤 lip gloss/lip balm	립글로스, 립밤, 젤타입 립스틱 등
실내온도에서 액체류 상태를 유지하는 모든 물질 any item of similar consistency at room temperatures	반입금지 LAGs로 의심되는 모든 물질 포함

※ 비고

1. 목록별 통제물품예시는 대표물품만을 수록하였으므로 유사한 물품 및 의심되는 물품은 통제 대상물품에 포함될 수 있음
2. 다음의 경우 항공보안검색감독자가 판단하여 반입을 제한할 수 있다.
   1) 용기에 담겨있지 아니하면 형태를 유지하기 곤란한 물질
   2) 내용물 또는 용량을 확인할 수 없는 물질
   3) 휴대 반입금지 LAGs 물질과 유사한 특성을 보이는 물질
   4) 위해(危害) 가능성이 있는 것으로 의심되는 물질

[별표 1의2]

항공기 객실내 휴대반입금지 LAGs 제외물품(제6조 관련)

예외대상 품목		예외대상 물품 예시	허용기준
의약품	처방 약품	의사처방전 있는 모든 약품	제6조제2항에 따라 허용
	시판 약품	액상 감기약, 액상 위장약, 기침 억제시럽, 젤 캅셀약, 비강스프레이, 콘택트렌즈 용제(보존액), 해열파스, 안약, 의료용 식염수 등	
비 의약품		변질방지 등 의료목적으로 사용되는 얼음, 얼음팩, 젤팩 (이식용 장기 보관용), 혈액 또는 혈액제제, 물티슈, 자폐증 환자용 음료	
특별 식이처방음식		승객의 건강에 꼭 필요한 음식	
어린아이 용품		우유, 물, 주스, 모유, 액체·겔·죽 형태의 음식 및 물티슈 등	

3. 국제항해선박 및 항만시설반입금지물품

1) 항만시설 이용자의 의무 및 위탁수하물 처리

(1) 항만시설 이용자 의무

국제항해선박 및 항만시설의 보안에 관한 법률 제33조(항만시설 이용자의 의무) ① 항만시설을 이용하는 자는 보안사건이 발생하는 것을 예방하기 위하여 다음 각 호에 해당하는 행위를 하여서는 아니 된다.

1) 항만시설이나 항만 내의 선박에 위법하게 폭발물이나 무기류 등을 반입 · 은닉하는 행위
2) 보안사건의 발생을 예방하기 위한 검문검색 및 지시 등에 정당한 사유 없이 불응하는 행위
3) 항만시설 내 해양수산부령으로 정하는 지역을 정당한 출입절차 없이 무단으로 출입하는 행위
4) 항만시설 내 사진촬영이 제한되는 구역으로서 해양수산부령으로 정하는 구역에서 사진촬영을 하는 행위

② 제1항에 따른 항만시설 이용자의 의무와 관련하여 항만시설의 출입절차 및 출입자 준수사항 등에 관하여 필요한 사항은 대통령령으로 정한다.

(2) 위탁수하물처리

국제항해선박 및 항만시설의 보안에 관한 법률 시행규칙 제37조의2(국제항해여객선 승객 등의 보안검색의 실시방법과 절차 등)

④ 제1항의 항만시설소유자는 제1항부터 제3항까지에 따른 보안검색 결과 승선하는 자가 휴대한 폭발물이나 무기류 등이 선박보안을 침해하지 아니한다고 인정하는 경우에는 위탁수하물로 싣게 할 수 있다.

2) 국제선 선박 내 반입금지 위해물품

– ISPS code, IMDG Code, 선박안전법

<table>
<tr><th rowspan="2">구분</th><th rowspan="2">세부물품</th><th colspan="2">취급방법</th></tr>
<tr><th>선실반입 가능여부 (출국장)</th><th>화물반입 가능여부 (탁송장)</th></tr>
<tr><td>폭발물</td><td>• 폭발물 및 폭파장치, 발파캡 (뇌관,도화(폭)선), 수류탄
– 폭발물질(니트로글리세린,아질산암모늄,백린 외 기타 폭발물질)
• 화염 및 기타 불꽃 제조품 (폭죽 외)
• 지뢰 및 기타 군사용 폭발물</td><td>X</td><td>X</td></tr>
<tr><td rowspan="2">총포류</td><td>• 모든 총기류 (권총,소총,엽총 등 총기부품(조준경, 소음기) 포함)
• 작살 발사총, 산업용 화약총, 추진발 사용무기, 신호기
• 복제품 또는 모조품 (총포류, 실탄)
※ 단, 시중에서 유통되는 국내 생산 장난감총기류는 확인 후 반출가능
• 화염방사기, 전기충격기
• 격발식 활 (석궁)</td><td>X</td><td>X</td></tr>
<tr><td>• 국궁 및 양궁 (스포츠용, 경기용 화살포함)</td><td>X</td><td>O</td></tr>
<tr><td rowspan="2">도검류</td><td>• 무기로 사용될 수 있는 만큼의 길이를 갖고 금속 혹은 기타 물질로 만들어져 날의 길이가 5.5Cm이상 도검류 (단검류(군용, 다이버용),수련용 또는 장식용 진검, 접이식 도검류)
※ 단, 수련용 진검은 “도검소지 허가서” 제출 시 반출가능</td><td>X</td><td>X</td></tr>
<tr><td>• 과도, 식도, 가위 등의 날이 있는 생활 도검류, 의료용품 (별송처리 가능)</td><td>X</td><td>O</td></tr>
<tr><td rowspan="2">흉기류</td><td>• 해머(망치), 도끼, 낫, 살상용 화살, 톱(날), 전동(전기) 공구류</td><td>X</td><td>O</td></tr>
<tr><td>• 운동기구류(골프채, 야구방망이, 하키스틱, 아령 덤벨 등)</td><td>O</td><td>O</td></tr>
</table>

<table>
<tr><th rowspan="2">구분</th><th rowspan="2">세부물품</th><th colspan="2">취급방법</th></tr>
<tr><th>선실반입
가능여부
(출국장)</th><th>화물반입
가능여부
(탁송장)</th></tr>
<tr><td>인화성
제품류</td><td>• 인화성 액체(원료)
– 석유, 가솔린(휘발유), 디젤 등의 유류 1, 2, 3종 및 유류첨가제(신나, 경화제, 라이타 기름 등)
– 알코올, 에탄올, 메탄올, 흰인, 칼륨, 아세톤, 솔벤트</td><td>X</td><td>X</td></tr>
<tr><td>산화성
제품류</td><td>• 산화성 액체(원료)
– 염산, 황산, 과염소산 등의 강한 산성류
• 부식성 액체(원료) - 수은 외</td><td>X</td><td>X</td></tr>
<tr><td>생활용
제품류</td><td>• 문구류 및 공예품, 차량용품류
– 튜브형 접착제, 아트물감 및 프린트(잉크), 제품 카트리지(토너)
– 코팅용품(옷칠, 왁스), 마카펜, 수정액, 기타 세정제 등</td><td>O</td><td>O</td></tr>
<tr><td>기타
제품류</td><td>• 방수용품 및 기타 화학물질
– 방수액, 방수제(가루), 방수용 실리콘류
– 시멘트, 마킹파우더, 드라이피트(마감제), 금속가루, 석고 등</td><td>O</td><td>O</td></tr>
<tr><td rowspan="2">기능성
제품류</td><td>• 전기충전식 배터리
– 생활제품용(1,5v, 9v), 휴대폰, 조명제품, 전동기기, 비상발전기기</td><td>O</td><td>O</td></tr>
<tr><td>• 비전기충전 습식 배터리(차량용품, 중장비)</td><td>X</td><td>O</td></tr>
<tr><td>기계류</td><td>• 연료 및 에너지원이 제거된 장비 (석유버너, 난방기, 램프, 전동제품)</td><td>O</td><td>O</td></tr>
<tr><td>미용
제품류</td><td>• 매니큐어, 아세톤, 리무브, 염색약, 중화제 등 미용관련 제품류</td><td>O</td><td>O</td></tr>
<tr><td>위생
용품</td><td>• 인체사용 가스류
– 헤어스프레이, 무스, 면도크림, 소염제(파스), 방향제, 냄새제거제
– 산소스프레이, 해충기피제, 피부청결제, 페이스화장품류
(인체사용 가능한 모든 제품류 - 위생, 미용, 의료, 생활용)</td><td>O</td><td>X</td></tr>
</table>

<table>
<tr><th rowspan="2">구분</th><th rowspan="2">세부물품</th><th colspan="2">취급방법</th></tr>
<tr><th>선실반입 가능여부 (출국장)</th><th>화물반입 가능여부 (탁송장)</th></tr>
<tr><td>안전 용품</td><td>• 소화기 (스프레이형, 실린더형, 액체형)
구명조끼 (가스실린더 내장형)</td><td>O</td><td>X</td></tr>
<tr><td rowspan="3">가스 제품류</td><td>• 비인화성가스 제품류
- 휘핑크림가스(N), 배수관통기탄(CO2) 등의 기능성제품</td><td>O</td><td>X</td></tr>
<tr><td>• 인화성가스 제품류(공업용)
- 락카, 페인트, 잉크, 코팅제 등
※ 단, 부탄가스, 산악용가스, 라이터가스 등은 고압가스 사용제품으로 반출 불가</td><td>O</td><td>X</td></tr>
<tr><td>• 호신장비 제품류
- 최루가스 사용장비, 후추스프레이, 눈물가스 등의 장비(1인 1개 탁송장으로 반출 가능)</td><td>X</td><td>O</td></tr>
</table>

샘플류

- 샘플류의 처리
  - 산업용 인화성 제품류 반출 시 1차 보안검색 완료 후 위해가능성이 있다고 판단하는 물품은 선박 내 반입이 금지되거나 위탁수하물로 처리 될 수 있다.
  - 위탁수하물 처리과정 중 산업용 인화성 수출제품은 해당 선사와의 협의 후 화물로 운송가능하다.
  - 샘플류 반출가능 여부는 MSDS(물질안전보건자료)의 정확한 내용을 바탕으로 한 검색으로 신속히 처리 될 수 있다.
  - 샘플류 검색결과 화물로만 반출 가능할 경우에는 해당 선사 위탁수하물 업무가 진행 중인지 확인하여야 한다.
  - 샘플류 검색결과 위험한 물품이 아닌 것으로 판단되는 경우 선박 내 반입가능, 화물 반입가능으로 처리되며 통과 샘플은 2중이상의 포장이여야 한다.

- 샘플류 선내반입 안내

구분	세부물품	취급방법	
		선실반입 가능여부 (출국장)	화물반입 가능여부 (탁송장)
제품별 샘플류	• 미완제품 샘플 (시중 미판매 제품) - 산업안전보건표시 없음 • MSDS(물질안전보건자료) 보유 [검색결과] - 인화성제품 및 위험성제품이 아니거나 선박보안 및 안전에 침해하지 아니한다고 인정하는 경우	O	O
	• 미완제품 샘플 (시중 미판매 제품) - 산업안전보건표시 없음 • MSDS(물질안전보건자료) 보유 [검색결과] - 인화성제품 및 위험성제품으로 확인 선박보안 및 안전에 침해하여 위해하다고 확인 된 경우	X	X
	• 산업용(공업용) 인화성 제품류(페인트, 본드류) ※ 단, 관계 선사와의 협의 후 위탁수하물(화물)로 반출가능	X	O

3) 선장의 허가를 받아 반입할 수 있는 위험물품

위험물 선박운송 기준 제4조(선장의 허가를 받아 반입할 수 있는 위험물) 규칙 제4조 제1항 제2호의 규정에 의한 위험물은 별표 10과 같다.

[별표 10] 선장의 허가를 받아 반입할 수 있는 위험물 (제4조 관련)

분류	위험물	수량 및 질량
화약류	소형화기용 실탄 (수렵용 또는 스포츠용인 것은 제외), 소형화기용 공포탄	200개
	소형화기용 실탄 (수렵용 또는 스포츠용인 것)	400개
	도화선	1kg
고압가스	소화기, 약품류	2개
	흡연용 가스라이터 (액화가스가 충전되어 있는 것)	10kg
부식성물질	축전지	2개
	소화액 (부식성인 것) 약품류	3kg
독물류	시약으로 사용되는 독물로 용기등급이 2 또는 3인것	3kg
인화성액체류	살충살균제류 (액체로서 인화성이고 독성인 것), 약품류	3kg
	도료, 가솔린, 등유	20kg
	흡연용 가스라이터 (연료유가 주입된 것)	10kg
산화성물질류	고순도표백분, 보통표백분	3kg
가연성물질류	셀룰로이드	1kg
	안전성냥, 약품류	3kg
	캄파, 나프탈렌, 유성가공종이, 섬유	5kg
	필름 (니트로셀롤로오스베이스로서 젤라틴으로 피복된 것)	20kg
유해성물질	드라이아이스	5kg

비고 : 수량 또는 질량은 1인당 휴대기준을 말하고, 질량은 용기 및 포장의 질량을 포함한 것으로 한다.

4) 위험물 선박운송금지 및 여객선외 운송 기준

(1) 위험물품 여객선운송금지

위험물 선박운송 기준 제16조(여객선에 운송이 금지된 화약류) 시행규칙 제39조제2항의 규정에 의한 화약류는 다음 각 호 외의 화약류를 말한다.

① 별표 1의 화약류 중 등급이 1.4이고 격리구분이 S인 것
② 별표 1의 화약류 중 격리구분이 C, D 또는 E이고 총정미질량이 10 킬로그램 이하인 것
③ 별표 1의 폭발성제품 중 격리구분이 G이고 적재방법에 특별요건이 없는 것으로서 총정미질량이 10킬로그램 이하인 것
④ 별표 1의 폭발성제품 중 격리구분이 B이고 총정미질량이 5킬로그램 이하인 것
⑤ 조난신호용으로서 총정미질량이 50킬로그램 이하인 것
⑥ 별표 1의 화약류중 격리구분이 N이고 총정미질량이 50킬로그램 이하인 것(단, 등급이 1.4이고 격리 구분이 S인 것 외의 다른 화약류가 없을 것)
⑦ 제2호 내지 제6호에 정한 총정미질량을 초과한 것 또는 그 외의 화약류로서 화약류의 운송에 대하여 관할지방해양항만관청이 운송에 지장이 없다고 인정한 것

(2) 여객선 외의 선박에 산적할 수 있는 위험물

위험물 선박운송 기준 제8조(적재방법의 특례) ① 규칙 제11조의 규정에 의하여 여객선외의 선박에 산적하여 운송할 수 있는 위험물 및 그 적재방법은 각각 별표 16 품명란 및 적재방법 란에 정한 것을 말한다. ② 규칙 제12조제1항의 규정에 의한 위험물은 별표 17 품명란에 표기하는 물질을 말한다.

[별표 16] 여객선외의 선박에 산적 운송할 수 있는 위험물 및 적재 방법 (제8조제1항 관련)

분류	위험물	적재방법	
산화성 물질류	질산알루미늄	갑판하부적재	식품류와 동일한 화물창 및 구획에 적재하지 말 것
	질산헬륨	갑판하부적재	식품류와 동일한 화물창 및 구획에 적재하지 말 것
	질산칼슘 (질산칼슘·질산암모늄복염이 주로 포함된 질산칼슘비료에 있어서 전질소의 함유율이 15.5질량%이하이고 물의 함유율이 12질량%이상인 것은 제외)	갑판하부적재	식품류와 동일한 화물창 및 구획에 적재하지 말 것
	질산납	갑판하부적재	식품류와 동일한 화물창 및 구획에 적재하지 말 것
	질산마그네슘	갑판하부적재	식품류와 동일한 화물창 및 구획에 적재하지 말 것
	질산칼륨	갑판하부적재	식품류와 동일한 화물창 및 구획에 적재하지 말 것
	질산나트륨 (칠레초석)	갑판하부적재	식품류와 동일한 화물창 및 구획에 적재하지 말 것
	질산나트륨과 질산칼륨의 혼합물	갑판하부적재	식품류와 동일한 화물창 및 구획에 적재하지 말 것

분류	위험물	적재방법	
가연성 물질류	황(덩어리 또는 불륜일 세럽인 것)	갑판하부 적재	1. 식품류와 동일한 화물창 및 구획에 적재하지 말 것 2. 적재장소 및 그의 개구부 주위에서 흡연 또는 불의 사용을 금지할 것 3. 적재화물창 또는 구획에 통하는 전기회로를 차단하고 통풍통의 끝에 화재방지금속망을 설치할 것 4. 분진 폭발의 우려가 없도록 할 것
	코프라(건조된 것)	갑판하부 적재	1. 열기(熱氣)의 우려가 없고 환기가 양호한 장소에 적재할 것 2. 선적전 1개월이상 외기에 노출시킨 것을 적재할 것
	철금속 부스러기(건조된 것)	갑판하부 적재	1. 식품류와 동일한 화물창 또는 구획에 적재하지 말 것 2. 열기의 우려가 없고 환기가 양호한 장소에 적재할 것 3. 온도가 55℃를 초과하는 부스러기는 적재하지 말 것 4. 적재장소에 있는 사이드스파링, 던내지 및 나무조각은 제거할 것 5. 부스러기의 표면온도를 선적전, 선적중, 선적후 및 운송중에 매일 측정할 것 6. 선적중 부스러기의 표면온도가 90℃를 초과할 경우에는 선적을 중지하고 온도가 85℃이하에 이를 때까지 적재하지 말 것 7. 온도가 65℃이하로 8시간이상 온도가 일정하거나 또는 하강하는 경향이 보이지 아니할 경우에는 출항하지 말 것 8. 선적중 가능한 한 불도저 등을 사용하여 다지고, 선적후에는 상면을 평평하게 다질 것 9. 운송중 부스러기의 표면온도가 80℃로 상승할 경우에는 화재위험을 방지하기 위하여 적절한 조치를 강구할 것 10. 부스러기의 적재장소에 출입은 당해 장소를 개방한 후 또는 자장식호흡기를 착용하고 시행할 것

분류	위험물	적재방법	
가연성 물질류	산화철(사용완료된 것)	갑판하부 적재	1. 식품류와 동일한 선창 또는 구획에 적재하지 말 것 2. 선적 전에 냉각하고 8시간이상 외기에 노출시킨 것을 적재할 것
	종이케이크 (식물성 기름을 함유한 것) {용제추출법 및 압착법으로 채유한 후의 종자로서 기름의 함유율이 10질량%이하인 것 또는 기름과 물의 함유율이 20질량%이하(물의 함유율이 10질량%를 초과하는 경우에 한한다.)인 것} (용제추출법으로 채유한 후의 종자찌꺼기 또는 콩찌꺼기로서 기름의 함유율이 4질량%이하이고 기름과 물의 함유율이 15질량%이하인 것은 제외) [기름을 짜고난 종자 찌꺼기]	갑판하부 적재	1. 용제추출법에 의한 것은 환기가 양호한 장소에 적재할 것 2. 용제추출법에 의한 것은 인화성용제를 충분히 제거한 것을 적재할 것 3. 건조상태로 보관할 것 4. 운송기간이 5일을 초과할 경우에는 적재할 화물창 또는 구획에 탄산가스외의 불활성가스를 주입하기 위한 설비를 갖출 것 5. 적재장소의 높이에 따라 정기적으로 온도를 측정하고 기록할 것 6. 온도상승이 계속될 경우에는 탄산가스외의 불활성가스를 주입할 것 7. 정전기로 인하여 용제의 증기가 착화될 위험이 있는 경우에는 탄산가스를 사용하지 말 것 8. 적재장소 및 그의 개구부 주위에서 흡연 및 불의 사용을 금지할 것 9. 적재화물창 및 구획에 통하는 전기회로를 차단하고 통풍통의 끝에 화재방지금속망을 설치할 것 10. 선적전에 충분한 기간(1년이상)이 지난 것을 적재할 것

분류	위험물	적재방법	
가연성 물질류	종자케이크 (식물성기름을 함유한 것) (용제추출법에 의하여 채유한 후의 종자로서 기름의 함유율이 1.5질량%이하이고 물의 함유율이 11질량% 이하인 것) (용제추출법으로 채유한 후의 종자찌꺼기 또는 콩찌꺼기로서 기름의 함유율이 1.5질량%이하이고 물의 함유율이 11질량%이하이며 인화성용제를 함유하지 아니한 것은 제외	갑판하부 적재	1. 용제추출법에 의한 것은 환기가 양호한 장소에 적재할 것 2. 용제추출법에 의한 것은 인화성용제를 충분히 제거한 것을 적재할 것 3. 건조상태로 보관할 것 4. 운송기간이 5일을 초과할 경우에는 적재할 화물창 또는 구획에 탄산가스외의 불활성가스를 주입하기 위한 설비를 갖출 것 5. 적재장소의 높이에 따라 정기적으로 온도를 측정하고 기록할 것 6. 온도상승이 계속될 경우에는 탄산가스외의 불활성가스를 주입할 것 7. 정전기로 인하여 용제의 증기가 착화될 위험이 있는 경우에는 탄산가스를 사용하지 말 것 8. 적재장소 및 그의 개구부 주위에서 흡연 및 불의 사용을 금지할 것 9. 적재화물창 및 구획에 통하는 전기회로를 차단하고 통풍통의 끝에 화재방지금속망을 설치할 것 10. 선적전에 충분한 기간(1년이상)이 지난 것을 적재할 것
	알루미늄규소철 분말	갑판하부 적재	1. 식료품 또는 부식성물질과 동일한 화물창 또는 구획에 적재하지 말 것 2. 환기가 양호한 장소에 적재하고 건조상태로 보관할 것 3. 통풍장치의 배기구는 배기가스가 주거장소 또는 사용장소에 침입하지 아니하도록 설치할 것 4. 기관실과의 격벽은 가스가 새지 아니하는 것일 것 5.2조이상의 자장식호흡기를 구비할 것 6. 2조이상의 인화수소, 비소화수소 및 실란용 가스탐지기를 구비하고 측정결과를 기록할 것

분류	위험물	적재방법	
가연성 물질류	알루미늄가공 부산물	갑판하부 적재	1. 위험물과 격리(유효한 격리기준에 의한다. 이하 같다)할 것 2. 식료품 또는 부식성물질과 동일한 화물창 또는 구획에 적재하지 말 것 3. 건조한 상태의 것을 선적할 것 4. 건조상태로 보관할 것 5. 2개이상의 자장식호흡기를 비치할 것 6. 2조이상의 인화수소, 비소화수소 및 실란용 가스탐지기를 구비하고 측정결과를 기록할 것
	알루미늄규소 분말	갑판하부 적재	1. 위험물과 격리(유효한 격리기준에 의한다. 이하 같다)할 것 2. 식료품 또는 부식성물질과 동일한 화물창 또는 구획에 적재하지 말 것 3. 건조한 상태의 것을 선적할 것 4. 건조상태로 보관할 것 5. 2개이상의 자장식호흡기를 비치할 것 6. 2조이상의 인화수소, 비소화수소 및 실란용 가스탐지기를 구비하고 측정결과를 기록할 것
	규소철 (규소의 함유율이 30질량%이상 90 질량%미만인 것) (규소철을 물과 시멘트 등의 결합제와 혼합하여 조개탄형태로 된 규소철브리켓은 제외)	갑판하부 적재	1. 위험물과 격리(유효한 격리기준에 의한다. 이하 같다)할 것 2. 식료품 또는 부식성물질과 동일한 화물창 또는 구획에 적재하지 말 것 3. 건조한 상태의 것을 선적할 것 4. 건조상태로 보관할 것 5. 2개이상의 자장식호흡기를 비치할 것 6. 2조이상의 인화수소, 비소화수소 및 실란용 가스탐지기를 구비하고 측정결과를 기록할 것

분류	위험물	적재방법	
유해성 물질	질산암모늄비료 B류 (자기발열에 의하여 분해되지 아니하는 것) {복합비료 (질소 · 인산염형, 질소 · 칼리형 또는 질소 · 인산염 · 칼리형)의 비분리성인 혼합물로서 질산암모늄의 함유율이 70질량% 이하이고, 가연물의 총함유율이 0.4%이하이거나 질산암모늄의 함유율이 45질량%이하인 것}	갑판하부 적재	1. 산화성물질과는 격리할 것 2. 가연물(특히 액체), 염소산류, 차아염소산류, 황산류 및 과망간산류와는 1화물창 또는 1구획이상 떨어지게 적재할 것 3. 모든 열원으로 부터 떨어지게 적재할 것 4. 적재화물창 또는 구획에 통하는 전기회로를 차단할 것 5. 강재의 기관실 격벽에 접촉하지 아니하도록 적재할 것 6. 적재장소 및 그의 개구부 주위에서 흡연 및 불의 사용을 금지할 것 7. 하역중 연료유를 받거나 배출하지 말 것
	피마자열매 (피마자박분, 피마자포마스 및 피마자후레이크는 제외)	갑판하부 적재	1. 식품류 또는 산화성물질과 동일한 화물창 또는 구획에 적재하지 말 것 2. 거주장소 및 사용장소에 가루의 침입을 방지할 것
	어분 (산화방지제를 첨가한 것으로 물의 함유율이 5질량%를 초과 12질량%이하로서, 지방함유율이 15질량% 이하인 것)	갑판하부 적재	1. 자연발화성물질과는 격리할 것 2. 선적중 온도가 35℃ 또는 대기온도에 5℃를 더한 온도중 높은 온도를 초과하지 말 것 3. 운송중 8시간 간격으로 온도를 측정하여 그 결과를 기록 할 것 4. 측정온도가 55℃를 초과하여 계속 상승할 경우 적재되는 화물창 또는 구획의 통풍을 차단하고, 자연발화가 계속될 경우에는 탄소가스 또는 불활성가스를 주입할 것

4. 철도보안 금지 위해물품

1) 철도위험물 휴대 및 운송금지

(1) 철도안전법 제42조 ①항에는 누구든지 무기, 화약류, 유해화학물질 또는 인화성이 높은 물질 등 공중(公衆)이나 여객에게 위해를 끼치거나 끼칠 우려가 있는 물건 또는 물질(위해물품)을 열차에서 휴대하거나 적재(積載)할 수 없다. 다만, 국토교통부장관 또는 시·도지사의 허가를 받은 경우 또는 국토교통부령으로 정하는 특정한 직무를 수행하기 위한 경우에는 그러하지 아니하다.

(2) 철도안전법 제43조에는 누구든지 점화류(點火類) 또는 점폭약류(點爆藥類)를 붙인 폭약, 니트로글리세린, 건조한 기폭약(起爆藥), 뇌홍질화연(雷汞窒化鉛)에 속하는 것 등 대통령령으로 정하는 위험물을 탁송(託送)할 수 없으며, 철도운영자는 이를 철도로 운송할 수 없다고 명시되어 있고, 철도안전법 시행령 제44조에는 "점화류(點火類) 또는 점폭약류(點爆藥類)를 붙인 폭약, 니트로글리세린, 건조한 기폭약(起爆藥), 뇌홍질화연(雷汞窒化鉛)에 속하는 것 등 대통령령으로 정하는 위험물"이란 다음 각 호의 위험물을 말한다.

1) 점화 또는 점폭약류를 붙인 폭약
2) 니트로글리세린
3) 건조한 기폭약
4) 뇌홍질화연에 속하는 것
5) 그 밖에 사람에게 위해를 주거나 물건에 손상을 줄 수 있는 물질로서 국토교통부장관이 정하여 고시하는 위험물

2) 위해물품의 종류

(1) 철도안전법 시행규칙 제78조 ①항 따른 위해물품의 종류는 다음과 같다.

1) 화약류 : 「총포 · 도검 · 화약류 등의 안전관리에 관한 법률」에 따른 화약 · 폭약 · 화공품과 그 밖에 폭발성이 있는 물질
2) 고압가스 : 섭씨 50도 미만의 임계온도를 가진 물질, 섭씨 50도에서 300킬로파스칼을 초과하는 절대압력(진공을 0으로 하는 압력을 말한다. 이하 같다)을 가진 물질, 섭씨 21.1도에서 280킬로파스칼을 초과하거나 섭씨 54.4도에서 730킬로파스칼을 초과하는 절대압력을 가진 물질이나, 섭씨 37.8도에서 280킬로파스칼을 초과하는 절대가스압력(진공을 0으로 하는 가스압력을 말한다)을 가진 액체상태의 인화성 물질
3) 인화성 액체 : 밀폐식 인화점 측정법에 따른 인화점이 섭씨60.5도 이하인 액체나 개방식 인화점 측정법에 따른 인화점이 섭씨 65.6도 이하인 액체
4) 가연성 물질류 : 다음 각 목에서 정하는 물질
   ① 가연성고체 : 화기 등에 의하여 용이하게 점화되며 화재를 조장할 수 있는 가연성 고체
   ② 자연발화성 물질 : 통상적인 운송 상태에서 마찰 · 습기흡수 · 화학변화 등으로 인하여 자연발열하거나 자연발화하기 쉬운 물질
   ③ 그 밖의 가연성물질 : 물과 작용하여 인화성 가스를 발생하는 물질
5) 산화성 물질류 : 다음 각 목에서 정하는 물질
   ① 산화성 물질 : 다른 물질을 산화시키는 성질을 가진 물질로서 유기과산화물 외의 것
   ② 유기과산화물 : 다른 물질을 산화시키는 성질을 가진 유기 물질
6) 독물류 : 다음 각 목에서 정하는 물질
   ① 독물 : 사람이 흡입 · 접촉하거나 체내에 섭취한 경우에 강력 한 독작용이나 자극을 일으키는 물질

② 병독을 옮기기 쉬운 물질 : 살아 있는 병원체 및 살아 있는 병원체를 함유하거나 병원체가 부착되어 있다고 인정되는 물질

7) 방사성 물질 : 「원자력안전법」 제2조에 따른 핵물질 및 방사성물질이나 이로 인하여 오염된 물질로서 방사능의 농도가 킬로그램당 74킬로베크렐(그램당 0.002마이크로큐리) 이상인 것

8) 부식성 물질 : 생물체의 조직에 접촉한 경우 화학반응에 의하여 조직에 심한 위해를 주는 물질이나 열차의 차체 · 적하물 등에 접촉한 경우 물질적 손상을 주는 물질

9) 마취성 물질 : 객실승무원이 정상근무를 할 수 없도록 극도의 고통이나 불편함을 발생시키는 마취성이 있는 물질이나 그와 유사한 성질을 가진 물질

10) 총포 · 도검류 등 : 「총포 · 도검 · 화약류 등 단속법」에 따른 총포 · 도검 및 이에 준하는 흉기류

11) 그 밖의 유해물질 : 제1호부터 제10호까지 외의 것으로서 화학변화 등에 의하여 사람에게 위해를 주거나 열차 안에 적재된 물건에 물질적인 손상을 줄 수 있는 물질

(2) 철도운영자 등은 위해물품에 대하여 휴대나 적재의 적정성, 포장 및 안전조치의 적정성 등을 검토하여 휴대나 적재를 허가할 수 있다. 이 경우 해당 위해물품이 위해물품임을 나타낼 수 있는 표지를 포장 바깥면 등 잘 보이는 곳에 붙여야 한다.

3) 위해물품 휴대금지 예외

철도안전법 시행규칙 제77조에서 "특정한 직무를 수행하기 위한 경우"란 다음 각 호의 사람이 직무를 수행하기 위하여 위해물품을 휴대 · 적재하는 경우를 말한다.

(1) 사법경찰관리의 직무를 수행할 자와 그 직무범위에 관한 법률 제

5조 제11호에 따른 철도공안 사무에 종사하는 국가공무원

※ 국토교통부와 그 소속 기관에 근무하며 철도경찰 사무에 종사하는 4급부터 9급까지의 국가공무원

(2) 경찰관직무집행법 제2조(직무에 범위)의 경찰관 직무를 수행하는 다음 각 호의 직무를 수행하는 사람으로

1) 국민의 생명 · 신체 및 재산의 보호

2) 범죄의 예방 · 진압 및 수사 2의2. 범죄피해자 보호

3) 경비, 주요인사(人士) 경호 및 대간첩 · 대테러 작전 수행

4) 치안정보의 수집 · 작성 및 배포

5) 교통 단속과 교통 위해(危害)의 방지

6) 외국 정부기관 및 국제기구와의 국제협력

7) 그 밖에 공공의 안녕과 질서 유지

(3) 경비업법 제2조에 따른 "경비원"이라 함은 경비업법 제4조제1항의 규정에 의하여 경비업의 허가를 받은 법인(경비업자)이 채용한 고용인으로서 일반 경비원과 특수경비원을 말한다.

(4) 위험물품을 운송하는 군용열차를 호송하는 군인

제3절 총포 · 도검 · 화약류 등의 안전관리에 관한 법률

1. 목적

총포 · 도검 · 화약류 · 분사기 · 전자충격기 · 석궁의 제조 · 판매 · 임대 · 운반 · 소지 · 사용과 그 밖에 안전관리에 관한 사항을 정하여 총포 · 도검 · 화약류 · 분사기 · 전자충격기 · 석궁으로 인한 위험과 재해를 미리 방지함으로써 공공의 안전을 유지하는 데 이바지함을 목적으로 한다.

2. 총포

권총, 소총, 기관총, 포, 엽총, 금속성 탄알이나 가스 등을 쏠 수 있는 장약총포, 공기총(가스를 이용하는 것을 포함) 및 총포신 · 기관부 등 그 부품으로서 다음과 같다.

1) 총

(1) 권총(기관권총 포함)
(2) 소총
(3) 기관총(구경 20밀리미터 미만, 기관권총 제외)
(4) 엽총
(5) 사격총
(6) 어획총
(7) 마취총
(8) 도살총
(9) 산업용총
(10) 구난 구명총

(11) 가스발사총

(12) 기타 뇌관의 원리를 이용한 장약총

[별표 1] 총의 성능기준(제2조제2항 관련)

1. 장약총

총의 종류	탄알	유효사거리 (m 이내)	최대도달거리 (m 이하)
산탄총	18.3mm이하	60	560
강선총	22호 30호 38호	100 300 300	1,600 2,000 4,000

2. 공기총

총의 종류	구 경	연지탄의 에너지	압축실 시린다 전체체적
단탄총	4.5mm	60J이하	500㎤이하
	5.0mm	〃	〃
	5.5mm	〃	〃
산탄총	5.5~6.4mm	〃	〃

2) 포

(1) 소구경포(구경 20mm 내지 40mm에 한함)

(2) 중구경포(구경 40mm~90mm미만에 한함, 박격포 제외)

(3) 대구경포(구경 90mm이상에 한하며, 박격포 제외)

(4) 박격포

(5) 포경포(소구경포 한함)

3) 총포 부품

(1) 총포신 및 기관부(총포외의 다른 용도로 사용 불가한 부품에 한함) 와 포가

(2) 산탄탄알 및 연지탄

(3) 소음기 및 조준경

4) "공기총"은 사람 · 가축 또는 조류 등을 살상할 수 있는 성능을 갖춘 것을 말한다.

[별표 5의2] 모의총포의 기준(제13조 관련)

다음 각호의 1에 해당하는 것을 모의총포로 한다.

1. 금속 또는 금속 외의 소재로 만들어진 것으로서 모양이 총포와 아주 비슷하여 범죄에 악용될 소지가 현저한 것
2. 금속 또는 금속 외의 소재로 만들어진 것으로서 금속 또는 금속 외의 물체를 발사하거나 소리·불꽃을 내는 것 중 다음 1에 해당하여 인명·신체상 위해를 가할 우려가 있는 것

   가. 발사되는 물체(탄환)의 크기가 직경 5.7밀리미터 미만인 것

   나. 탄환의 무게가 0.2그램을 초과하는 것

   다. 발사된 탄환의 운동에너지(파괴력)가 0.02kgm를 초과하는 것

   라. 탄환의 앞부분이 둥글게 처리되지 아니하여 예리한 것

   마. 순간 폭발음이 90데시벨을 초과하거나 가연성의 불꽃을 내는 것

3. 도검

1) 칼날의 길이가 15센티미터 이상인 칼 · 검 · 창 · 치도 · 비수 등으로서 성질상 흉기로 쓰이는 것과 칼날의 길이가 15센티미터 미만이라 할

지라도 흉기로 사용될 위험성이 뚜렷한 것으로 다음과 같다.

(1) 월도

(2) 장도

(3) 단도

(4) 검

(5) 창

(6) 치도

(8) 재크나이프(칼날의 길이가 6cm이상에 한함)

(9) 비출나이프(칼날의 길이가 5.5cm이상이고, 45도이상 자동으로 펴지는 장치가 있는 것에 한함)

(10) 그 밖의 6cm이상의 칼날이 있는 것으로서 흉기로 사용될 위험성이 뚜렷이 있는 도검

2) 칼끝이 둥글고 날이 서있지 아니하여 흉기로 사용될 위험성이 없는 칼은 도검으로 보지 아니한다.

4. 화약류

화약, 폭약 및 화공품(화약 및 폭약을 써서 만든 공작물)로서 다음과 같다.

1) 화약

(1) 흑색화약 또는 질산염을 주성분으로 하는 화약

(2) 무연화약 또는 질산에스테르를 주성분으로 하는 화약

(3) 그 밖에 가목 및 나목의 화약과 비슷한 추진적 폭발에 사용될 수 있는 것으로서 다음과 같다.

① 과염소산염을 주로 한 화약

② 산화납 또는 과산화바륨을 주로 한 화약

③ 브로모산염을 주로 한 화약

④ 크롬산납을 주로 한 화약

⑤ 황산알루미늄을 주로 한 화약

* 폭약과 비슷한 파괴적 폭발에 사용될 수 있는 것은 다음 각 호의 것을 말한다.

① 폭발의 용도에 사용되는 질산요소 또는 이를 주성분으로 한 폭약

② 디아조디니트로페놀 또는 무수규산 75퍼센트 이상을 함유한 폭약

③ 초유폭약

④ 함수폭약

⑤ 면약(질소함량이 12.2퍼센트 이상의 것에 한함)

* 화약류의 환산기준

화약류의 정체 및 저장에 있어서 폭약 1톤에 해당하는 화약 또는 화공품의 수량은 별표 2와 같다.

[별표 2] 화약류의 환산기준(제6조 관련)

화약 및 화공품의 종류	폭약 1톤으로 환산하는 수량
화약	2톤
실탄 또는 공포탄	200만개
신관 또는 화관	5만개
총용뇌관	250만개
공업용뇌관 또는 전기뇌관	100만개
신호뇌관	25만개
도폭선	50킬로미터
미진동파쇄기	5만개
그 밖의 화공품	당해 화공품의 원료가 되는 화약 2톤 또는 폭약 1톤

2) 폭약

(1) 뇌홍(뇌홍) · 아지화연 · 로단염류 · 테트라센 등의 기폭제
(2) 초안폭약, 염소산칼리폭약, 카리트, 그 밖에 질산염 · 염소산염 또는 과염소산염을 주성분으로 하는 폭약
(3) 니트로글리세린, 니트로글리콜, 그 밖에 폭약으로 사용되는 질산에스테르
(4) 다이너마이트, 그 밖에 질산에스테르를 주성분으로 하는 폭약
(5) 폭발에 쓰이는 트리니트로벤젠, 트리니트로톨루엔, 피크린산, 트리니트로클로로벤젠, 테트릴, 트리니트로아니졸, 핵사니트로디페닐아민, 트리메틸렌트리니트라민, 펜트리트, 그 밖에 니트로기 3 이상이 들어 있는 니트로화합물과 이들을 주성분으로 하는 폭약
(6) 액체산소폭약, 그 밖의 액체폭약
(7) 그 밖에 가목부터 바목까지의 폭약과 비슷한 파괴적 폭발에 사용될 수 있는 것

5. 화공품

1) 공업용뇌관 · 전기뇌관 · 비전기뇌관 · 전자뇌관 · 총용뇌관 · 신호뇌관 및 그 밖에 대통령령으로 정하는 뇌관류(시그널튜브 등 부품류를 포함)
2) 실탄(산탄 포함) 및 공포탄
3) 신관 및 화관
4) 도폭선, 미진동파쇄기, 도화선 및 전기도화선
5) 신호염관, 신호화전 및 신호용 화공품
6) 시동약
7) 꽃불
8) 장난감용 꽃불 등으로서 행정안전부령으로 정하는 것

(1) 장난감용 꽃불류는 다음 각 호와 같다

① 불꽃·불티 또는 꽃불을 주로 내는 것

② 회전을 주로 하는 것

③ 달리기를 주로 하는 것

④ 날기를 주로 하는 것

⑤ 위로 쏘아 올리는 것을 주로 하는 것

⑥ 폭발음을 주로 내는 것

⑦ 연기를 주로 내는 것

⑧ 모형비행기용 또는 모형로켓트용의 추진기로서 화약 5그램 이하인 것

⑨ 시동약으로서 화약 15그램 이하인 것

⑩ 화재경보용 또는 도난방지용으로 사용되는 꽃불류로서 폭약(폭발음을 내는 것에 한함) 0.18그램 이하인 것

⑪ 기밀시험용으로 사용되는 발연화공품으로서 화약 15그램 이하인 것

(2) 장난감용 꽃불류의 성능은 다음 각 호의 기준에 의하여야 한다.

① 불꽃·불티 또는 꽃불을 주로 내는 것은 불꽃길이가 180센티미터 이하인 것

② 날기를 주로 하는 것은 지상으로부터 날아오르는 높이가 5미터 이상인 것

③ 회전을 주로 하는 것은 지속 연소시간이 10초 이하인 것

④ 위로 쏘아 올리는 것을 주로 하는 것은 지상으로부터 쏘아 올리는 높이가 5미터 이상인 것

⑤ 연소 시 발생하는 소리가 10미터 떨어진 거리에서 85데시벨 이하인 것

⑥ 딱총화약(안전화약)은 불연제로 표면을 입힐 것

9) 자동차 긴급신호용 불꽃신호기

10) 자동차 에어백용 가스발생기

6. 분사기

사람의 활동을 일시적으로 곤란하게 하는 최루 또는 질식 등의 작용제를 내장된 압축가스의 힘으로 분사하는 기기로서 다음 각 호의 1에 해당하는 것으로 하며 다만, 살균·살충용 및 산업용 분사기를 제외한다.

1) 총포형 분사기
2) 막대형 분사기
3) 만년필형 분사기
4) 기타 휴대형 분사기

7. 전자충격기

사람의 활동을 일시적으로 곤란하게 하거나 인명에 위해를 주는 순간적인 고압전류를 방류할 수 있는 기기로서 다음 각 호의 1에 해당하는 것으로 한다. 다만, 산업용 및 의료용 전자충격기를 제외한다.

1) 총포형 전자충격기
2) 막대형 전자충격기
3) 기타 휴대형 전자충격기

[별표 2의3] 전자충격기의 성능기준(제2조의3제2항관련)

구분	성능
실효전력	10W 이내일 것
절연상태	AC 5,000V에서 0.5mA 이내일 것
실효전류	0.05A 이내일 것
최대전압	60,000V 이내일 것

8. 석궁

추진력은 활의 원리를, 조준 및 발사장치는 총의 원리를 이용하여 만든 기기로서 다음 각 호의 1에 해당하는 것이며 다만, 국궁 또는 양궁에 속하는 것을 제외한다.

1) 일반형 석궁
2) 도르래형 석궁(지렛대의 원리를 이용한 것)
3) 권총형 석궁

[별표 2의4] 석궁의 성능기준(제2조의4제2항관련)

구분	성능
탄력성	68kg 이하일 것
유효사거리	30m 이내

Chapter. 2

보안검색장비 관련법규

제1절 항공보안법 관련법규

제2절 항공보안장비 관련규정

제3절 항만보안법에서 정한 관련규정

제4절 철도안전법에서 정한 관련규정

제2장 보안검색장비 관련법규

제1절 항공보안법 관련법규

1. 항공보안법에서 정한 규정

항공보안법에서는 보안검색장비와 관련한 법규를 세부적으로 기술하고 있는데 항공보안법 제27조(항공보안장비 성능 인증 등)에 따라 다음과 같이 3가지 국토교통부 고시를 제정하여 운영하고 있다.

국토교통부 고시	목 적
항공보안장비 성능인증 및 성능검사기준	항공보안법 제27조, 시행규칙 제14조의2부터 제14조의11에 따라 보안검색에 사용하는 항공보안장비의 성능 인증, 성능평가시험 및 성능검사 등 업무에 필요한 사항을 규정
항공보안장비 종류, 운영 및 유지관리에 관한 기준	항공보안법 제27조에 따라 보안검색에 사용하는 항공보안장비를 효율적이고 적정하게 관리하고 운용하기 위하여 필요한 사항을 규정
항공보안장비 시험기관 지정 및 운영 등에 관한 규정	항공보안법 제27조 제4항 및 제27조의5, 시행규칙 제14조의7 및 제14조의8, 제14조의9에 따라 항공보안장비의 성능을 평가하는 시험기관에 대한 지정기준 및 심사, 업무범위·운영규정 등에 대한 세부사항을 정함

항공보안법 제27조에서 장비운영자는 항공보안법에 따른 보안검색을 하는 경우에는 국토교통부장관으로부터 성능 인증을 받은 항공보안장비를 사용하여야 항공보안장비의 성능 인증을 위한 기준 · 방법 · 절차 및 장비운영자가 사용하는 항공보안장비의 성능 검사 등 운영에 필요한 사항은 국토교통부령으로 정한다.

또한, 국토교통부장관은 성능 인증을 받은 항공보안장비의 종류, 운영, 유지관리 등에 관한 기준을 정하여 고시하여야 하며 "(국토교통부 고시) 항공보안장비 종류, 운영 및 유지관리에 관한 기준을 제정하여 시행하고 있으며 성능 인증을 받은 항공보안장비가 계속하여 성능을 유지하고 있는지를 확인하기 위하여 국토교통부령으로 정하는 바에 따라 정기적으로 또는 수시로 점검을 실시하여야 한다.

우리나라와 항공보안장비 성능 상호인증 협약이 체결된 국가로부터 그 성능을 인증받은 항공보안장비는 국토교통부장관으로부터 성능인증을 받지 않았을 경우에도 불구하고 우리나라의 항공보안장비 성능 인증을 받은 것으로 하며 국토교통부장관은 상호인증 협약을 체결하였을 때에는 그 내용을 고시하여야 한다.

2. 항공보안장비 성능인증

1) 장비 성능인증

항공보안법 시행규칙 제14조의 2에서 법 제27조제2항에 따라 "국토교통부령으로 정하는 항공보안장비의 성능 인증 기준"이란 다음 각 호와 같다.

(1) 장비의 기능과 성능, 운용성 및 안전성, 내구성 등이 장비의 설계와 적합하고 성능평가시험 등을 통해 적절한지 여부를 평가하는 것

(2) 항공보안장비를 제작 또는 수입하는 자(제작자)는 성능 인증 기준에 적합한 장비를 생산 또는 수입할 수 있는 능력이 있음(성능인증

품질시스템)을 갖추거나 증빙할 수 있을 것

항공보안장비의 성능 인증을 위한 기준(성능인증 기술기준)에 관한 필요한 사항은 국토교통부장관이 정하여 "(국토교통부 고시) 항공보안장비 성능인증 및 성능검사기준"을 고시하였으며, 이 고시는 항공보안법 제27조, 시행규칙 제14조의2부터 제14조의11에 따라 보안검색에 사용하는 항공보안장비의 성능 인증, 성능평가시험 및 성능 검사 등 업무에 필요한 사항을 규정함을 목적으로 한다.

2) 성능인증 신청절차

시행규칙 제14조의 3에서 법 제27조 제2항에 따른 장비의 성능 인증을 받으려는 제작자는 별지 제4호의2서식의 항공보안장비 성능 인증 신청서에 다음 각 호의 서류를 첨부하여 인증기관에 제출하여야 한다.

(1) 사업자등록증 사본
(2) 국내에 거주하는 대리인임을 증명하는 서류(대리인이 신청하는 경우에 한한다)
(3) 장비의 성능 제원표 및 시험용 물품(테스트 키트)
(4) 장비의 외관도 및 사용자취급설명서
(5) 성능 인증 장비의 구조 · 운영방법 · 유지관리 등에 대한 설명서
(6) 제작자가 갖추고 있는 성능 인증 품질시스템
(7) 장비의 사후관리를 위해 시설 · 기술 인력을 확보하고 있는 사실을 증명할 수 있는 서류(장비 성능 인증을 위하여 최초로 성능 인증을 신청하는 경우에 한한다)
(8) 그 밖에 국토교통부장관이 정하는 성능 인증 기술기준에 충족함을 입증할 수 있는 서류

■ 항공보안법 시행규칙 [별지 제4호의2서식]

항공보안장비 성능 인증 신청서

※ 색상이 어두운 난은 신청인이 작성하지 않습니다.

접수번호		접수일시
신청인 (제작자)	성명(대표자)	생년월일(법인등록번호)
	상호(사업자 명칭)	전자우편
	사업장 소재지 (전화번호:)	
신청 내용	종류	
	장비명(모델명)	
	제작자	제조국가
	시험기관	
	그 밖의 특기사항	

「항공보안법」 제27조제1항 및 같은 법 시행규칙 제14조의2에 따라 항공보안장비의 성능 인증을 신청합니다.

년 월 일

신청인 (서명 또는 인)

인증기관장 귀하

붙임 서류	1. 사업자등록증 사본 2. 국내에 거주하는 대리인임을 증명하는 서류(대리인이 신청하는 경우에 한합니다) 3. 항공보안장비의 성능 제원표 및 시험용 물품(테스트 키트)에 관한 서류 4. 항공보안장비의 외관도 및 사용자 설명서 5. 항공보안장비의 구조·운영방법·유지관리 등에 대한 설명서 6. 성능 인증 품질시스템을 증명하는 자료 7. 항공보안장비의 사후관리를 위한 시설·기술인력을 확보하고 있는 사실을 증명하는 서류(최초로 성능 인증을 신청하는 경우에 한합니다) 8. 국토교통부장관이 정해서 고시하는 서류로서 항공보안장비의 성능 인증기준을 갖추었음을 증명하는 서류(해당하는 경우만 제출합니다)	수수료 「항공보안법 시행규칙」 별표 4에 따른 금액
담당공무원 확인사항	법인 등기사항증명서(법인인 경우만 해당합니다)	

행정정보 공동이용 동의서

본인은 이 건 업무처리와 관련해 담당 공무원이 「전자정부법」 제36조제1항에 따른 행정정보의 공동이용을 통해 위 담당 공무원 확인사항을 확인하는 것에 동의합니다.

* 동의하지 않는 경우에는 신청인이 직접 관련 서류를 제출해야 합니다.

신청인 (서명 또는 인)

인증기관은 성능인증 신청서를 제출받은 경우 제출된 서류를 검토하여 적합하다고 인정하는 경우에는 다음 각 호의 구분에 따라 실시하여야 한다.

(1) 법 제27조의4에 따른 국토교통부장관이 지정한 시험기관에 성능평가시험을 의뢰하여 할 것
(2) 시험기관과 제작자가 협의하여 작성한 시험계획서를 확인하여 승인 할 것
(3) 제작자의 성능 인증 품질시스템 확인 등

인증기관은 성능인증 품질시스템 및 시험기관의 성능평가시험 결과 등을 확인하여 적합한 경우 항공보안장비 성능 인증서를 신청자에게 발급하여야 하며 규정한 사항을 확인한 결과 성능 인증 기술기준에 적합하지 않은 경우 지체 없이 그 결과를 신청인에게 통지하여야 한다.

3) 항공보안장비 성능인증 취소

항공보안법 제27조의2(항공보안장비 성능 인증의 취소)에 따라 국토교통부장관은 성능 인증을 받은 항공보안장비가 다음 각 호의 어느 하나에 해당하는 경우에는 그 인증을 취소할 수 있다. 다만, 제1호에 해당하는 때에는 그 인증을 취소하여야 한다.

(1) 거짓이나 그 밖의 부정한 방법으로 인증을 받은 경우
(2) 항공보안장비가 제27조 제2항에 따른 성능 기준에 적합하지 아니하게 된 경우
(3) 제27조 제4항에 따른 점검을 정당한 사유 없이 받지 아니한 경우
(4) 제27조 제4항에 따른 점검을 실시한 결과 중대한 결함이 있다고 판단될 경우

4) 성능인증업무 위탁

항공보안법 제27조의3(인증업무의 위탁)에서 국토교통부장관은 인증업무의 전문성과 신뢰성을 확보하기 위하여 법제27조에 따른 항공보안장비의 성능 인증 및 점검 업무를 대통령령으로 정하는 기관에 위탁할 수 있도록 하고 있으며, 항공보안법 시행규칙 제19조의2(인증업무의 위탁)에서 법 제27조의3에서 "대통령령으로 정하는 기관"이란 「항공안전기술원법」에 따른 항공안전기술원으로 위탁하도록 규정하고 있다.

5) 시험기관의 지정

(1) 국토교통부장관은 항공보안법 제27조에 따른 성능 인증을 위하여 항공보안장비의 성능을 평가하는 시험(성능평가시험)을 실시하는 기관(시험기관)을 지정할 수 있다.

(2) 시험기관 지정을 받으려는 법인이나 단체는 국토교통부령으로 정하는 지정기준을 갖추어 국토교통부장관에게 지정신청을 하여야 한다.

(3) 항공보안법 시행규칙 제14조의7(시험기관의 지정 등)에서 항공보안법 제27조의4 제2항에서 "국토교통부령으로 정하는 지정기준"이란 별표 2에 따른 기준을 말한다.

[별표 2] 시험기관의 지정기준 (제14조의7제1항 관련)

구분	기준
1. 법인 및 단체	다음 각 목의 요건을 모두 갖출 것 가. 「국가정보원법」 제3조제2항, 「보안업무규정」 제8조에 따른 비밀취급 인가를 받은 인력을 보유할 것 나. 「국가표준기본법」 제23조에 따른 인정기구에서 인정받은 시험기관일 것
2. 기술인력	다음 각 목의 요건을 갖춘 기술 인력을 보유할 것. 다만, 가목 또는 나목의 인력이 다목에 따른 위험물안전관리자의 자격을 보유한 경우에는 다목의 기준을 갖춘 것으로 본다. 가. 「국가표준기본법」제23조에 따른 인정기구에서 인정받은 시험기관에서 시험업무 경력이 3년 이상인 사람: 2명 이상 나. 항공보안장비 시험·평가 또는 관련 연구 경력이 3년 이상인 사람: 2명 이상 다. 위험물안전관리자 자격 보유자: 1명 이상
3. 시설	다음 각 목의 요건을 모두 갖춘 시험실을 갖출 것 가. 항온항습이 가능할 것 나. 항공보안장비 시험평가를 위한 시험실을 보유할 것 다. 화학물질 보관 및 취급을 위한 시설을 갖출 것 라. 그 밖에 국토교통부장관이 정해서 고시하는 시설을 갖출 것
4. 장비	다음 각 목의 장비를 모두 갖출 것 가. 엑스선검색장비 이미지품질평가용 시험용 장비(테스트 키트)를 보유할 것 나. 엑스선검색장비 표면방사선량률 측정장비를 보유할 것 다. 엑스선검색장비 연속동작시험용 시설을 보유할 것 라. 엑스선검색장비 등 대형장비용 온도 · 습도시험실(장비)을 보유할 것 마. 폭발물검색장비 · 액체폭발물검색장비 · 폭발물흔적탐지장비 시험용 유사폭발물 시료를 보유할 것 바. 문형금속탐지장비 · 휴대용금속탐지장비 · 시험용 금속물질 시료를 보유할 것 사. 휴대용 금속탐지장비 및 시험용 낙하시험장비를 보유할 것 아. 시험데이터 기록 및 저장 장비를 보유할 것 자. 그 밖에 국토교통부장관이 정해서 고시하는 장비를 보유할 것

(4) 항공보안법 제27조7의4에 따라 시험기관으로 지정을 받으려는 법인이나 단체는 별지 제4호의5 서식에 따른 항공보안장비 시험기관 지정 신청서에 다음 각 호의 서류를 첨부해서 국토교통부장관에게 제출해야 한다. 이 경우 담당 공무원은「전자정부법」제36조 제1항에 따른 행정정보의 공동이용을 통해서 법인 등기사항증명서(법인인 경우만 해당한다)를 확인해야 한다.

① 성능평가시험을 위한 조직, 인력 및 시험 설비 현황 등을 적은 사업계획서

② 성능평가시험을 수행하기 위한 절차 및 방법 등을 적은 업무규정

③ 법인의 정관 또는 단체의 규약

④ 사업자등록증 및 인감증명서(법인인 경우에 한한다)

⑤ 제1항에 따른 시험기관 지정기준을 갖추었음을 증명하는 서류

(5) 국토교통부장관은 시험기관 지정신청을 받은 때에는 현장평가 등이 포함된 심사계획서를 작성해서 신청자에게 통보하고 그 심사계획에 따라 심사해야 한다.

(6) 국토교통부장관은 심사 결과 지정기준을 갖추었다고 인정하는 때에는 별지 제4호의6서식에 따른 항공보안장비 시험기관 지정서를 발급해야 한다. 이 경우 다음 각 호의 사항을 관보에 고시해야 한다.

① 시험기관의 명칭

② 시험기관의 소재지

③ 지정 일자 및 지정번호

④ 업무 수행 범위

⑤ 그 밖에 국토교통부장관이 정하는 사항

(7) 상기에서 규정한 사항 외에 시험기관 지정 및 심사 등에 관해 필요한 사항은 국토교통부장관이 정해서 고시한다.

6) 시험기관의 지정취소

(1) 국토교통부장관은 제27조의4에 따라 시험기관으로 지정받은 법인이나 단체가 다음 각 호의 어느 하나에 해당하는 경우에는 그 지정을 취소하거나 1년 이내의 기간을 정하여 그 업무의 전부 또는 일부의 정지를 명할 수 있다. 다만, ①호 또는 ②호에 해당하는 때에는 그 지정을 취소하여야 한다.

① 거짓이나 그 밖의 부정한 방법을 사용하여 시험기관으로 지정을 받은 경우

② 업무정지 명령을 받은 후 그 업무정지 기간에 성능평가시험을 실시한 경우

③ 정당한 사유 없이 성능평가시험을 실시하지 아니한 경우

④ 제27조제2항에 따른 기준 · 방법 · 절차 등을 위반하여 성능평가시험을 실시한 경우

⑤ 제27조의4제2항에 따른 시험기관 지정기준을 충족하지 못하게 된 경우

⑥ 성능평가시험 결과를 거짓으로 조작하여 수행한 경우

(2) 지정취소와 업무정지의 기준 등에 관하여 필요한 사항은 국토교통부령으로 정한다.

(3) 항공보안법 시행규칙 제14조의8(시험기관의 지정취소 등)에서 항공보안법 제27조의5 제2항에서 "지정취소와 업무정지의 기준"이란 별표 3에 따른 기준을 말한다.

(4) 국토교통부장관은 시험기관의 지정을 취소하거나 업무의 정지를 명한 경우에는 지체 없이 그 사실을 관보에 고시해야 한다.

[별표 3] 시험기관의 지정취소 및 업무정지의 기준 (제14조의8제1항 관련)

일반기준

가. 위반행위가 둘 이상인 경우 또는 한 개의 위반행위가 둘 이상의 처분기준에 해당하는 경우에는 그 중 무거운 처분기준을 적용한다.

나. 위반행위의 횟수에 따른 행정처분의 기준은 최근 3년 동안 같은 위반행위로 처분을 받은 경우에 적용한다. 이 경우 기간의 계산은 위반행위에 대해서 처분을 받은 날과 그 처분 후 다시 같은 위반행위를 해서 적발된 날을 기준으로 한다.

다. 나목에 따라 가중된 행정처분을 하는 경우 가중처분의 적용 차수는 그 위반행위 전 처분 차수(나목에 따른 기간 내에 행정처분이 둘 이상 있었던 경우에는 높은 차수를 말한다)의 다음 차수로 한다.

라. 처분권자는 다음의 어느 하나에 해당하는 경우에는 제2호의 개별기준에 따른 업무정지 기간의 2분의 1의 범위에서 그 기간을 줄일 수 있다.

1) 위반행위가 사소한 부주의나 오류로 인한 것으로 인정되는 경우
2) 위반행위자의 법 위반상태를 시정하거나 해소하기 위한 노력이 인정되는 경우
3) 그 밖에 위반행위의 정도, 위반행위의 동기와 그 결과 등을 고려해서 처분기간을 감경할 필요가 있다고 인정되는 경우

마. 처분권자는 다음의 어느 하나에 해당하는 경우에는 제2호의 개별기준에 따른 업무정지 기간의 2분의 1의 범위에서 그 기간을 늘릴 수 있다.

1) 위반의 내용 및 정도가 중대해서 공중에게 미치는 피해가 크다고 인정되는 경우
2) 법 위반 상태의 기간이 3개월 이상인 경우
3) 그 밖에 위반행위의 정도, 위반행위의 동기와 그 결과 등을 고려해서 업무정지 기간을 늘릴 필요가 있다고 인정되는 경우

2. 개별기준

위반행위 또는 사유	근거 법조문	행정처분기준		
		1차 위반	2차 위반	3차 위반
1. 거짓이나 그 밖의 부정한 방법을 사용해서 시험기관으로 지정을 받은 경우	법 제27조의5 제1항제1호	지정 취소		
2. 업무정지 명령을 받은 후 그 업무정지 기간에 성능평가시험을 실시한 경우	법 제27조의5 제1항제2호	지정 취소		
3. 정당한 사유 없이 성능평가시험을 실시하지 않은 경우	법 제27조의5 제1항제3호	업무정지 (30일)	업무정지 (60일)	지정 취소
4. 법 제27조제2항에 따른 기준·방법 및 절차 등을 위반해서 성능평가시험을 실시한 경우	법 제27조의5 제1항제4호	업무정지 (60일)	업무정지 (120일)	지정 취소
5. 법 제27조의4제2항에 따른 시험기관 지정기준을 충족하지 못하게 된 경우	법 제27조의5 제1항제5호	시정 조치	시정 조치	지정 취소
6. 성능평가시험 결과를 거짓으로 조작해서 수행한 경우	법 제27조의5 제1항제6호	업무정지 (90일)	지정 취소	

7) 시험기관 지정 심사위원회

(1) 항공보안법 시행규칙 제14조의9(시험기관지정심사위원회 등의 구성 · 운영 등)에서 국토교통부장관 및 인증기관의 장은 성능 인증제도의 효율적 운영을 위해 필요한 경우 시험기관지정심사위원회 또는 인증심사위원회를 구성 · 운영할 수 있다.

(2) 시험기관지정심사위원회 및 인증심사위원회의 구성 · 운영 등에 필요한 사항은 국토교통부장관이 정해서 고시한다.

8) 기록유지

항공보안법 시행규칙 제14조의10(성능 인증 등에 대한 기록관리)에서 인증기관 및 시험기관은 성능 인증·성능평가시험 등에 관한 사항을 기록(전자장치에 파일 등의 형태로 저장하는 기록을 포함한다)하고 보관·관리해야 하며, 시험기관이 지정취소 등의 사유로 그 업무를 더 이상 수행하지 않는 경우에는 1개월 이내에 그 자료를 인증기관에 제출해야 한다.

9) 수수료

(1) 항공보안법 제27조의6(수수료)에서 제27조 제1항에 따라 항공보안장비 성능 인증을 받으려는 자는 국토교통부령으로 정하는 바에 따라 인증기관 및 시험기관에 수수료를 내야 한다.

(2) 항공보안법 시행규칙 14조의11(수수료)에서 법 제27조의6에 따라 항공보안장비 성능 인증을 받으려는 자가 내야 하는 수수료의 산정기준은 별표 4와 같다.

(3) 항공보안법 제27조 제1항에 따라 항공보안장비 성능 인증을 받으려는 자는 다음 각 호의 구분에 따라 인증기관 또는 시험기관에 수수료를 내야 한다.

① 항공보안법 시행규칙 제14조의2에 따른 항공보안장비의 성능 인증 신청 및 제14조의4에 따른 성능평가시험에 관한 수수료

② 항공보안법 시행규칙 제14조의5에 따른 성능 검사에 관한 수수료

(4) 인증기관 또는 시험기관은 수수료 외에 별도의 부과금을 받을 수 없다.

(5) 상기에서 규정한 사항 외에 수수료 금액, 납부기간, 납부방법 등에 대한 세부 사항은 인증기관 또는 시험기관이 따로 정해서 공고해야 한다.

[별표 4] 수수료 부과기준 (제14조의11제1항 관련)

구분	수수료
인증기관의 성능 인증 등 수수료	다음 각 호의 비용을 합산해서 산정한 금액 1. 기본료: 성능 인증, 인증서 변경, 성능 검사 신청서의 접수사무 및 신청 서류 심사, 인증서 발급에 필요한 비용 2. 인건비: 각 성능 인증, 제작자 성능 인증 품질시스템 확인 업무에 참여한 인력의 급여, 수당, 상여금, 퇴직급여충당금 및 산재보험료 등을 포함한 시간당 인건비에 해당 업무를 수행한 시간을 곱해서 산정한 금액으로 하며, 시간당 인건비는 인증기관에서 책정한 인건비를 적용 3. 간접비용: 각 성능 인증, 제작자 성능 인증 품질시스템 확인 업무를 지원하기 위한 임원 및 지원부서 직원 등의 간접인건비와 사무실 운영비, 전기료 등의 경비 및 기술료 등을 포함한 비용 4. 직접비용: 각 성능 인증, 제작자 성능 인증 품질시스템 확인 업무를 수행하는데 필요한 국내외 출장여비, 시험·검사 결과 및 적합성 자료의 분석을 위한 도서구매 및 번역비용 등 실제 소요되는 비용 5. 그 밖의 비용: 각 성능 인증, 제작자 성능 인증 품질시스템 확인 업무를 수행하는데 필요한 소모품비, 통신비, 운송비, 정보활용비, 회의비, 공과금 및 연구활동비 등을 포함한 경비
시험기관의 성능 검사 수수료	다음 각 호의 비용을 합산해서 산정한 금액 1. 기본료: 시험 접수·검토·인력지원·성능평가시험, 성능 검사 등에 필요한 기본수수료 2. 인건비: 시험활동에 투입된 수행 인력의 시험수행 시간당 인건비(엔지니어링 노임단가 적용) 3. 재료비: 시험과정에서 발생하는 소모성 재료의 비용 4. 장비사용료 가. 감가상각비: 장비별 법정내용연수를 기준으로 하되, 정액법에 따라 감가상각하는 방법에 따라 산출한 비용 나. 시설유지비: 장비가동을 위해서 필요한 소모성 부품의 비용, 장비수리 및 교환에 따른 부품의 비용, 장비가동에 필요한 전기료, 수도료 및 그 밖의 시설유지비 5. 출장비: 시험활동에 투입되는 수행 인력의 현장출장 여비 6. 그 밖의 비용: 그 밖에 시험을 위해서 지출한 경비로서 정보수집비용, 시험·검사대상 인증제품의 운반비 등 추가적인 지출비용

비고
1. 위 각 호의 수수료는 인증기관 또는 시험기관이 우선적으로 산출한 내역에 따라 해당하는 비용을 내고, 인증기관 또는 시험기관은 인증서·시험 결과서를 교부할 때 명세서를 발급해서 정산한다.
2. 각 호의 업무 수행을 위해서 국내외 출장을 하는 경우 출장비용은 각 인증기관 또는 시험기관에서 마련한 규정에 따른다. 국외 출장을 하는 경우 출장기간은 실제 업무를 수행하는 데 드는 기간과 목적지까지의 왕복에 필요한 기간을 말한다.

제2절 항공보안장비 관련규정

가. 항공보안장비 성능인증 및 성능검사기준

1. 총칙

1) 목적

이 규정은 항공보안법 제27조, 시행규칙 제14조의2부터 제14조의11에 따라 보안검색에 사용하는 항공보안장비의 성능인증, 성능평가시험 및 성능검사 등 업무에 필요한 사항을 규정함을 목적으로 한다.

2) 용어 정의

(1) "항공보안장비"란 엑스선검색장비, 폭발물탐지장비, 폭발물흔적탐지장비, 액체폭발물탐지장비, 문형금속탐지장비, 휴대용금속탐지장비, 신발검색장비, 원형(原形)검색장비 등 보안검색에 사용되는 장비를 말한다.

(2) "인증기관"이란 법 제27조의3, 같은 법 시행령 제19조의2에 따른 항공보안장비의 성능 인증, 성능 검사, 정기·수시 점검 업무를 위탁받은 항공안전기술원을 말한다.

(3) "시험기관"이란 법 제27조의4, 규칙 제14조의7에 따라 장비의 성능 인증 및 성능 검사 등을 수행하기 위하여 국토교통부장관이 지정하는 기관을 말한다.

(4) "성능 인증"이란 장비 제작자 또는 수입업자(제작자)가 개발한 장비의 성능을 검사한 결과 해당 장비의 성능이 확보되었음을 확인·증명하는 행위를 말한다.

(5) "성능 인증 기준"이란 규칙 제14조의3 제1항 제1호에 따라 장비의

기능과 성능 기준에 적합한 보안장비로서 안전성 및 내구성 등을 갖추고 있는지를 확인하기 위하여 정해둔 요건을 말한다.

(6) “성능평가시험”이란 규칙 제14조의3 제1항 제2호 가목에 따른 제작자가 의뢰한 장비가 성능 인증 기준에 충족하는지를 확인하기 위해 수행하는 시험을 말한다.

(7) “성능 인증서 변경”이란 규칙 제14조의3 제4항에 따른 인증기관이 성능인증을 받은 장비의 제작자 명칭 및 주소, 제품 외관 등 성능과 무관한 사항의 변경에 대하여 확인하는 것을 말한다.

(8) “성능 검사”란 규칙 제14조의5에 따라 내용연수를 연장하여 장비를 계속 사용하고자 하는 경우 해당 장비가 성능 검사 기준에 충족하는지를 확인하기 위해 인증기관에서 실시하는 검사를 말한다.

(9) “성능인증 기술기준”이란 시행규칙 제14조의2 제6항에 따라 검색장비의 기능과 성능, 운용성, 내구성 등을 갖추고 있는지 확인하기 위하여 정해둔 요건을 말한다.

(10) “성능 검사 기준”이란 규칙 제14조의5 제2항에 따라 장비의 성능이 내용연수 연장에 적절한지를 평가하기 위하여 정해둔 요건을 말한다.

(11) “장비의 점검” 이란 규칙 제14조의6에 따라 성능 인증을 받은 검색장비가 계속하여 성능을 유지하고 있는지 여부를 확인하기 위하여 인증기관이 장비 제작자에 대해 정기적으로 또는 수시로 점검(정기 · 수시 점검)을 실시하는 것을 말한다.

(12) 그 밖에 이 고시에서 정하지 않은 용어의 정의는 「항공보안장비 종류, 운영 및 유지관리 등에 관한 기준」 제2조에 따른다.

3) 적용범위

이 규정은 장비의 성능 인증, 인증서 변경, 성능평가시험, 정기 · 수시 점검, 성능 검사 등을 수행하는 데 적용한다.

2. 성능인증

1) 성능인증 신청방법 및 절차

(1) 시행규칙 제14조의2 제8호에서 "국토교통부장관이 정해서 고시하는 서류로서 장비의 성능인증 기준을 갖추었음을 증명하는 서류" 란 다음 각 호와 같다.

① 제작국가 등의 장비 인증 공인기관으로부터 성능 인증을 받은 자료

② 장비별 성능평가시험 기준의 성능을 입증할 수 있는 서류

(2) 시행규칙 제14조의2에 따라 장비의 성능 인증을 받으려는 제작자(성능인증 신청자)는 성능인증 신청서류를 갖춰 인증기관에 신청하여야 하며, 이 경우 해외 장비 제작자는 국내에 거주하는 자를 대리인으로 선임하여 성능 인증을 신청할 수 있다.

(3) 성능인증 신청자는 성능평가시험을 수행할 시험기관을 선정하여 이를 성능인증 신청서에 기재하여야 한다.

(4) 인증기관은 제출받은 성능인증 신청서류를 검토하여 적합하다고 인정되면 성능인증 신청서를 접수하고 성능인증 신청자에게 접수증을 발급하며 시험기관에 성능인정 신청이 있음을 통보하여야 한다.

(5) 인증기관은 성능인증 신청서가 접수되면 성능 인증 신청자의 성능인증 품질시스템, 장비의 품질유지를 위한 시설 및 인력 확보 여부의 확인 등 성능 인증 업무를 수행하여야 한다.

(6) 성능인증 신청자는 규칙 제14조의11에 따라 신청 장비의 성능 인증에 필요한 해당 수수료를 인증기관 및 시험기관에 납부하여야 한다.

2) 성능 인증 기준

(1) 시행규칙 제14조의3 제4항에 따라 국토교통부장관이 정하여 고시하는 "성능 인증 기준에 관한 필요한 사항"은 별표1과 같다.

(2) 성능인증 신청자의 장비가 「항공보안장비 종류, 운영 및 유지관리 등에 관한 기준」 제4조 각 호의 어느 하나에 해당하지 않는 장비로써 별표1의 "1. 성능평가시험 기준"에 따른 성능평가시험을 그대로 적용하기 어려운 경우, 시험기관은 다음 각 호와 같이 처리하여야 한다.
① 두 가지 이상의 종류에 동시에 해당 : 장비 종류별 성능평가시험 적용
② 어떤 종류에도 미해당 : 시험기관은 별표1의 1. "성능평가시험"에서 원용 가능한 항목이 있다면 그 항목을, 성능평가시험 수행이 어려운 경우 그 사유를 시험계획서에 명시하여 인증심사위원회에 회부 요청, 인증심사위원회에서 시험계획서의 승인 또는 시험신청의 반려 여부 결정

3) 성능평가시험

시행규칙 제14조의4제3항에 따른 장비별 성능평가시험에 관한 사항은 별표1과 같다.

4) 성능평가시험 절차와 방법

(1) 시험기관은 성능 인증 신청 장비가 별표1의 "성능평가시험"에 적합한지 여부를 확인하기 위하여 성능평가시험을 수행하여야 한다.
(2) 시험기관은 시행규칙 제14조의3에 따라 성능인증 신청자와 해당 장비의 시험 일정, 시험내용 등을 협의한 후 시험계획서를 작성하여 인증기관에 제출하고 인증기관으로부터 시험계획서에 대한 승인을 받아야 한다.
(3) 인증기관은 시험기관에서 통보받은 성능평가시험 결과에 대한 적정성 여부 등을 확인하여야 한다.

(4) 시험계획서에 따른 성능평가시험 결과 일부 부적합한 항목이 발생하였으나, 30일 이내에 조치가 가능한 경미한 사항인 경우 시험기관은 1회에 한하여 제5조에 따른 재신청 없이 성능평가시험을 재수행할 수 있다.

(5) 시험기관은 성능평가시험이 완료되면 규칙 제14조의4제2항 별지 제4호의4 서식에 따른 성능평가시험 결과서(이하 "성능평가시험 결과서"라 한다)를 인증기관에 제출하여야 한다.

(6) 인증기관은 필요한 경우 시험기관의 성능평가시험에 입회할 수 있다.

5) 성능평가시험 면제

(1) 성능인증 신청자가 규칙 제14조의2 제8호에 따라 인증기관에 해당 장비에 대한 성능을 입증할 수 있는 서류를 제출하고 이로써 성능평가시험 항목의 전부 또는 일부를 충족하였음이 객관적으로 입증되는 경우 성능 인증 신청자는 성능평가시험의 전부 또는 일부를 면제 받을 수 있다.

(2) 성능평가시험 항목의 전부 또는 일부 면제 여부는 인증심사위원회에서 정한다.

(3) 인증심사위원회의 심의 결과 1)의 요건을 충족하지 않는 것으로 의결되면 인증기관은 이 사실을 신청자에게 통보하여야 하며 이 경우 성능인증 신청자는 해당 항목에 대한 시험을 수행하여야 한다.

6) 성능 인증 심사

(1) 인증기관은 시행규칙 제14조의3 제2항에 따라 성능인증 신청서류 및 제작자 성능인증 품질시스템, 성능평가시험 결과서 등을 확인하여 신청 장비의 성능인증 여부를 심의·의결하기 위해 인증심사위원회를 개최하여야 한다.

(2) 인증기관은 인증심사위원회에서 성능 인증을 승인할 경우 항공보안장비 성능 인증서를 신청자에게 발급하여야 한다.

(3) 인증기관은 인증심사위원회가 성능인증을 승인하지 않는 경우 신청인에게 그 사실을 통보하여야 하며, 이 경우 인증기관은 성능 인증 신청자에게 추가적인 성능평가시험을 요구하거나 성능평가시험 결과 자료 및 추가 증빙자료를 제출하도록 요청할 수 있다.

7) 성능 인증서 변경

(1) 시행규칙 제14조의3 제5항에 따라 성능인증을 받은 장비에 대한 제작자의 명칭, 성명, 주소 등 변경이 있는 경우에는 그 사유가 발생한 날부터 1개월 이내에 인증기관에 성능 인증서의 변경을 신청하여야 한다.

(2) 성능인증서의 변경 신청을 받은 인증기관은 그 신청을 한 자에 대하여 성능 인증서의 변경이 적정하다고 판단하는 경우 기존에 발급한 서식에 따라 항공보안장비 성능 인증서에 변경된 내용을 반영하여 이를 재발급하여야 한다.

3. 성능검사

1) 성능 검사의 신청

(1) 시행규칙 제14조의5 제1항 및 제2항에 따라 장비의 내용연수를 연장하여 장비를 계속 사용하고자 하는 자(성능검사 신청자)는 효율적인 장비관리를 위해 해당 장비의 내용연수가 도래하기 전에 인증기관과 성능 검사 일정 등을 사전에 협의하여 내용연수가 도래하기 전에 성능 검사를 받아야 한다.

(2) 성능 검사 신청자는 별지 제1호 서식에 따른 성능 검사 신청서를

인증기관에 제출하여야 한다.

(3) 인증기관은 제출받은 성능검사 신청 서류를 검토하여 적합하다고 인정되면 성능검사 신청서를 접수하고 성능 검사 신청자에게 접수증을 발급하며 시험기관에 성능검사 신청이 있음을 통보하여야 한다.

(4) 성능검사 신청자는 규칙 제14조의11에 따라 신청 장비의 성능 검사에 필요한 해당 수수료를 인증기관 또는 시험기관에 납부하여야 한다.

(5) 시험기관은 성능 검사 신청자와 협의를 거쳐 장비의 성능 검사 일정 등에 관한 검사계획서를 작성하여 인증기관에 제출하여야 하며, 제출한 검사계획에 따라 신청 장비의 성능 검사를 수행하여야 한다.

(6) 인증기관은 성능 검사 신청자가 검사수수료를 납부한 날로부터 1개월 이내에 성능 검사 결과를 성능 검사 신청자에게 통보하여야 한다. 다만, 해당 장비의 중요한 성능 검사 등이 필요한 경우에는 그 기간을 최초 통보예정일로부터 3개월을 초과하지 않는 범위 내에서 연장할 수 있다.

2) 성능 검사 기준 등

(1) 시행규칙 제14조의5 제3항에 따른 장비별 성능 검사에 관한 사항은 별표2와 같다.

(2) 1)항에도 불구하고, 성능검사 신청자의 장비가 제4조 제2항 제2호에 해당하여 인증심사위원회의 심의·의결을 거친 검사계획서로 성능 인증을 받은 경우에는 해당 검사계획서의 항목 중 전부 또는 일부를 성능 검사 항목에 포함할 수 있다.

(3) 시험기관은 성능 검사 항목을 결정하기 위하여 인증심사위원회에 회부를 요청할 수 있다. 이 경우 시험기관은 인증심사위원회의 결정에 따라 신청 장비의 성능 검사를 수행하여야 한다.

3) 성능검사 절차 및 방법

(1) 시험기관은 제11조 제4항에 따른 수수료 납부가 확인되면 성능 검사 신청자가 신청한 장비의 성능 검사를 수행하여 제12조 제1항 별표2에 따른 성능검사 기준에 적합한지 여부를 확인하여야 한다.

(2) 인증기관은 필요한 경우 시험기관의 성능 검사에 입회할 수 있다.

(3) 시험기관은 성능 검사가 완료되면 별지 제2호 서식에 따른 항공보안장비 성능검사 결과서(성능검사 결과서)를 작성하여 인증기관에 제출하여야 한다.

(4) 인증기관은 성능검사 결과서가 제출되면 성능 검사 신청자에게 다음 각 호의 기준에 따라 성능 검사 결과를 통보하여야 하며, 이 경우 내용연수는 성능검사를 받은 날의 다음날부터 기산(起算)한다.

① 성능검사 결과서의 내용연수가 1년인 경우: 성능검사 결과

② 성능검사 결과서의 내용연수가 1년 이상 2년 이하인 경우: 인증심사위원회의 심의 · 의결에 따른 내용연수 연장 결과 및 성능 검사 결과

(5) 인증심사위원회의 심의 · 의결 결과 내용연수 연장이 불승인된 경우 인증기관은 성능검사 신청자에게 그 사실을 통보하고, 추가적인 검사를 요구하거나 성능검사 결과자료 및 추가 증빙자료를 요청할 수 있다.

(6) 인증기관 및 시험기관은 성능 검사 결과서 및 성능 검사 관련 문서를 “비밀문서”로 관리하여야 한다. 다만, 인증기관은 보안 관련 내용을 제외한 다음 각 호의 사항을 신청자에 제공할 수 있다.

① 장비 종류 및 제품명

② 시험항목명

③ 시험항목별 합격 또는 불합격 여부

4. 정기 및 수시점검

1) 정기점검 기준 및 기간

(1) 시행규칙 제14조의6 제4항에 따라 성능인증을 받은 장비 제작자는 성능인증을 받은 날부터 1년마다 성능인증 품질시스템의 준수여부 등에 대한 인증기관의 정기점검을 받아야 한다.

(2) 정기점검의 점검기간은 만료일 전후 각각 31일 이내로 하며, 이 기간 내에 점검을 받은 경우에는 정기점검을 받은 것으로 본다.

2) 정기점검의 방법 및 절차

(1) 시행규칙 제14조의6 제4항에 따라 인증기관은 정기점검을 위하여 장비 제작자에게 성능인증 품질시스템, 성능인증 신청서류, 장비 성능 인증서 등 성능인증 관련자료를 요구할 수 있다.

(2) 인증기관은 장비제작자가 제출한 자료의 적정 여부를 확인하여야 하며, 성능 인증을 받은 장비가 계속하여 성능을 유지하고 있는지 여부에 대한 성능 확인·점검이 필요하다고 판단되는 경우 시험기관에 시험을 의뢰할 수 있다.

(3) 인증기관은 장비 제작자가 부품 또는 조립품에 대한 제작을 공급업체에 위임하는 경우, 해당 공급업체에 대하여 성능인증 품질시스템의 점검을 수행할 수 있다.

(4) 시험기관은 인증기관으로부터 성능 확인·점검을 의뢰 받은 경우, 장비의 성능 유지 여부를 확인하기 위해 별표1의 "2. 성능 확인·점검"에 따라 점검을 실시하고 그 결과를 인증기관에 통보하여야 한다.

(5) 인증기관은 시험기관의 점검결과 부적합 판정을 받은 장비 제작자에게 추가 자료 제출을 요구하거나 시정조치를 요구 할 수 있다.

(6) 시정조치의 요구가 있는 경우 장비 제작자는 시행규칙 제14조의6

제3항에 따라 시정조치계획을 제출한 후 즉시 시정조치를 취해야 하며, 시정조치가 완료되면 인증기관에 시정조치 결과를 통보하여 인증기관의 재점검을 받아야 한다.

(7) 인증기관은 장비 제작자가 시정조치계획에 따른 시정조치를 취하지 않았거나 시정사유가 반복적으로 발생한 경우 법 제27조의2에 따라 국토교통부장관에게 성능 인증의 취소를 요청할 수 있다.

(8) 장비 제작자는 시행규칙 제14조의11에 따라 정기 점검에 필요한 수수료를 인증기관 또는 시험기관에 납부하여야 한다.

3) 수시점검

(1) 시행규칙 제14조의6 제1항 제2호에 따라 인증기관은 성능 인증을 받은 장비가 다음 각 호의 어느 하나에 해당하는 경우 수시점검을 할 수 있다.

① 국토교통부장관이 필요하다고 요청하는 경우
② 특별 점검계획에 따라 실시하는 경우
③ 장비의 성능이 저하되거나 그러한 염려가 대두되는 경우
④ 장비의 성능 등에 대한 문제 제기가 있는 경우
⑤ 장비 제작사의 생산 여건이 변동된 경우

(2) 수시점검의 방법 및 절차 등에 관한 사항은 정기점검의 방법 및 절차 규정을 준용한다.

5. 인증심사위원회

1) 인증심사위원회

(1) 시행규칙 제14조의9에 따라 인증기관은 다음 각 호의 사항을 심의 · 의결하기 위하여 인증심사위원회(위원회)를 구성 · 운영한다.

① 성능 인증을 위한 성능평가시험 결과 및 성능 인증 승인 여부
② 성능평가시험의 전부 또는 일부 면제 여부
③ 성능검사 결과, 해당 장비의 내용연수 설정 여부(1년 이상 2년 이하만 해당)
④ 성능 인증 기준의 별표1(성능평가시험 및 성능확인 · 점검) 및 별표2(성능 검사 기준) 개정
⑤ 위원회의 위원에 대한 제척 · 기피 · 회피
⑥ 성능인증 등 업무의 수행과정에서 나타난 주요 사안의 해결

(2) 위원회는 위원회의 장(위원장)을 포함하여 다음 각 호의 어느 하나의 자격을 갖춘 12명 이내의 위원으로 구성하며, 위원장은 위원 중에서 국토교통부장관이 지명한다.
① 국토교통부장관이 정하는 자
② 인증기관의 항공보안장비 성능 인증 업무 책임자
③ 시험기관의 항공보안장비 시험업무 책임자
④ 인증기관의 장이 위촉하는 항공보안 관련 학계, 산업계, 연구계의 전문가

(3) 2)항 ④호에 해당하는 위원의 임기는 2년으로 하며, 연임할 수 있다.

(4) 위원회의 회의는 따로 정하지 않을 경우 재적위원 과반수의 출석과 출석위원 과반수의 찬성으로 의결한다.

(5) 위원장은 회의를 소집하고 성능 인증 업무를 총괄한다. 위원장이 부득이한 사유로 회의에 참석할 수 없는 경우에는 위원 중에서 위원장이 지명하는 사람이 그 직무를 대행한다.

(6) 위원회의 사무를 처리하기 위하여 위원장의 지명으로 간사를 둘 수 있다.

(7) 위원회 운영 등에 관한 세부사항은 인증기관의 장이 정한다.

2) 인력풀의 구성 및 운영

(1) 인증기관은 원활한 위원회 운영을 위하여 다음 각 호의 자격을 갖춘 자에 대하여 인력풀을 구성하여 운영할 수 있다.

① 국토교통부장관이 정하는 자

② 인증기관의 항공보안장비 성능 인증 업무 책임자

③ 시험기관의 항공보안장비 시험업무 책임자

④ 인증기관의 장이 위촉하는 항공보안 관련 학계, 산업계, 연구계의 전문가

3) 위원의 제척 · 기피 · 회피

(1) 위원은 다음 각 호의 어느 하나에 해당하면 위원회의 심의 · 의결에서 제척된다.

① 해당 장비의 성능인증, 성능평가시험 등을 수행함에 있어 자문, 연구, 용역 등을 수행한 경우

② 해당 장비를 제작한 자 또는 제작하는 자에 해당하는 경우

③ ②호에 해당하는 자와 친족 관계에 있거나 그러한 관계에 있었던 경우

④ 해당 장비를 제작하는 자, 운영하는 자와 공동권리자 또는 공동의무자인 경우

(2) 당사자는 위원에게 공정한 심의 · 의결을 기대하기 어려운 사정이 있는 때에는 위원회에 기피 신청을 할 수 있다. 이 경우 기피 신청의 대상인 위원은 그 의결에 참여하지 못한다.

(3) 위원이 1)항 각 호의 제척 사유에 해당하는 경우에는 스스로 해당 안건의 심사 · 의결에서 회피(回避)하여야 한다.

4) 인증심사위원의 해촉

(1) 위원장은 위원이 다음 각 호의 어느 하나에 해당하는 경우에는 해당 위원을 해촉(解囑)할 수 있다.

① 심신장애로 인하여 직무를 수행할 수 없게 된 경우

② 직무와 관련된 비위사실이 있는 경우

③ 직무태만, 품위손상이나 그 밖의 사유로 인하여 위원으로 적합하지 아니하다고 인정되는 경우

④ 위원의 제척사유 어느 하나에 해당함에도 불구하고 스스로 회피하지 아니하는 경우

⑤ 위원 스스로 직무를 수행하는 것이 곤란하다는 의사를 밝히는 경우

5) 성능인증 기준 등 개정

(1) 위원은 성능 인증 기준의 별표1 또는 별표2에 대하여 개정안을 마련하여 인증기관에 개정 요구를 할 수 있다.

(2) 1)항에 따른 개정 요구가 있는 경우 인증기관은 이를 심의하기 위하여 위원회를 개최하여야 하며, 위원회에서 개정안을 의결하는 경우 위원회는 이를 국토교통부장관에게 건의할 수 있다.

(3) 인증기관은 개정사항 중 인증절차와 관련된 연구를 수행하여야 하며, 국토교통부장관은 이에 필요한 비용을 지급할 수 있다.

(4) 시험기관은 제3항에 따른 개정사항 중 시험기술과 관련된 연구를 수행하여야 하며, 국토교통부장관은 이에 필요한 비용을 지급할 수 있다.

6. 보칙

1) 기록관리

(1) 시행규칙 제14조의10 제1항에 따라 인증기관은 다음 각 호의 자료를 원본 또는 전자문서 형태로 기록하고 보관 및 관리하여야 한다.

① 장비 성능 인증 및 성능 검사 관련하여 신청자가 제출한 자료

② 장비 점검관련 자료

③ 위원회의 심의 · 의결 자료

④ 장비 성능 인증 등 목록

⑤ 장비 품목별 내용연수 현황 및 장비 운영자에 대한 통보 자료

⑥ 성능 인증 등과 관련하여 국토교통부장관에게 보고한 자료

⑦ 기타 성능 인증 등 운영 관련 자료

(2) 시험기관은 시행규칙 제14조의10 제1항에 따라 다음 각 호의 서류를 원본 또는 전자문서 형태로 기록하고 보관 및 관리하여야 한다.

① 장비 성능평가시험 등 성능 인증 업무와 관련하여 신청자가 제출한 서류

② 장비 성능평가시험 및 성능 검사 등에 관한 자료

③ 인증기관에 제출한 자료

④ 국토교통부장관에게 보고한 자료

(3) 관리하는 기록물은 해당 장비의 내용연수를 다할 때까지 보관하여야 한다.

2) 보고

(1) 시행규칙 제14조의10 제1항에 따라 인증기관은 다음 각 호의 사항을 국토교통부장관에게 보고하여야 한다.

① 성능 인증 등 신청 현황 및 결과, 성능 인증서 및 인증서 변경

등 발급 현황, 정기 · 수시점검 등(반기별, 연도별 보고)

② 장비의 목록 및 내용연수 현황

(2) 시험기관은 시행규칙 제14조의10 제2항에 따라 다음 각 호의 사항을 국토교통부장관에게 보고하여야 한다.

① 성능평가시험 신청 현황, 결과보고서 등 발급 현황, 정기 · 수시점검 현황(반기별, 연도별 보고),

② 성능 검사 신청현황, 성능 검사 결과서 발급 현황(반기별, 연도별 보고)

3) 기밀유지 의무

(1) 성능인증 또는 성능 검사 신청자는 항공보안장비 성능인증 등의 과정에서 알게 된 기밀을 인증기관 및 시험기관의 동의 없이 누설하여서는 아니 되며, 국토교통부장관에게 보안서약서를 제출하여야 한다.

(2) 보안서약서가 제출되면, 인증기관은 성능 인증 또는 성능 검사 신청자가 실제 제작자가 맞는지를 확인한 후 인증 신청의 접수 여부를 결정하여야 한다.

(3) 위원장 및 위원은 위원회 회의 과정에서 알게 된 기밀을 국토교통부장관의 동의 없이 누설하여서는 아니 되며, 회의 시작 전에 인증기관에 보안서약서를 제출하여야 한다.

4) 재검토기한

국토교통부장관은 「행정규제기본법」 및 「훈령 · 예규 등의 발령 및 관리에 관한 규정」 에 따라 이 고시에 대하여 2019년 7월 1일 기준으로 매3년이 되는 시점(매 3년째의 6월 30일까지를 말한다)마다 그 타당성을 검토하여 개선 등의 조치를 하여야 한다.

7. 부칙

1) 시행일 (2019. 1. 28)

이 고시는 발령한 날부터 시행한다.

2) 항공보안장비 성능검사에 관한 경과조치

이 고시 시행 이전부터 제작국가 등의 항공보안장비 인증 공인기관으로부터 성능을 인증 받은 항공보안장비와 국토교통부장관으로부터 성능 인증을 받고 생산 중인 각기 다른 제작사의 장비로서 종류별로 2종 이상이 인증되기 이전까지의 항공보안장비에 대한 성능 검사는 제14조의5의 개정규정에도 불구하고 장비 제작사의 정밀 성능검사 결과 적합하다는 확인을 받은 경우 내용연수를 다할 때까지 사용할 수 있다.

나. 항공보안장비 종류, 운영 및 유지관리 등에 관한 기준

1. 총칙

1) 목적

이 고시는 「항공보안법」 제27조에 따라 보안검색에 사용하는 항공보안장비(보안검색장비)를 효율적이고 적정하게 관리하고 운용하기 위하여 필요한 사항을 규정함을 목적으로 한다.

2) 용어의 정의

(1) "보안검색장비"란 엑스선검색장비, 금속탐지장비, 폭발물탐지장비 등 보안검색에 사용되는 장비를 말한다.

(2) "검색장비 운영자"란 보안검색에 사용되는 보안검색장비에 대한 최종 관리책임이 있는 공항운영자, 항공운송사업자, 항공여객·화물터미널 운영자, 도심공항터미널 운영자 및 상용화주를 말한다.

(3) "엑스선 검색장비"란 엑스선 발생장치를 이용하여 보안검색 대상물에 엑스선을 조사(照射)하고 그 내용을 모니터에 영상으로 표시하는 검색장비를 말한다.

(4) "금속탐지장비"라 함은 전기 자기장을 이용하여 금속물체를 탐지하는 검색장비를 말한다.

(5) "폭발물탐지장비"란 이온분석, 엑스선 검색, 중성자 검색, 기타 탐지방법 등에 의하여 폭발물 및 폭약성분을 탐지하는 장비를 말한다.

(6) "폭발물흔적탐지장비"란 보안검색 대상물에 묻어있는 화학성분을 흡입하여 화학적인 이온분석 방법 등을 이용하여 폭발물 및 폭약성분의 흔적을 탐지하는 장비를 말한다.

(7) "액체폭발물탐지장비"란 폭발성이 높거나 연소성이 높은 액체류 위

험물 및 액체상태의 폭약성분을 탐지하는 장비를 말한다.

(8) "원형(原形)검색장비"란 금속탐지장비에 의하여 탐지하기 어려운 무기 또는 폭발물 등 위험성이 있는 물건을 신체에 대한 접촉 없이 탐지하여 그 내용을 모니터에 영상으로 표시하는 검색장비를 말한다.

(9) "신발검색장비"란 금속탐지기로 검색이 어려운 신발 아래쪽과 발목 등에 은닉한 위험물을 탐지하는 장비를 말한다.

(10) "점검용 시험물품"이란 보안검색장비의 정상작동 여부를 점검하거나 검사(檢査)하기 위하여 인증을 받았거나 장비 제작사에서 해당 장비의 성능점검을 목적으로 제작 또는 권고한 시험물품을 말하며 장비별 사용할 물품의 종류는 다음과 같다.

① 엑스선검색장비 :

- 터널규격 1m x 1m 이하 : 제작사의 검사장비 또는 제작사 권고 시험물품(ASTM 또는 STP 시험키트)
- 터널규격 1m x 1m 초과 : 제작사의 검사장비 또는 제작사 권고 시험물품

② 문형금속탐지장비 : 제작사의 검사장비 또는 제작사 권고 시험물품(OTP 시험키트)

③ 폭발물탐지장비 : 제작사의 검사장비 또는 제작사 권고 시험물품

④ 폭발물흔적탐지장비 : 제작사의 검사 장비 또는 제작사 권고 시험물품

⑤ 휴대용금속탐지장비 : 무게 5.5g, 직경 25㎜크기의 원형 금속물질 또는 제작사 권고 시험물품

⑥ 액체폭발물탐지장비 : 제작사의 검사 장비 또는 제작사 권고 시험물품

⑦ 원형검색장비 : 제작사의 검사장비 또는 제작사 권고 시험물품

⑧ 신발검색장비 : 제작사의 검사장비 또는 제작사 권고 시험물품

(11) "표준운용절차"란 보안검색장비의 정상 운영과 최상의 성능을 유지하기 위하여 수행하여야 할 정기점검과 운용 등에 준수하여야 하는 절차를 말한다.

(12) "예비운용절차"란 보안검색장비의 비정상 작동 상태가 발생한 경우 유지보수 완료 후 운영재개 또는 예비 장비의 사용을 위한 점검과 성능을 평가할 때에 준수하여야 하는 절차를 말한다.

(13) "유지보수요원"이란 보안검색장비의 점검과 유지보수업무를 수행하는 자를 말한다.

(14) "장비 사용자"라 함은 항공보안검색요원 등 보안검색장비를 활용하여 보안검색을 수행하는 자를 말한다.

(15) "성능점검"이라 함은 운영자가 보안검색장비 매뉴얼에 따라 장비 제작사의 점검용 시험물품을 활용해 장비의 성능을 확인하는 점검을 말한다.

(16) "성능 검사"라 함은 항공보안법 제27조, 시행규칙 제14조의5에 따라 보안검색장비의 내용연수를 연장하여 계속 사용하고자 하는 경우 인증기관에서 실시하는 성능 검사를 말한다.

(17) "정기 점검"이라 함은 운영자가 항공보안장비의 이상 유무를 확인하기 위하여 자체적으로 실시하는 일상적인 점검을 말한다.

3) 적용범위

이 규정은 운영자가 운영하는 보안검색장비의 운영과 유지관리 등에 적용한다.

2. 보안검색장비

1) 보안검색장비의 종류

보안검색장비의 종류는 다음 각 호와 같다.

① 엑스선 검색장비

② 금속탐지장비

- 문형 금속탐지장비
- 휴대용 금속탐지장비

③ 폭발물 탐지장비

④ 폭발물흔적탐지장비

⑤ 액체폭발물탐지장비

⑥ 원형검색장비

⑦ 신발검색장비

⑧ 기타 국토교통부장관이 필요하다고 인정하는 장비

2) 보안검색장비의 설치

(1) 운영자는「항공보안법」제15조부터 제17조까지의 규정에 따라 보안검색을 실시하기 위하여 법 제27조에 따라 성능 인증을 받은 검색장비를 설치하여야 한다.

(2) 운영자는 제1항의 규정에 따라 검색장비를 설치하고자 하는 경우에는 검색수요와 검색방법 등을 고려하여 설치 위치, 대수와 종류를 정하고 설치 위치도를 작성하여 관리하고 유지하여야 한다.

(3) 보안검색장비를 설치하려는 운영자는 주변의 전자기기 또는 다른 검색장비 등 주변 환경의 영향을 받지 않도록 장비별 설계기준에 따라 설치하여야 한다.

(4) 보안검색장비는 다음 각 호의 경우에는 장비 매뉴얼에 따라 최초

가동 시 점검용 시험물품을 이용하여 1회 이상 반드시 성능점검을 실시하여야 하며, 그 결과를 별지 제1호 서식의 이력카드에 기록하고 유지하여야 한다.

① 장비를 설치하거나 이전한 경우(단, 휴대용금속탐지장비, 폭발물흔적탐지장비, 액체폭발물탐지장비, 신발검색장비 이전의 경우는 제외한다.)

② 장비의 성능에 영향을 주는 중요부품을 교체하거나 수리한 경우(중요부품은 운용자가 정하여 이력카드에 기록한다.)

3) 보안검색장비의 운용

(1) 운영자는 보안검색장비의 표준운용절차와 예비운용절차를 수립하고 이에 따라 장비를 운용하여야 한다.

(2) 운영자는 외부의 간섭 등에 의한 보안검색장비의 오작동 또는 고장 등의 발생을 사전에 예방할 수 있는 조치를 강구하고 시행하여야 한다.

(3) 운영자는 별지 제1호의 서식에 따라 보안검색장비별 이력카드를 작성 비치하여 보안검색장비의 설치, 이전, 철거, 폐기 등의 내용을 기록하고 유지하여야 한다. 다만, 정비와 보수에 관한 사항은 유지보수일지에 기록하고 유지하여야 한다.

(4) 보안검색업무를 수행하는 중에 법 제19조 제1항 제1호의 사항이 발생된 경우에는 사용자는 지체 없이 운영자에게 보고하여야 하며, 운영자는 법 제19조의 규정에 따라 장관에게 보고하여야 한다.

(5) 운영자는 보안검색장비에 장애가 발생하거나 정비 또는 예비품의 교체 등으로 운영을 일시 중지한 후 이의 운영을 재개하는 경우에는 예비운용절차에 따라 당해 보안검색장비에 대한 점검을 실시한 후 운영하여야 한다.

(6) 운영자가 운영하는 검색장비에 대한 세부 기준은 별표와 같다.

(별표) 보안검색장비 운영에 관한 세부기준

1. 액체폭발물탐지장비

엑스선검색 또는 개봉검색 등을 통하여 액체류 발견 시 그 내용물에 대한 성분 분석이 필요한 경우 액체폭발물탐지장비를 사용하여야 한다.

2. 원형검색장비

가. 원형검색장비를 이용해 보안검색이 어려운 승객(유아, 노약자 및 장애인 등)에 대해서는 문형금속탐지장비로 보안검색을 실시할 수 있다.

나. 원형검색장비를 사용해야 하는 경우 이미지 분석과정 없이 고정된 인체 형태의 가상 이미지 상에 위험부위를 자동으로 표출하는 장비를 설치하여 사용하여야 한다.

3. 엑스선검색장비

두 개 이상의 엑스선 발생장치와 검출기로 구성된 양방향 장비 또는 한 개의 엑스선 발생장치와 검출기로 구성된 단방향 장비를 사용할 수 있다. 단, 승객 휴대물품 검색용 엑스선 검색장비는 양방향 장비 이상의 탐지성능(폭발물탐지장비를 설치하여 사용할 경우는 제외)을 갖추어야 한다.

3. 보안검색장비 점검

1) 보안검색장비의 점검

(1) 보안검색장비의 정상적인 작동을 위하여 운영자는 다음 각 호와 같이 정기점검과 특별점검을 실시하여야 한다.

① 정기점검은 일일점검, 주간점검, 월간점검, 분기점검, 반기점검 및 연간점검으로 구분하며, 각 점검은 「항공보안장비 성능 인증 및 성능 검사 기준」 별표2의 성능 검사 기준에 따른 점검항목을 달리하여 실시하고, 연간점검 시는 성능점검을 통해 종합적인 점검이 될 수 있도록 한다. 다만, 휴대용 금속탐지장비의 일일점검 및 주간점검은 생략할 수 있다.

② 특별점검은 다음 각 목의 경우에 한하여 실시하여야 한다.

- 항공보안사고 발생 시 확인이 필요한 경우
- 항공보안 위협의 증가에 따라 점검이 필요한 경우
- 기타 장관의 지시 또는 지방항공청장의 지시에 의한 경우

③ 운영자는 장비가 검색에 사용되기 전 정상작동 여부를 확인하는 일상점검을 사용자가 실시하도록 할 수 있다. 일상점검을 실시한 경우 일일점검을 생략할 수 있다.

(2) 점검을 실시하는 경우에 운영자는 보안검색장비의 종류와 특성을 고려한 개별 장비별 자체 점검표를 작성하여 점검을 실시하고 그 결과를 기록하고 유지하여야 한다.

(3) 운영자는 정기점검 및 특별점검을 위해 자격을 갖춘 소속직원을 지정하거나, 장비 제작사(장비 설치업체 포함) 또는 유지보수 전문 업체에 위탁하여 점검을 실시할 수 있다. 다만, 위탁하여 점검을 실시한 경우 운영자는 매월 점검 결과를 최종 확인하여야 한다.

2) 보안검색장비 유지 · 관리

(1) 운영자는 장비의 성능이 유지되도록 표준운용절차 또는 제작사의 해당 장비별 매뉴얼에서 정한 기준에 따라 유지 관리하여야 한다.

(2) 운영자는 소속직원을 지정하거나 장비 제작사(장비 설치업체를 포함) 또는 유지보수 전문 업체에 위탁하여 보안검색장비 및 보안검색장비 운용에 필요한 장비를 관리하여야 한다.

(3) 보안검색장비를 유지 · 보수하는 경우 다음 각 호의 사항을 별지 제2호의 서식에 의하여 기록 · 유지하여야 한다.

① 보안검색장비의 점검, 조정, 정비 등 유지보수에 관한 사항. 다만, 정기적으로 실시하는 점검에 관한 사항은 제외한다.

② 보안검색장비의 운용중지 또는 기타 장애가 발생된 경우에는 일시, 원인 및 조치사항

③ 보안검색장비운용에 관련된 지시 · 통보 · 보고사항 등 유지보수에 참고가 될 사항

(4) 보안검색장비의 오작동이나 고장 또는 결함이 발생한 경우에는 응급복구 및 장비교체 등 필요한 조치를 즉시 취하여야 한다.

(5) 운영자는 제4항에 따른 조치를 취할 수 있도록 정기점검표, 장비운용자료 입력사항 및 장애복구절차 등이 표준운용절차에 포함되어 활용할 수 있도록 하여야 한다.

(6) 보안검색장비의 신규설치, 교체 또는 개량으로 운용절차의 변경이 필요한 경우 해당 장비에 대한 표준운용절차와 예비운용절차를 수정, 보완하여야 한다.

(7) 운영자는 측정 장비의 용도, 사용빈도 및 안전성을 고려하여 측정 장비의 성능 및 정확도를 유지하는 방안을 수립하여 관리하여야 한다.

3) 유지보수요원의 자격 및 교육

(1) 운영자는 다음 각 호의 어느 하나에 해당하는 자격을 갖춘 사람 또는 업체에 위탁하여 검색장비를 유지 · 보수하도록 하여야 한다.

① 장비 제작사 또는 설치 업체에서 교육을 이수한 사람 또는 파견된 전문기술자

② 국가가 인정한 전문교육기관에서 해당 업무에 대한 전문교육을 이수한 사람

③ 「국가기술자격법」에 의하여 전자 · 정보통신 · 전기 · 기계분야 산업기사 이상의 기술자격증을 소지하고 해당 자격분야에 3년 이상 종사한 사람

(2) 유지보수요원은 「국가민간항공보안교육훈련지침」의 규정에서 정한 교육을 이수하여야 한다. 다만, 장비 제작사 또는 설치 업체에서 교육을 이수한 사람 또는 파견된 전문기술자는 초기교육을 이수한 것으로 본다.

(3) 유지보수요원은 「국가 민간항공보안 교육훈련지침」 별표 12의2의 정기교육을 이수하여야 하며, 다음 각 호의 사항이 포함된 교육을 연간 8시간 이상 실시하여야 한다.

- 보안검색장비별 기능
- 보안검색장비별 동작원리 및 운용절차
- 보안검색장비별 긴급 상황 발생 시 대응요령
- 보안검색장비별 장애처리절차
- 안전수칙과 유지보수 절차 등

4. 관리계획

1) 예비품 관리

(1) 보안검색장비의 고장 등 장애가 발생할 경우 긴급복구를 위한 예비품의 정수를 정하여 이를 확보하고 별지 제3호의 서식에 따라 관리하여야 한다.

(2) 예비품은 별도의 장소에서 부품 성능이 저하되지 않도록 보관하고 관리되어야 한다. 다만, 예비품의 성능저하가 예상되거나 성능유지를 위한 별도의 보관 장소가 필요한 경우에는 외부 전문 업체에 위탁하여 관리할 수 있다.

2) 관리계획의 수립

(1) 운영자는 다음 각 호의 사항이 포함된 검색장비의 관리와 유지보수계획을 당해 연도 시작 전까지 수립하여 장관에게 제출하고 이를 시행하여야 한다.

① 보안검색장비 관리 및 유지보수 방침
② 보안검색장비 관리 및 유지보수 체계
③ 관리대상 장비현황
④ 유지보수 계획 및 유지 보수자 관리 계획
⑤ 유지보수요원 교육 계획(제11조제3항에 따른 교육)
⑥ 계측기 관리 및 예비품 관리계획
⑦ 기타 필요한 사항

3) 기록유지

(1) 운영자는 다음 각 호의 서식에 검색장비의 운용과 관리에 관한 사항을 종이 문서 또는 전자문서 형태로 기록하고 유지하여야 한다.

① 보안검색장비 이력카드
② 유지보수일지
③ 예비품 관리대장
④ 점검표

(2) 기록 중 유지보수일지는 2년 이상, 그 밖의 기록은 해당 장비 폐기 시까지 보관하여야 하며, 항공보안감독관 또는 장관이 정하는 자 또는 인증기관이 열람을 요청하는 경우 이에 응해야 한다.

4) 보고

(1) 운영자는 검색장비 운용 시 다음 각 호의 사항에 대하여 장관에게 보고하여야 한다.

① 보안사고 조사에 협조한 사항
② 연간 보안검색장비 운용현황 및 운영실태 분석결과(당해 연도 종료일로부터 30일 이내)
③ 보안검색장비의 고장으로 항공기 운항중단 등 중대한 지장이 발생한 경우
④ 보안검색에 실패로 인하여 항공기 이용자에게 불편을 준 경우

(2) 1)항 규정에 의해 보고한 사항은 1년 이상 유지하여야 한다.

4. 보칙

1) 고지의무

(1) 운영자는 보안검색장비를 사용하여 보안검색업무를 하는 경우 사진관련 장비 또는 고감도필름 등 검색 대상물이 손상될 수 있다는 사실을 검색 전에 피검색자에게 고지하여야 하며, 이용승객이 확인할 수 있도록 표시(標示)를 하여야 한다.

2) 장비교체 및 폐기기준

(1) 보안검색장비별 내용연수의 기준은 조달청장 고시에 따라 다음 각 호와 같으며, 조달청장 고시가 개정되는 경우에는 그에 따른다.

① 엑스선검색장비 : 10년

② 문형금속탐지장비 : 10년

③ 휴대용 금속탐지장비 : 2년

④ 폭발물탐지장비 : 11년

⑤ 폭발물흔적탐지장비 : 5년

⑥ 액체폭발물탐지장비 : 11년

⑦ 원형검색장비 : 11년

⑧ 신발검색장비 : 10년

(2) 운영자는 보안검색장비의 교체시기를 정하기 위하여 매년 제7조에 따른 성능점검을 점검용 시험물품 매뉴얼에 의해 실시하고, 그 결과를 이력카드에 기록 유지하여야 한다. 다만, 신규도입 장비의 성능점검은 제작사(납품업체)에 의해 성능점검이 실시되는 하자보증기간이 만료된 다음 연도 1월 1일 이후부터 실시한다.

(3) 운영자는 장비의 성능이 저하되지 않도록 적정시점에 보안검색장비를 교체하여야 하며, 내용연수를 연장하여 사용할 수 없다. 다만 내용연수가 도래하기 전 매년 인증기관의 성능 검사 결과 적합하다는 확인을 받을 경우 내용연수의 경과에도 불구하고 연장사용할 수 있다.

(4) 운영자는 보안검색장비가 「항공보안장비 성능 인증 및 성능 검사 기준」 별표 2의 성능 검사 기준에 미달하는 경우에는 제1항의 규정에도 불구하고 해당 장비를 교체하여야 한다.

3) 국제협약의 적용

이 기준에서 정하지 아니한 사항에 대하여는 국제민간항공협약 부속서 17의 항공보안지침서(Doc 8973)를 준용한다.

4) 재검토기한

국토교통부장관은 「훈령·예규 등의 발령 및 관리에 관한 규정」에 따라 이 고시에 대하여 2019년 7월 1일 기준으로 매3년이 되는 시점(매 3년째의 6월30일까지를 말한다)마다 그 타당성을 검토하여 개선 등의 조치를 하여야 한다.

5. 부칙

1) 시행일 〈2019. 1. 28.〉

이 고시는 발령한 날부터 시행한다.

2) 보안검색장비의 설치 등에 관한 경과조치

이 고시 시행 이전에 설치한 장비, 항공보안법 부칙 제2조제2항 및 같은 법 시행규칙 부칙 제2조에 따른 보안검색장비의 설치 및 점검, 성능 검사는 종전의 규정을 따른다.

다. 항공보안장비 시험기관 지정 및 운영 등에 관한 규정

1. 총칙

1) 목적

이 규정은 「항공보안법」 제27조의4 및 제27조의5, 같은 법 시행규칙 제14조의7, 제14조의8 및 제14조의9에 따라 항공보안장비 시험기관에 대한 지정기준 및 심사, 업무범위, 운영규정 등에 관한 세부사항을 정하는데 목적이 있다.

2) 용어의 정의

(1) "시험기관"이란 「항공보안법」 에서 정한 항공보안장비에 대한 성능평가시험 및 성능 검사 등을 수행하는 기관을 말한다.

(2) "시험기관지정 심사위원회"는 국토교통부 장관을 대신하여 시험기관 지정에 대한 요건 검토 등 심사업무를 수행하는 위원회를 말한다.

(3) 그 밖에 이 규정에서 사용하는 용어의 뜻은 특별한 규정이 없으면 「항공보안법」 , 시행령 및 시행규칙, 「항공보안장비 종류, 운영 및 유지관리 등에 관한 기준」 및 「항공보안장비 성능 인증 및 성능 검사 기준」 고시에서 정하는 바에 따른다.

2. 시험기관의 지정

1) 시험기관의 지정기준 등

다음 각 호의 서류를 제출하여 증빙하는 법인 또는 단체는 규칙 별표2 제3호 라목(그 밖에 국토교통부장관이 정해서 고시하는 시설을 갖출 것)에 따른 시설 및 제4호 자목(그 밖에 국토교통부장관이 정해서 고시하는 장비를 보유할 것)에 따른 장비를 갖춘 것으로 본다.

① 방위사업법 및 총포화약법, 위험물안전관리법에 따른 폭발물질의 구매·취급·저장을 위한 방폭 설계로 이루어진 공실과 별도의 보관시설 등 폭발물 취급 및 보관을 위한 특수시설을 보유하거나 임차하여 사용할 수 있음을 확인할 수 있는 증빙 자료

② 항공보안장비의 신뢰성 및 내구성 시험을 위한 수하물 투입 자동화 시스템 설비를 보유하였음을 확인할 수 있는 증빙 자료

2) 시험기관의 지정신청

시험기관으로 지정받으려는 법인이나 단체는 규칙 제14조의7 제1항 별표2에 따른 시험기관 지정기준을 갖추었음을 증명하는 서류와 규칙 제14조의7 제2항에 따른 신청 서류 및 국제표준(ISO/IEC)에 적합한 시험기관 품질관리규정 등을 국토교통부장관에게 제출하여야 한다.

3) 시험기관의 지정신청 접수

(1) 항공보안법 시행규칙 제14조의7 제3항에 따라 시험기관의 지정신청을 받은 때에는 국토교통부장관은 현장평가 등이 포함된 심사계획서 별지 제1호 서식에 따라 작성하여야 한다.

(2) 심사계획서는 15일 이내에 규칙 제14조의7 제2항에 따른 지정신청자에게 발송하여야 한다.

4) 시험기관지정 심사위원회

(1) 항공보안법 시행규칙 제14조의9에 따라 국토교통부장관은 시험기관 지정에 관한 사항을 심사하기 위해 시험기관 지정 심사위원회를 구성·운영할 수 있다.

(2) 심사위원회는 위원장 1명을 포함한 10인 이내의 위원으로 구성한다.

(3) 심사위원회 위원장은 심사위원회 위원 중에서 국토교통부장관이 지명한다.

(4) 심사위원은 당연직 위원 및 선임직 위원으로 구성한다.

(5) 심사계획서상 관련부처 담당자로 지정된 공무원(평가공무원)은 당연직 위원이 된다.

(6) 선임직 위원은 다음 각 호의 어느 하나에 해당하는 자 중에서 국토교통부장관이 지명한다.

① 항공보안장비를 운영하거나 운영하였던 경험을 보유한 자

② 폭발물의 취급, 저장, 운송에 대한 경험을 보유한 자

③ 항공보안과 관련된 업무를 수행하거나 수행하였던 자

④ 한국인정기구(KOLAS) 평가사를 보유한 자

⑤ 방사선에 대한 이해도가 높거나 방사선기기 사용 경험을 보유한자

⑥ 그 밖에 시험기관의 심사에 필요하다고 인정되는 자

4) 시험기관의 지정 심사

(1) 심사위원회는 시험기관 지정신청이 접수되면 지정신청서에 첨부된 서류를 검토한 후, 시행규칙 제14조의7 제3항에 따라 다음 각 호의 사항을 심사하여야 한다.

① 시행규칙 제14조의7제1항 및 제2항, 이 고시 제3조에 의한 서류의 구비 여부 및 그 내용의 적정 여부

② 지정신청자가 규칙 제14조의7제1항에 의한 지정기준에 적합한지 여부

(2) 심사결과 지정신청자가 지정기준에 적합하지 않은 경우 심사위원회는 부적합 판정을 하여야 한다.

(3) 평가공무원은 신청서의 구비서류가 미비한 때에는 추가 제출을 요구할 수 있다.

(4) 심사위원장은 별지 제2호 서식에 따른 심사보고서를 작성하고 국토교통부장관에게 적합·부적합 여부 등 심사 결과를 보고하여야 한다.

(5) 국토교통부장관은 심사 결과 지정신청자가 적합 판정을 받은 경우 지정신청서 제출일로부터 1개월 이내에 항공보안장비 시험기관 지정서를 지정신청자에게 교부하고 시험기관 지정 사실을 공고하여야 한다. 이 경우 국토교통부장관은 항공보안장비 시험기관 지정서에 조건을 붙일 수 있다.

(6) 지정신청자는 신청 과정에서 알게 된 기밀을 국토교통부장관의 동의 없이 누설하여서는 아니 되며, 국토교통부장관에게 보안서약서를 제출하여야 한다.

(7) 심사위원은 회의 과정에서 알게 된 기밀을 국토교통부장관의 동의 없이 누설하여서는 아니 되며, 회의 시작 전에 국토교통부장관에게 보안서약서를 제출하여야 한다.

3. 시험기관의 관리

1) 시험기관의 관리감독

(1) 항공보안법 제35조 제2항에 따라 국토교통부장관은 지정된 시험기관이 지정요건에 적합하게 운영되고 있는지를 확인하기 위하여 필요한 자료의 제출을 지정 시험기관의 장에게 요구할 수 있으며, 연 1회 이상 시험기관의 감독을 수행할 수 있다.

(2) 국토교통부장관은 제1항에 따라 시험기관을 관리 감독함에 있어 다음 각 호의 사항을 확인하여야 한다.

① 조직 및 인력현황

② 시험기관 품질관리규정의 국제표준(ISO/IEC17025) 요건 적합 및 이행 여부

③ 성능평가에 적합한 시험시설·장비 및 시험환경의 유지 여부

④ 비교숙련도 시험 참여 실적 및 시정조치 결과 등

(3) 국토교통부장관은 지도 · 감독을 실시하는 경우에는 7일 전까지 검사계획을 시험기관의 장에게 통보해야 한다. 다만, 긴급한 경우 또는 사전에 알렸을 때 감독의 목적을 달성할 수 없다고 인정되는 경우에는 그러하지 아니하다.

2) 시정조치

(1) 항공보안법 제35조 제3항에 따라 시험기관은 관리감독에서 발견된 문제점 및 미흡한 사항에 대하여 해당 내용을 통보받은 날로부터 30일 이내에 시정조치를 완료하여야 한다.

(2) 시험기관은 30일 안에 시정조치가 불가능한 경우에는 해당 사유와 시정조치방안을 마련하여 국토교통부장관에게 보고하여야 한다.

(3) 시험기관이 시정조치를 하였을 경우에는 그 사항을 국토교통부장관에게 보고하여야 하며, 국토교통부장관은 적합한 시정조치가 이루어졌는지 확인하여야 한다. 필요한 경우 시정조치에 대한 확인은 제6조에 따른 심사위원회가 수행하게 할 수 있다.

3) 업무의 정지 및 폐지, 변경

(1) 항공보안법 시행규칙 제14조의8 제2항에 따라 시험기관이 업무를 정지하거나 폐지, 변경을 하고자 하는 경우에는 1개월 전에 이를 별지 제3호 서식과 함께 국토교통부장관에게 신고하여야 한다.

(2) 시험기관이 주된 사무소의 소재지나 기관의 명칭 등을 변경하고자 하는 경우에는 별지 제3호 서식에 따라 국토교통부장관에게 이를 신고하여야 한다.

4. 시험기관의 운영

1) 시험기관 운영규정

시험기관으로 지정된 시험기관은 다음 각 호의 사항이 포함된 시험기관 운영규정(안)을 마련하여 국토교통부 장관에게 제출하여야 하며, 1개월 이내에 국토교통부장관의 승인을 받아야 한다. 이를 변경하고자 하는 때에도 같다.

① 시험기관의 구성 조직 및 인원
② 시험원의 업무 및 책임
③ 시험 수행 시 사용될 시설 및 장비
④ 시험시설 및 장비, 시험 과정 등의 보안관리
⑤ 시험 접수 절차
⑥ 시험 진행현황의 관리
⑦ 시험원의 교육훈련 및 복무수칙
⑧ 시험 수행 방법 및 절차
⑨ 시험결과기록의 유지 · 보관
⑩ 자료의 유지 · 관리
⑪ 각종 시험수수료 및 그에 대한 원가자료
⑫ 기타 시험수행에 필요한 사항

2) 재검토기한

국토교통부장관은 「행정규제기본법」 및 「훈령 · 예규 등의 발령 및 관리에 관한 규정」에 따라 이 고시에 대하여 2019년 7월 1일 기준으로 매3년이 되는 시점(매 3년째의 6월 30일까지를 말한다)마다 그 타당성을 검토하여 개선 등의 조치를 하여야 한다.

제3절 항만보안법에서 정한 관련규정

1. 항만보안 장비

국제항해선박 및 항만시설의 보안에 관한 법률 제31조(경비 · 검색인력 및 보안시설 · 장비의 확보 등)에 따라 항만시설소유자는 그가 소유하거나 관리 · 운영하는 항만시설에 대하여 보안을 확보 · 유지하고 국제항해여객선 승객 등의 보안검색을 하는 데 필요한 경비 · 검색인력을 확보하고 필요한 시설과 장비를 신축 · 증축 · 개축하거나 설치하고 이를 유지 · 보수하여야 하며 경비 · 검색인력을 다음 각 호의 어느 하나에 해당하는 방법으로 확보하여야 한다.

① 「청원경찰법」에 따른 청원경찰의 고용

② 「경비업법」 제2조제1호마목에 따른 특수경비업무의 허가를 받은 경비업자 중 제3항에 따라 지정받은 업체에 대한 경비 · 검색업무의 위탁

해양수산부장관은 항만시설소유자의 추천을 받은 업체로서 자본금 등 해양수산부령으로 정하는 지정 요건을 갖춘 자를 해당 항만시설의 경비 · 검색업무의 수탁업체로 지정하여야 하며 지정을 받은 업체가 다음 각 호의 어느 하나에 해당하는 경우에는 그 지정을 취소할 수 있다. 다만, 거짓이나 그 밖의 부정한 방법으로 지정을 받은 경우, 「경비업법」에 따른 경비업의 허가가 취소되거나 영업이 정지된 경우, 지정 요건에 미달하게 된 경우(다만, 일시적으로 지정 요건에 미달하게 되어 3개월 이내에 지정 요건을 다시 갖춘 경우는 제외), 해당 항만시설의 경비 · 검색업무의 수행 중 고의 또는 중대한 과실로 인명 피해가 발생하거나 경비 · 검색에 실패한 경우에 해당하면 지정을 취소하여야 한다.

항만시설소유자는 그가 소유하거나 관리 · 운영하는 항만시설에 대하여

보안을 확보 · 유지하고 국제항해여객선 승객 등의 보안검색을 하는 데 필요한 경비 · 검색인력을 확보거나 갖추어야 하는 경비 · 검색인력 및 보안시설 · 장비의 세부기준, 경비 · 검색업무 수탁업체의 지정 절차 등 지정에 필요한 사항은 해양수산부령으로 정한다.

국제항해선박 및 항만시설의 보안에 관한 법률 제33조에 따라 항만시설을 이용하는 자는 보안사건이 발생하는 것을 예방하기 위하여 다음 각 호에 해당하는 행위를 해서는 아니되는 의무규정을 지키도록 하고 있다.

① 항만시설이나 항만 내의 선박에 위법하게 폭발물이나 무기류 등을 반입 · 은닉하는 행위
② 보안사건의 발생을 예방하기 위한 검문검색 및 지시 등에 정당한 사유 없이 불응하는 행위
③ 항만시설 내 해양수산부령으로 정하는 지역을 정당한 출입절차 없이 무단으로 출입하는 행위

이에 따라 항만시설소유자는 그 지역을 보호하기 위하여 울타리, 2.7m 이상의 담 또는 장벽(울타리)을 설치하여야 하며, CCTV카메라와 침입탐지장비를 중복하여 설치하여야 한다. 또한 항만시설 중 육상구역 출입구, 선박계류지역, 야적장 및 울타리 등에는 일정 이상의 조도가 유지되도록 보안등을 설치하고 해가 질 때부터 해가 뜰 때까지 상시 조명되도록 하여야 한다.

부두의 주 출입구와 그 밖에 상시 출입이 이루어지는 출입구에는 대인(對人) 보안검색용 문형 또는 휴대용 금속탐지기를 1대 이상 설치하여야 하며 차량 출입구에는 검색경(檢索鏡) 등 차량 하부 검색장비를 1대 이상 설치하고 차량의 무단 진입을 차단하기 위하여 철침판 또는 차량돌진 방지턱, 차량 통과를 차단할 수 있는 철제차단기(Barricade) 등을 장애물을 설치 · 운영하여야 한다.

2. 항만보안장비 세부기준

국제항해선박 및 항만시설의 보안에 관한 법률 시행규칙 제38조의3(경비 · 검색인력 및 보안시설 · 장비의 세부기준)에서는 경비 · 검색인력 및 보안시설 · 장비의 세부기준을 명시하고 있으며 별표 4와 같다. 제38조의4(폐쇄회로 텔레비전의 설치 · 운영) ① 법 제31조의2제1항에 따른 폐쇄회로 텔레비전의 설치 · 관리 기준 및 해상도 기준은 별표 4와 같다. 또한, 항만시설소유자는 다음 각 호의 사항을 포함하는 폐쇄회로 텔레비전의 운영 · 관리 지침을 마련하여야 한다.

① 폐쇄회로 텔레비전의 설치 근거 및 목적
② 폐쇄회로 텔레비전의 설치 수, 촬영범위, 촬영시간 및 촬영방법
③ 폐쇄회로 텔레비전 운영으로 얻은 영상기록의 보관기간, 보관 장소 및 보관방법
④ 폐쇄회로 텔레비전의 설치 및 작동 상태에 대한 주기적 점검 및 관련 기록 유지를 위한 별지 제21호의4서식에 따른 점검기록부 작성
⑤ 폐쇄회로 텔레비전의 관리부서, 관리책임자 및 그 권한, 관리책임자가 영상기록을 확인하는 방법과 비밀 유지에 관한 사항
⑥ 영상기록의 열람 · 제공 · 이용 · 파기에 관한 사항 및 관련 기록 유지를 위한 별지 제21호의5서식에 따른 영상기록 관리대장의 작성
⑦ 영상기록의 수집 목적 외의 열람 · 제공 · 이용의 제한
⑧ 영상기록의 분실 · 도난 · 유출 · 변조 또는 훼손을 방지하기 위한 조치

(별표4) 경비·검색인력 및 보안시설·장비의 세부기준

구분	세부 기준
경비·검색 인력	1. 다음 각 목에 따른 부두 출입구에는 경비·검색인력으로 「청원경찰법」에 따른 청원경찰 또는 「경비업법」 제2조제3호 나목에 따른 특수경비원을 2명 이상을 상시 배치한다. 가. 부두의 주된 출입구 나. 주된 출입구 외에 사람과 차량이 상시 출입하는 그 밖의 출입구 2. 「보안업무규정」 제32조제1항에 따른 국가보안시설 외의 항만시설에는 제1호에도 불구하고 다음 각 목의 기준에 따른다. 가. 야간에 국제항해선박의 이용이 없고 폐쇄회로 텔레비전(CCTV)에 의한 감시·녹화가 가능한 경우에는 주간에만 배치 나. 국제항해선박의 이용이 연 90일 미만인 경우에는 경비·검색 인력을 상시 배치하지 아니하고 선박이 계류 중일 때에만 배치 3. 국제항해여객선이 취항하는 국제여객터미널에는 제1호 및 제2호의 기준에 따른 경비·검색인력 외에 그 국제여객터미널에서 출항 수속을 시작할 때부터 끝날 때까지 3명 이상의 검색인력을 추가로 배치한다.
보안시설 (외곽 울타리 · 담 또는 장벽)	1. 법 제33조제1항제3호에 따른 지역의 항만시설소유자는 그 지역을 보호하기 위하여 울타리, 담 또는 장벽(이하 이 표에서 "울타리등"이라 한다)을 다음 각 목의 기준에 따라 설치한다. 가. 울타리등의 높이[윤형(輪形)철조망 등 장애물의 높이를 제외한다]는 지면에서부터 울타리등의 상단까지 2.7m 이상으로 할 것 나. 울타리등의 하단과 지면의 간격은 5cm(배수시설의 설치 등으로 불가피한 경우에는 20cm로 한다) 이하로 할 것 다. 울타리등의 상단에는 윤형철조망 등 장애물을 설치할 것 라. 울타리등의 지주는 지하 60cm 이상 깊이로 묻을 것(지하 시설 또는 암반 등으로 불가피한 경우에는 40cm 이상의 깊이로 묻고 콘크리트 등으로 보강한다) 마. 울타리는 절단 및 훼손 등에 강한 재질을 사용하고, 강도는 사람이 통과할 수 있는 크기(62cm×62cm)로서 절단하는 시간이 25초 이상 소요되도록 설치할 것 2. 제1호에도 불구하고 낭떠러지 등 자연의 방어벽, 안벽(岸壁) 등 계류시설 또는 다른 항만시설과 인접하여 울타리등을 설치할 필요가 없는 경우에는 설치하지 아니한다. 3. 항만친수시설, 도심과 인접한 지역 및 관광지 등의 경우 항만보안을 유지할 수 있는 범위에서 제1호다목에 따른 윤형철조망 등 장애물을 설치하지 아니할 수 있다. 다만, 높이는 2.7m 이상을 유지하고, 폐쇄회로 텔레비전과 감지기 등 침입탐지장비를 중복하여 설치하여야 한다.

구분	세부 기준
보안시설 (조명시설)	1. 항만시설(육상구역에만 해당한다)의 출입구, 선박계류지역, 야적장 및 울타리 등에는 지면과 같은 높이에서 2럭스(Lux) 이상의 조도가 유지되도록 조명등(보안등)을 설치한다. 2. 조명등(보안등)은 해가 질 때부터 해가 뜰 때까지 상시 조명되도록 하되, 야간 출입을 금지하는 경우에는 조명등을 켜지 아니할 수 있다.
보안장비 (폐쇄회로 텔레비전, 감지기 등 침입탐지 장비)	1. 다음 각 목의 지역에는 폐쇄회로 텔레비전을 설치한다. 가. 국제여객터미널의 여객 대기지역 나. 법 제33조제1항제3호에 따른 지역에 설치하는 울타리등 2. 제1호에 따라 폐쇄회로 텔레비전을 설치할 때에는 감시사각지대가 발생하지 아니하도록 감시구역이 10m 이상 중첩되도록 설치하고, 모든 폐쇄회로 텔레비전의 영상 및 침입탐지장비 알람 등 보안장비의 각종 기록은 90일 이상 보관한다. 3. 폐쇄회로 텔레비전의 성능은 확대 등의 수단으로 사람의 얼굴 또는 30cm 크기의 물체를 식별할 수 있는 정도의 해상도를 유지하여야 하고, 감지기 등 종류가 다른 1개 이상의 침입탐지장비를 중복하여 설치하여야 한다.
보안장비 (금속 탐지기, 검색경)	1. 부두의 주된 출입구와 그 밖에 상시 출입이 이루어지는 출입구에는 대인(對人) 검색용 문형 또는 휴대용 금속탐지기를 1대 이상 갖추어 둔다. 2. 부두의 차량 출입구에는 검색경(檢索鏡) 등 차량 하부 검색장비를 1대 이상 갖추어 두거나 설치한다.
보안장비 (철침판, 방지턱, 차단기)	1. 부두의 주된 출입구에는 차량의 무단 진입을 차단하기 위하여 다음 각 목 중 어느 하나에 해당하는 장애물을 설치·운영한다. 가. 철침판 또는 차량돌진 방지턱 1개 이상 나. 차량 통과를 차단할 수 있는 철제차단기(Barricade) 1개 이상. 이 경우 차량이 시속 30km 이하로 진입할 수 있도록 설치하여야 한다. 다. 그 밖에 모래, 화분대 등 미관을 고려한 장애물 1개 이상 2. 대형화물 적재차량의 출입을 위한 출입구에는 개폐형(開閉型) 차단기를 설치한다. 이 경우 그 설치 기준은 울타리등의 기준을 준용한다.
보안장비 (통신장비)	근무 중 경비·검색인력 간 또는 항만시설소유자 또는 항만시설보안책임자 간에 비상 연락할 수 있는 통신장비를 보유한다.

제4절 철도안전법에서 정한 관련규정

1. 철도안전법

철도안전법 제48조의2(여객 등의 안전 및 보안)에 따라 국토교통부장관은 철도차량의 안전운행 및 철도시설의 보호를 위하여 필요한 경우에는 「사법경찰관리의 직무를 수행할 자와 그 직무범위에 관한 법률」 제5조제11호에 규정된 사람(철도특별사법경찰관리)으로 하여금 여객열차에 승차하는 사람의 신체 · 휴대물품 및 수하물에 대한 보안검색을 실시하게 할 수 있으며, 철도특별사법경찰관리는 제1항에 따른 직무를 집행하기 위하여 필요한 경우에는 수갑 등 직무장비를 사용할 수 있다. 또한, 보안검색의 실시방법과 절차 등에 관하여 필요한 사항과 제2항에 따른 직무장비의 종류 및 사용기준 등에 관하여 필요한 사항은 국토교통부령으로 정하도록 규정하고 있다.

철도안전법 시행규칙 제85조의3에 따라 보안검색 직무장비 종류 및 사용기준은 다음 각 호의 구분에 따른다.

① 위해물품을 검색 · 탐지 · 분석하기 위한 장비: 엑스선 검색장비, 금속탐지장비(문형 금속탐지장비와 휴대용 금속탐지장비를 포함한다), 폭발물 탐지장비, 폭발물흔적탐지장비, 액체폭발물탐지장비 등

② 직무 수행 시 안전을 위하여 착용 · 휴대하는 장비: 방검복, 방탄복, 방폭 담요 등

③ 범인의 도주 방지 · 체포와 공무집행에 대한 항거의 억제를 위하여 필요한 장비: 가스분사기, 가스발사총(고무탄 발사겸용을 포함한다), 전자충격기, 호신용 경봉, 수갑, 포승, 호송용포승 등

보안검색장비의 사용기준 등은 「항공보안법」 제27조제1항에 따른 항공안전보안장비의 기준에 따른다. 철도특별사법경찰관리가 보안검색

장비를 사용할 때에는 필요한 최소한의 범위에서 사용하여야 하고, 그 사용기준은 다음 각 호와 같다.

① 가스분사기 · 가스발사총 : 범인의 도주 방지 또는 체포, 타인 또는 철도특별사법경찰관리의 생명 · 신체에 대한 방호, 공무집행에 대한 항거의 억제를 위하여 필요한 경우에 사용하며, 1미터 이내의 거리에서 상대방의 얼굴을 향하여 발사해서는 아니 된다.

② 전자충격기 : 14세 미만의 자 또는 임산부에게 사용해서는 아니 되며, 전극침 발사장치가 있는 전자충격기의 경우 상대방의 얼굴을 향하여 전극침을 발사해서는 아니 된다.

③ 호신용 경봉 : 타인 또는 철도특별사법경찰관리의 생명 · 신체의 위해와 공공시설 · 재산의 위험을 방지하기 위하여 필요한 때에 사용한다.

④ 수갑 · 포승 · 호승용포승 등: 체포영장 · 구속영장의 집행, 신체의 자유를 제한하는 판결 또는 처분을 받은 자를 법률이 정한 절차에 따라 호송하거나 수용할 때에 사용한다.

철도안전법 제48조의3(보안검색장비의 성능인증 등)에서 제48조의2제1항에 따른 보안검색을 하는 경우에는 국토교통부장관으로부터 성능인증을 받은 보안검색장비를 사용하여야 한다.

보안검색장비 성능인증을 위한 기준 • 방법 • 절차 등 운영에 필요한 사항은 국토교통부령으로 정하여야 하며, 성능인증을 받은 보안검색장비의 운영, 유지관리 등에 관한 기준을 정하여 고시하여야 한다.

국토교통부장관은 성능인증을 받은 보안검색장비가 운영 중에 계속하여 성능을 유지하고 있는지를 확인하기 위하여 국토교통부령으로 정하는 바에 따라 정기적으로 또는 수시로 점검을 실시하여야 하며 성능인증을 받은 보안검색장비가 다음 각 호의 어느 하나에 해당하는 경우에는 그 인증을 취소할 수 있다. 다만, 제1호에 해당하는 때에는 그 인증을 취소하여야 한다.

1. 거짓이나 그 밖의 부정한 방법으로 인증을 받은 경우
2. 보안검색장비가 제2항에 따른 성능인증 기준에 적합하지 아니하게 된 경우

철도안전법 시행령 제50조의2(인증업무의 위탁)에서 국토교통부장관은 법 제48조의4제4항에 따라 법 제48조의3에 따른 보안검색장비의 성능 인증 및 점검 업무를 「과학기술분야 정부출연연구기관 등의 설립·운영 및 육성에 관한 법률」 제8조에 따라 설립된 한국철도기술연구원에 위탁하도록 규정하고 있다.

철도안전법 제48조의4(시험기관의 지정 등)에서 국토교통부장관은 제48조의3에 따른 성능인증을 위하여 보안검색장비의 성능을 평가하는 시험(성능시험)을 실시하는 기관(시험기관)을 지정할 수 있다.
시험기관의 지정을 받으려는 법인이나 단체는 국토교통부령으로 정하는 지정기준을 갖추어 국토교통부장관에게 지정신청을 하여야 한다.
국토교통부장관은 시험기관으로 지정받은 법인이나 단체가 다음 각 호의 어느 하나에 해당하는 경우에는 그 지정을 취소하거나 1년 이내의 기간을 정하여 그 업무의 전부 또는 일부의 정지를 명할 수 있다. 다만, 제1호 또는 제2호에 해당하는 때에는 그 지정을 취소하여야 한다.

1. 거짓이나 그 밖의 부정한 방법을 사용하여 시험기관으로 지정을 받은 경우
2. 업무정지 명령을 받은 후 그 업무정지 기간에 성능시험을 실시한 경우
3. 정당한 사유 없이 성능시험을 실시하지 아니한 경우

4. 제48조의3제2항에 따른 기준 · 방법 · 절차 등을 위반하여 성능시험을 실시한 경우
5. 제48조의4제2항에 따른 시험기관 지정기준을 충족하지 못하게 된 경우
6. 성능시험 결과를 거짓으로 조작하여 수행한 경우

국토교통부장관은 인증업무의 전문성과 신뢰성을 확보하기 위하여 제48조의3에 따른 보안검색장비의 성능 인증 및 점검 업무를 대통령령으로 정하는 기관(인증기관)에 위탁할 수 있다.

철도안전법 시행규칙 제85조의5(보안검색장비의 성능인증 기준)에서 법 제48조의3제1항에 따른 보안검색장비의 성능인증 기준은 다음 각 호와 같다.

1. 국제표준화기구(ISO)에서 정한 품질경영시스템을 갖출 것
2. 그 밖에 국토교통부장관이 정하여 고시하는 성능, 기능 및 안전성 등을 갖출 것

제85조의6(보안검색장비의 성능인증 신청 등)에서 법 제48조의3제1항에 따른 보안검색장비의 성능인증을 받으려는 자는 별지 제45호의13서식의 철도보안검색장비 성능인증 신청서에 다음 각 호의 서류를 첨부하여 「과학기술분야 정부출연연구기관 등의 설립 · 운영 및 육성에 관한 법률」 제8조에 따라 설립된 한국철도기술연구원에 제출해야 한다. 이 경우 한국철도기술연구원은 「전자정부법」 제36조제1항에 따른 행정정보의 공동이용을 통해서 법인 등기사항증명서(신청인이 법인인 경우만 해당한다)를 확인해야 한다.

1. 사업자등록증 사본
2. 대리인임을 증명하는 서류(대리인이 신청하는 경우에 한정한다)

3. 보안검색장비의 성능 제원표 및 시험용 물품(테스트 키트)에 관한 서류
4. 보안검색장비의 구조 · 외관도
5. 보안검색장비의 사용 · 운영방법 · 유지관리 등에 대한 설명서
6. 제85조의5에 따른 기준을 갖추었음을 증명하는 서류

   한국철도기술연구원은 신청을 받으면 법 제48조의4제1항에 따른 시험기관에 보안검색장비의 성능을 평가하는 시험(성능시험)을 요청해야 한다. 다만, 제1항제6호에 따른 서류로 성능인증 기준을 충족하였다고 인정하는 경우에는 해당 부분에 대한 성능시험을 요청하지 않을 수 있다.

시험기관은 성능시험 계획서를 작성하여 성능시험을 실시하고, 별지 제45호의14서식의 철도보안검색장비 성능시험 결과서를 한국철도기술연구원에 제출해야 한다.

한국철도기술연구원은 성능시험 결과가 제85조의5에 따른 성능인증 기준 등에 적합하다고 인정하는 경우에는 별지 제45호의15서식의 철도보안검색장비 성능인증서를 신청인에게 발급해야 하며, 적합하지 않은 경우에는 그 결과를 신청인에게 통지해야 한다.

한국철도기술연구원은 제85조의5에 따른 성능인증 기준에 적합여부 등을 심의하기 위하여 성능인증심사위원회를 구성 · 운영할 수 있으며, 성능시험 요청 및 제5항에 따른 성능인증심사위원회의 구성 · 운영 등에 필요한 세부사항은 국토교통부장관이 정하여 고시한다.

제85조의7(보안검색장비의 성능점검)에서 한국철도기술연구원은 법 제48조의3제4항에 따라 보안검색장비가 운영 중에 계속하여 성능을 유지하고 있는지를 확인하기 위해 다음 각 호의 구분에 따른 점검을 실시

해야 한다.

1. 정기점검: 매년 1회
2. 수시점검: 보안검색장비의 성능유지 등을 위하여 필요하다고 인정하는 때

제85조의8(시험기관의 지정 등)에서 법 제48조의4제2항에서 "국토교통부령으로 정하는 지정기준"이란 별표 19에 따른 기준을 말하며, 법 제48조의4제2항에 따라 시험기관으로 지정을 받으려는 자는 별지 제45호의16서식의 철도보안검색장비 시험기관 지정 신청서에 다음 각 호의 서류를 첨부하여 국토교통부장관에게 제출해야 한다. 이 경우 국토교통부장관은 「전자정부법」 제36조제1항에 따른 행정정보의 공동이용을 통해서 법인 등기사항증명서(신청인이 법인인 경우만 해당한다)를 확인해야 한다.

1. 사업자등록증 및 인감증명서(법인인 경우에 한정한다)
2. 법인의 정관 또는 단체의 규약
3. 성능시험을 수행하기 위한 조직 · 인력, 시험설비 등을 적은 사업계획서
4. 국제표준화기구(ISO) 또는 국제전기기술위원회(IEC)에서 정한 국제기준에 적합한 품질관리규정
5. 제1항에 따른 시험기관 지정기준을 갖추었음을 증명하는 서류

국토교통부장관은 제2항에 따라 시험기관 지정신청을 받은 때에는 현장평가 등이 포함된 심사계획서를 작성하여 신청인에게 통지하고 그 심사계획에 따라 심사해야 하며, 국토교통부장관은 제3항에 따른 심사결과 제1항에 따른 지정기준을 갖추었다고 인정하는 때에는 별지 제45호의17서식의 철도보안검색장비 시험기관 지정서를 발급하고 다음 각

호의 사항을 관보에 고시해야 한다.
1. 시험기관의 명칭
2. 시험기관의 소재지
3. 시험기관 지정일자 및 지정번호
4. 시험기관의 업무수행 범위

시험기관으로 지정된 기관은 다음 각 호의 사항이 포함된 시험기관 운영규정을 국토교통부장관에게 제출해야 한다.
1. 시험기관의 조직 · 인력 및 시험설비
2. 시험접수 · 수행 절차 및 방법
3. 시험원의 임무 및 교육훈련
4. 시험원 및 시험과정 등의 보안관리

국토교통부장관은 심사를 위해 필요한 경우 시험기관지정심사위원회를 구성 · 운영할 수 있다.

제85조의9(시험기관의 지정취소 등)에서 법 제48조의4제3항에 따른 시험기관의 지정취소 또는 업무정지 처분의 세부기준은 별표 20과 같으며, 국토교통부장관은 제1항에 따라 시험기관의 지정을 취소하거나 업무의 정지를 명한 경우에는 그 사실을 해당시험 기관에 통지하고 지체없이 관보에 고시해야 한다.
시험기관의 지정취소 또는 업무정지 통지를 받은 시험기관은 그 통지를 받은 날부터 15일 이내에 철도보안검색장비 시험기관 지정서를 국토교통부장관에게 반납해야 한다.

제85조의10(직무장비의 사용기준)에서 법 제48조의5제1항에 따라 철도특별사법경찰관리가 사용하는 직무장비의 사용기준은 다음 각 호와 같다.
1. 가스분사기 · 가스발사총(고무탄은 제외)의 경우: 범인의 체포 또는 도주방지, 타인 또는 철도특별사법경찰관리의 생명 · 신체에 대한 방

호, 공무집행에 대한 항거의 억제를 위해 필요한 경우에 최소한의 범위에서 사용하되, 1미터 이내의 거리에서 상대방의 얼굴을 향해 발사하지 말 것

2. 전자충격기의 경우: 14세 미만의 사람이나 임산부에게 사용해서는 안 되며, 전극침 발사장치가 있는 전자충격기를 사용하는 경우에는 상대방의 얼굴을 향해 전극침을 발사하지 말 것
3. 경비봉의 경우: 타인 또는 철도특별사법경찰관리의 생명 · 신체의 위해와 공공시설 · 재산의 위험을 방지하기 위해 필요한 경우에 최소한의 범위에서 사용할 수 있으며, 인명 또는 신체에 대한 위해를 최소화하도록 할 것
4. 수갑 · 포승의 경우: 체포영장 · 구속영장의 집행, 신체의 자유를 제한하는 판결 또는 처분을 받은 사람을 법률이 정한 절차에 따라 호송 · 수용하거나 범인 · 주취자 · 정신착란자의 자살 또는 자해를 방지하기 위해 필요한 경우에 최소한의 범위에서 사용할 것

철도안전법 시행규칙 [별표 19] <u>시험기관의 지정기준</u>(제85조의8제1항 관련)은 다음과 같다.

1. 다음 각 목의 요건을 모두 갖춘 법인 또는 단체일 것
   가. 「공공기관의 운영에 관한 법률」 제4조에 따른 공공기관일 것
   나. 「보안업무규정」 제10조에 따른 비밀취급 인가를 받은 기관일 것
   다. 「국가표준기본법」 제23조 및 같은 법 시행령 제16조제2항에 따른 인정기구(이하 "인정기구"라 한다)에서 인정받은 시험기관일 것
2. 다음 각 목의 요건을 갖춘 기술인력을 보유할 것. 다만, 나목 또는 다목의 인력이 라목에 따른 위험물안전관리자의 자격을 보유한 경우에는 라목의 기준을 갖춘 것으로 본다.

가. 「보안업무규정」 제8조에 따른 비밀취급 인가를 받은 인력을 보유할 것
나. 인정기구에서 인정받은 시험기관에서 시험업무 경력이 3년 이상인 사람 2명 이상
다. 보안검색에 사용하는 장비의 시험·평가 또는 관련 연구 경력이 3년 이상인 사람 2명 이상
라. 「위험물안전관리법」 제15조제1항에 따른 위험물안전관리자 자격 보유자 1명 이상

3. 다음 각 목의 시설 및 장비를 모두 갖출 것
가. 다음의 시설을 모두 갖춘 시험실
1) 항온항습 시설
2) 철도보안검색장비 성능시험 시설
3) 화학물질 보관 및 취급을 위한 시설
4) 그 밖에 국토교통부장관이 정하여 고시하는 시설
나. 엑스선검색장비 이미지품질평가용 시험용 장비(테스트 키트)
다. 엑스선검색장비 표면방사선량률 측정장비
라. 엑스선검색장비 연속동작시험용 시설
마. 엑스선검색장비 등 대형장비용 온도·습도시험실(장비)
바. 폭발물검색장비·액체폭발물검색장비·폭발물흔적탐지장비 시험용 유사폭발물 시료
사. 문형금속탐지장비·휴대용금속탐지장비·시험용 금속물질 시료
아. 휴대용 금속탐지장비 및 시험용 낙하시험 장비
자. 시험데이터 기록 및 저장 장비
차. 그 밖에 국토교통부장관이 정하여 고시하는 장비

철도안전법 시행규칙 [별표 20] 시험기관의 지정취소 및 업무정지의 기

준(제85조의9제1항 관련)은 다음과 같다.

1. 일반기준
   가. 위반행위가 둘 이상인 경우 또는 한 개의 위반행위가 둘 이상의 처분기준에 해당하는 경우에는 그 중 무거운 처분기준을 적용한다.
   나. 위반행위의 횟수에 따른 행정처분의 기준은 최근 3년 동안 같은 위반행위로 처분을 받은 경우에 적용한다. 이 경우 기간의 계산은 위반행위에 대해서 처분을 받은 날과 그 처분 후 다시 같은 위반행위를 해서 적발된 날을 기준으로 한다.
   다. 나목에 따라 가중된 행정처분을 하는 경우 가중처분의 적용 차수는 그 위반행위 전 처분 차수(나목에 따른 기간 내에 행정처분이 둘 이상 있었던 경우에는 높은 차수를 말한다)의 다음 차수로 한다.
   라. 국토교통부장관은 다음의 어느 하나에 해당하는 경우에는 제2호의 개별기준에 따른 업무정지 기간의 2분의 1의 범위에서 그 기간을 줄일 수 있다.
      1) 위반행위가 사소한 부주의나 오류로 인한 것으로 인정되는 경우
      2) 위반행위자의 법 위반상태를 시정하거나 해소하기 위한 노력이 인정되는 경우
      3) 그 밖에 위반행위의 정도, 위반행위의 동기와 그 결과 등을 고려해서 처분기간을 감경할 필요가 있다고 인정되는 경우
   마. 국토교통부장관은 다음의 어느 하나에 해당하는 경우에는 제2호의 개별기준에 따른 업무정지 기간의 2분의 1의 범위에서 그 기간을 늘릴 수 있다.
      1) 위반의 내용 및 정도가 중대해서 공중에게 미치는 피해가 크다고 인정되는 경우
      2) 법 위반 상태의 기간이 3개월 이상인 경우

3) 그 밖에 위반행위의 정도, 위반행위의 동기와 그 결과 등을 고려해서 업무정지 기간을 늘릴 필요가 있다고 인정되는 경우

2. 개별기준

위반행위 또는 사유	근거 법조문	처분기준		
		1차위반	2차위반	3차이상 위반
가. 거짓이나 그 밖의 부정한 방법을 사용해서 시험기관으로 지정을 받은 경우	법 제48조의4 제3항제1호	지정취소		
나. 업무정지 명령을 받은 후 그 업무정지 기간에 성능시험을 실시한 경우	법 제48조의4 제3항제2호	지정취소		
다. 정당한 사유 없이 성능시험을 실시하지 않은 경우	법 제48조의4 제3항제3호	업무정지 (30일)	업무정지 (60일)	지정취소
라. 법 제48조의3제2항에 따른 기준·방법·절차 등을 위반하여 성능시험을 실시한 경우	법 제48조의4 제3항제4호	업무정지 (60일)	업무정지 (120일)	지정취소
마. 법 제48조의4제2항에 따른 시험기관 지정기준을 충족하지 못하게 된 경우	법 제48조의4 제3항제5호	경고	경고	지정취소
바. 성능시험 결과를 거짓으로 조작해서 수행한 경우	법 제48조의4 제3항제6호	업무정지 (90일)	지정 취소	

3. 철도보안검색장비 운영 및 유지관리 등에 관한 기준

국토교통부고시 제2019-409호에서 정한 "철도보안검색장비 운영 및 유지관리 등에 관한 기준"은 2019년 10월 24일부터 시행하며 「철도안전법」 제48조의3에 따라 성능인증을 받은 철도보안검색장비의 운영 및 유지관리 등에 필요한 사항을 규정하고 있으며 용어의 뜻은 다음과 같다.

① "검색장비"란 「철도안전법」 제48조의2 제1항 및 같은 법 시행규칙

제85조의3 제1항에 따라 철도보안검색을 위하여 사용하는 엑스선 검색장비, 금속탐지장비(문형 금속탐지장비와 휴대용 금속탐지장비를 말한다), 폭발물 탐지장비, 폭발물 흔적탐지장비, 액체폭발물 탐지장비 등을 말한다.

② "엑스선 검색장비"란 엑스선발생장치를 이용하여 검색대상물에 엑스선을 조사(照射)하고 그 내용을 모니터에 영상으로 표시하는 검색장비를 말한다.

③ "금속탐지장비"라 함은 전기 자기장을 이용하여 금속물체를 탐지하는 검색장비를 말한다.

④ "폭발물 탐지장비"란 이온분석, 엑스선 검색, 중성자 검색, 그 밖의 탐지방법 등에 의하여 폭발물 및 폭약성분을 탐지하는 장비를 말한다.

⑤ "폭발물 흔적탐지장비"란 화학적 이온분석 방법 등을 통하여 검색대상물에 묻어있는 폭발물 등 폭약성분의 흔적을 탐지하는 장비를 말한다.

⑥ "액체폭발물 탐지장비"란 폭발성이 높거나 연소성이 높은 액체류 위험물 및 액체상태의 폭약성분을 탐지하는 장비를 말한다.

⑦ "점검용 시험물품"이란 검색장비의 정상작동 여부 등을 점검하기 위하여 인증을 받았거나 검색장비 제작사에서 해당 장비의 성능점검을 목적으로 제작 또는 권고한 다음 각 호의 시험물품을 말한다.

가. 엑스선검색장비

- 터널규격 1m x 1m 이하 : 제작사의 검사장비 또는 제작사 권고 시험물품(ASTM 또는 STP 시험키트)
- 터널규격 1m x 1m 초과 : 제작사의 검사장비 또는 제작사 권고 시험물품

나. 문형 금속탐지장비 : 제작사의 검사장비 또는 제작사 권고 시험물품(OTP 시험키트)

다. 휴대용 금속탐지장비 : 무게 5.5g, 직경 25㎜크기의 원형 금속물질 또는 제작사 권고 시험물품

라. 폭발물 탐지장비 : 제작사의 검사장비 또는 제작사 권고 시험물품

마. 폭발물 흔적탐지장비 : 제작사의 검사 장비 또는 제작사 권고 시험물품

바. 액체폭발물 탐지장비 : 제작사의 검사 장비 또는 제작사 권고 시험물품

⑧ "운영자"란 법 제48조의2제1항에 따른 보안검색을 실시하기 위하여 검색장비를 운영하는 철도특별사법경찰대장을 말한다.

⑨ "성능확인점검"이란 운영자가 검색장비를 설치·이전(유지보수 후 설치·이전하는 경우를 포함한다)하거나 주요부품을 교체·수리한 경우에 점검용 시험물품을 사용하여 점검하는 것을 말한다.

⑩ "성능유지점검"이란 운영자가 사용 중에 있는 검색장비에 대하여 월 1회 이상 점검용 시험물품을 사용하여 점검하는 것을 말한다.

운영자는 법 제48조2에 따라 철도보안검색을 실시하는 경우에 같은 법 제48조의3에 따라 국토교통부장관의 성능인증을 받은 보안검색장비를 사용하여야 하며 보안검색장비를 효율적이고 체계적으로 운영 및 유지관리하기 위하여 다음 각 호의 기준에 따른 운영절차를 수립·시행하여야 한다.

① 표준운영절차 : 검색장비의 운영인력·방법, 유지관리, 고장 등 장애 예방·복구, 성능확인·유지점검 및 검색요원의 교육훈련 등에 필요한 절차

② 예비운영절차 : 검색장비가 정상적으로 작동하지 않을 경우에 해당 검색장비의 유지보수, 운영재개 및 예비 검색장비의 성능확인점검, 운영 등에 필요한 절차

운영자는 보안검색장비의 신규설치, 교체 또는 개량 등으로 운영절차를 변경할 필요가 있는 경우에는 그 운영절차를 즉시 수정·보완하여야 하며 보안검색장비의 설치·이전 및 점검, 주요부품의 교체, 예비검색장비 등을 관리하기 위하여 철도보안검색장비 이력카드를 작성·관리하여야 한다.

보안검색장비를 설치하거나 이전할 필요가 있는 경우에는 보안검색의 수요·방법 등을 고려하여 설치·이전하고자 하는 검색장비의 종류, 설치·이전의 일시·장소·수량 등에 관한 검색장비 운영계획을 수립하여야 한다. 다만, 운영자가 보안검색을 위하여 상시 사용하는 금속탐지장비 및 휴대용 탐지장비 등은 그러하지 아니하다.

보안검색장비를 설치하거나 이전하는 경우에 설치·이전 장소 주변의 전자기기 및 다른 검색장비 등에 영향을 받지 않도록 하여 성능확인점검을 실시하고, 철도보안검색장비 이력카드에 기록·관리하여야 한다.

보안검색장비의 정상 작동 등을 위하여 점검용 시험물품을 사용하여 성능확인 및 유지점검을 실시하여야 하며 보안검색장비를 점검한 경우에 그 결과를 철도보안검색장비 이력카드에 기록·관리하여야 한다.

보안검색장비 유지보수를 위해 운영자는 다음 각 호의 사유로 검색장비를 사용하기 곤란한 경우에는 해당 장비를 지체 없이 유지보수 하여야 한다.

① 점검결과 검색장비의 이상이 확인된 경우

② 운영 중인 검색장비가 오작동, 장애, 고장 및 그 밖의 사유로 정상적으로 작동하지 않는 경우

보안검색장비의 유지보수를 장비제작·설치·납품업체 또는 유지보수 전문업체에 의뢰하는 경우에는 유지보수 현황을 감독하고 그 결과를 확인하여야 하며 검색장비를 유지보수한 경우에 그 결과를 철도보안검색장비 이력카드 및 철도보안검색장비 유지보수일지에 기록·관리하여

야 한다.

보안검색장비 유지보수요원은 다음 각 호의 어느 하나의 자격을 갖춘 소속 직원을 유지보수요원으로 지정할 수 있다.

① 검색장비의 제작·설치·납품업체 또는 유지보수 전문업체에서 유지보수 교육을 이수한 사람
② 국가가 인정한 전문교육기관에서 해당 업무에 대한 전문교육을 이수한 사람
③ 「국가기술자격법」에 의하여 전자·정보통신·전기·기계분야 산업기사 이상의 기술자격증을 소지하고 해당 자격분야에 3년 이상 종사한 사람

운영자는 사용 중인 검색장비의 고장 등 장애에 대비하여 예비 검색장비를 확보하여 관리할 수 있어야 하며 이 경우 예비 검색장비의 점검은 성능확인·유지검사에 따르며 예비 검색장비는 즉시 사용가능하도록 별도의 장소에서 보관·관리하고, 그 내역은 예비 검색장비 관리대장에 기록·관리하여야 한다.

운영자는 다음 각 호의 사항이 포함된 검색장비의 관리계획을 수립·시행하여야 한다.

① 표준운영절차 및 예비운영절차
② 검색장비 현황 및 관리·교체 계획(예비 검색장비를 포함한다)
③ 유지보수요원 현황 및 유지보수 계획
④ 점검용 시험물품 관리계획
⑤ 그 밖에 검색장비 관리에 필요한 사항

기록의 유지관리를 위해 운영자는 별지에서 정한 서식에 따라 전산으로 기록·관리할 수 있으며, 해당 검색장비의 폐기 시까지 또는 11년간 보관하여야 한다.

보안검색장비의 교체 및 폐기 기준을 살펴보면 보안검색장비의 내용연

수는 「내용연수」에 따라 다음 각 호와 같으며, 「내용연수」가 개정되는 경우에는 그 기준에 따른다.

① 엑스선 검색장비 : 10년

② 문형 금속탐지장비 : 10년

③ 휴대용 금속탐지장비 : 3년

④ 폭발물 탐지장비 : 11년

⑤ 폭발물흔적 탐지장비 : 5년

⑥ 액체폭발물 탐지장비 : 11년

운영자가 보안검색장비의 내용연수를 연장하여 사용할 수 없으나 다만, 「철도안전법 시행규칙」 제85조의8에 따른 성능검사를 받아 내용연수를 연장한 경우에는 그러하지 아니하다.

또한 점검 및 유지관리를 통하여 검색장비가 정상적으로 작동하지 않을 경우에는 해당 검색장비를 교체하거나 폐기할 수 있다.

Chapter. 3

보안검색장비

제1절 X-ray 검색장비

제2절 문형금속탐지기

제3절 휴대용 금속탐지기

제3장 보안검색장비

제1절 X-ray 검색장비

1. X-ray 검색장비의 정의

1) X-ray 검색장비

X-ray 검색장비란 휴대물품, 위탁수하물, 항공화물 등 항공기에 탑재되기 전에 내부에 들어있는 물품 등을 훼손시키거나 개봉 할 필요 없이 내부에 들어있는 물체를 X-ray를 이용하여 검색하는 장비를 말한다.
검색대상의 가방, 물건들이 장비 내 터널 속을 통과할 때 내부에 있는 전기장치에 의하여 영상을 만들어내고 이 정보를 운용자가 육안으로 은닉된 위해물품이나 위험물품이 있는지 확인할 수 있도록 한다.
X-ray 검색장비는 항공보안장비 중의 가장 대표적인 장비로써 그 용도에 따라 휴대물품, 위탁수하물, 항공화물 등을 취급하는 장소에 주로 설치되어 운영한다.

2. X-ray 검색장비 안전관리

1) X-ray 안전

장비 사용자는 X-ray 검색장비를 운영하기 전 기본교육을 통하여 안전에 대한 사전교육을 반드시 받아야한다. X-ray 검사시스템은 운영자의 안전을 고려하여 설계 되었다. 그러나 오직 훈련 받고 자격을 갖춘 작업자들과 유지보수 직원들만이 이 장비를 운영하고 사용하여야 한다. 장비는 허가 받지 않은 자들의 접근을 방지하기 위한 시스템으로 되어 있고, 사용 시 아래의 라벨들이 있는 것을 제거 또는 변경하여서는 안 된다.

	방사능 상징 이 상징은 기계가 X-방사능을 방출할 수도 있는 구성요소를 가지고 있다는 것을 암시한다.
	고압 전류 상징 이 상징은 위험한 고압 전류가 있다는 것을 암시한다.
	책 상징 이 상징은 시작 전에 반드시 작업자 안내서를 참고해야 한다.
	경고 상징 이 상징은 안전 경고 또는 경보를 암시한다.
	접지 상징 이 상징은 이것이 시스템이나 하위 시스템을 위해 안전 접지 지점이라는 것을 암시한다.
	정전기 방지 상징 이 상징은 정전기 방지 전기제품 예방책이 구성요소에 일어날 손상을 방지하기 위해 쓰여야 한다.

수하물 X-ray 검사시스템은 작업자와 일반인이 움직이는 컨베이어 시스템에 닿는 것을 방지하기 위해 보호 덮개 같은 것을 제공하는 컨베이어 덮개 또는 컨베이어 가리개로 갖춰져 있다.

컨베이어 덮개나 가리개는 사람이 캐비닛에 닿거나 캐비닛 중앙 근처나 근처에 위치한 초기의 X-ray 광선에서 나오는 잠재된 극도의 양을 받는 것을 막기 위한 보호된 접근 포트로부터 증가된 거리를 제공한다. X-ray 검사가 작동하는 동안 편리함을 위해 컨베이어 덮개나 가리개는 벗겨서는 안 된다. 그러한 보호 덮개를 벗기는 것은 사람이 캐비닛에 닿을 수 있는 보다 높은 잠재성을 낳으며 그것은 대중에게 접근 가능한 근접거리와 일반적인 지역에 접속 포트들의 방사능 수치를 증가시키는 것을 야기할 수 있다.

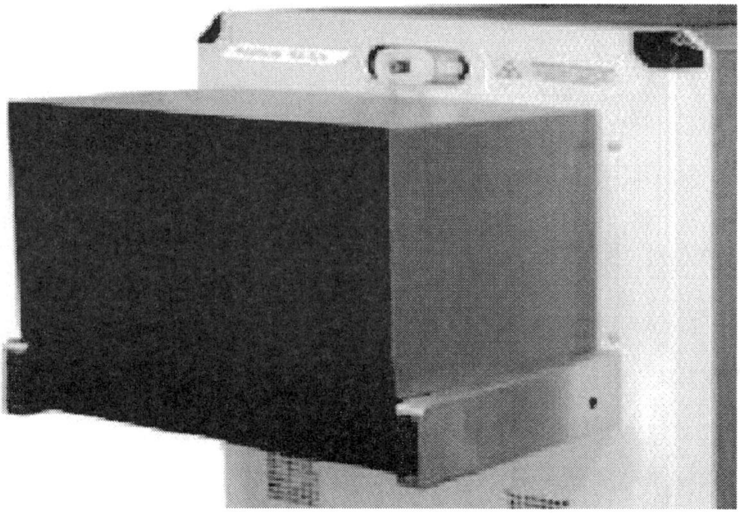

2) 식품의 안전

보안 스캔을 위해 쓰이는 수하물 X-ray 검사시스템에 의해 운반되거나 검사되는 식품이나 제약에 방사능 흡수양의 부정적인 영향은 알려진 바 없다. 대부분의 시스템에 의해 스캔된 물체에 의해 받은 방사능 흡수양은 X-ray검사시스템을 포함해서 1μSv/h(마이크로 시버트)이거나 그 이하다.
추가로 믿을 만한 정보 제공은 세계보건기구(WHO)이며 방사능 요법을 주제로 연구내용을 요약한 것이다.
[많은 양의 방사능 요법: 10Gy(그레이)이상의 양을 가진 방사능이 쪼여진 음식은 안전, 합작 FAO/IAEA/WHO 연구 그룹, 제네바, 스위스, 1997년 9월 15-20일]
"재검토된 확장된 과학적 증거를 바탕으로, 리포트는 의도된 과학 기술 목표를 달성하기 위해 적절한 양의 방사능이 쪼여진 음식은 먹어도 될 만큼 안전하고 영양적으로도 충분하다고 결론지었다. 전문가들은 더 높은 양의 제한을 부과할 필요가 없고 10Gy보다 적은 양부터 계획된 많은 양까지의 범위까지 과학 기술적으로 필요한 양의 방사능이 쪼여진 음식은 안전하다고 여겨진다고 결론지었다.

3) 개인방사선 측정기계

수하물 X-ray 검사시스템 작업자가 있는 위치에서 측정된 노출을 보여주는 빗나간 방사능 측정 데이터의 수많은 분석들은 대략 0.06μSv/시간 -0.15μSv/시간 (6μR/시간 - 15μR/시간)정도의 배경 방사능 수치로부터 분간하기 어렵다. 자연적인 배경 수치에서 암이 증가하는 위험에 대한 증거는 없다. 그러므로 개인의 방사능 모니터 배지들은 반드시 요구되거나 추천되지는 않는다. 개인의 방사능 측정에 대해서 시설 장비 소유주나 시설 장비 안전 요원이 적용 가능한 규율 사항들을 확인하도록 권고한다.

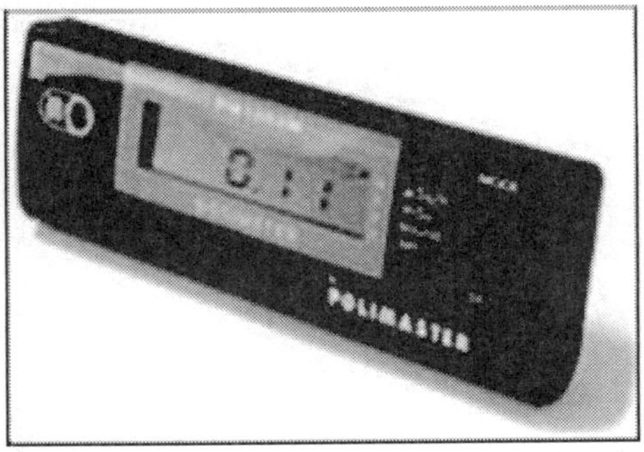

수하물 X-ray 검사 기계로부터 노출되는 비율의 과소평가를 피하기 위해, 방사능 빛의 횡단면이 측정 미터 감지기의 감광 영역보다 넓어야 한다. 정기적인 측정 작업을 위해 미터는 반드시 ± 20%정확한 기록을 산출해야 한다. 에너지 반응은 원하는 광자(光子) 에너지 범위에서 ± 20% 내에서 균일해야 한다. 이온화 상자를 활용하는 측정 미터는 그것들이 쓰여야 하는 에너지 범위에 측정되어야 한다. 측정 요소들은 선량(線量) 값을 사용하는 미터 기록을 전환하는데 쓰여야 한다. 여러 개의 측정 범위를 갖는 미터는 엄청난 융통성을 제공한다. (노출된 양의 단위나 노출과 동등한) 10μSv/h ~ 10 mSv/h의 최대 범위 기록을 제공하는 미터가 제안되어 진다. 감지기 반응 시간은 정확한 방사능 측정을 위해 충분히 짧아야 한다. 방사능 측정 기계의 측정은 매년 또는 필요할 때마다 이뤄져야 한다.

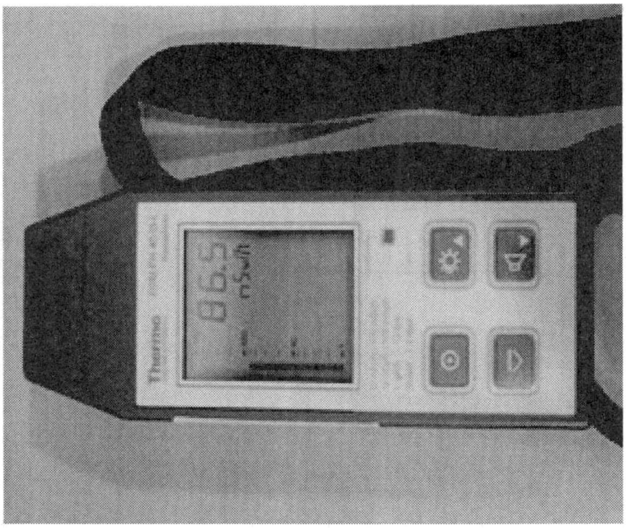

방사선 측정기

3. X-ray 안전기준

1) **건강 및 안전** : X-ray 검색장비에 대한 방사선에 의한 건강기준(미연방 기준 21 CFR 1020.40)을 위한 미국 식품 및 의약품 관리청을 포함한 모든 발행된 국제기준을 이행한다.

2) **필름안전** : ISO 지정번호 ASA 1600 고속 필름의 안전을 보장한다.

3) **작동기준** : 미연방항공국 기준인 X-ray 시스템의 사용(연방기준 14CFR 108.17 및 CFR 129.26)을 포함한 모든 발행된 국제기준을 이행한다.

4) **한국 과학 기술부 원자력고시 기준 이행** : 외부 노출량 0.5mR/시간(5μSv/시간)이어야 한다.

4. X-ray 운영 시 주의사항

(1) X-ray 검색장비가 작동 중 일 때는 절대로 납커튼을 올리거나 손이나 팔, 몸의 다른 부분을 넣어서는 안 된다.

(2) X-ray 검색장비를 작동 전에 모든 안전, 경고 표시기들과 경고라벨들이 작동중인 것을 운영 전에 확인하여야 한다. 이러한 경고표시기 및 라벨들이 작동하지 않거나 식별하기 어려우면 반드시 사전 조치를 하여야 한다.

(3) X-ray 검색장비를 안전하지 않게 작동시킬 물리적 또는 기계적인 조건을 만들어서는 안 된다. 안전장비들을 훼손하거나 위치를 변경하거나 액체가 가득 찬 그릇을 시스템 위에 올려 놓아서는 안 된다.

(4) X-ray 검색장비가 작동되는 동안에 컨베이어 덮개나 가리개를 치우면 안 된다. 이 덮개는 X-ray 광선이 몸의 일부에 들어가는 것을 방지하기 위해 설치한 것이고, 입·출구 근처의 방사능 수치를 낮게 유지하게 위함이다.

(5) X-ray 검색장비가 꺼져있을 때도 절대 컨베이어 벨트 위에 앉거나 서서는 안 된다.

5. X-ray 검색장비의 원리 및 구성

1) X-ray 검색장비의 원리

X-ray 광원(Source)과 X-ray 탐지장치(Detector)로 구성되어 X-ray이 방사되면 탐지기가 분석하여 신호를 보낸다. 이후에 검사물품이 X-ray 광선을 통과하게 되고, 이로 인하여 탐지신호에 따라 영상이 구성된다.

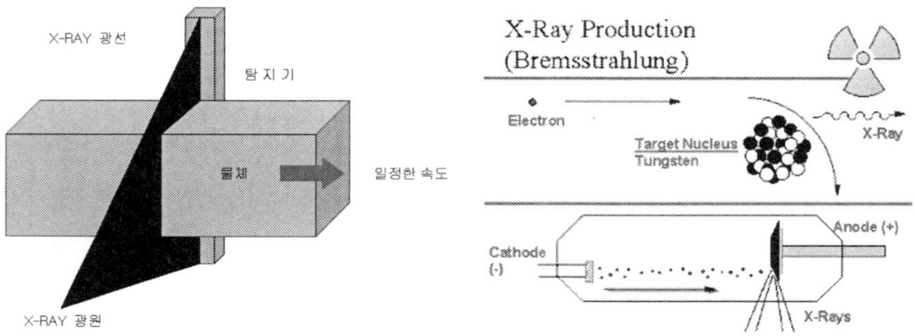

[그림 3-1 검색장비의 원리]

2) X-ray 검색장비의 구성

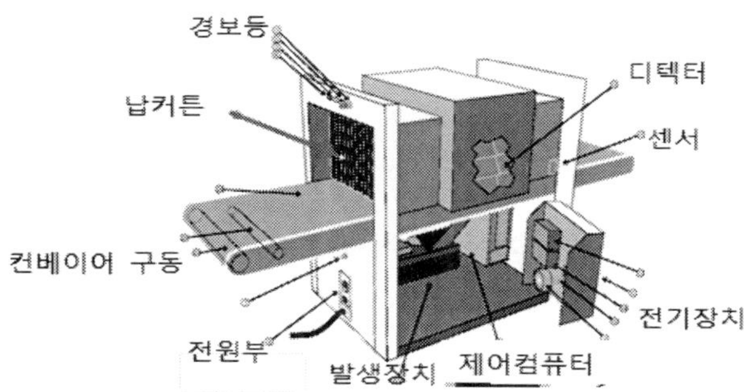

[그림 3-2 검색장비의 구성 사진]

X-ray 검색장비를 구성하기 위해서는 여러 가지 기술과 관련 전자부품들이 이용되고 있으나 다음과 같이 구성되어 있다.

○ 단방향 X-ray 검색장비의 원리

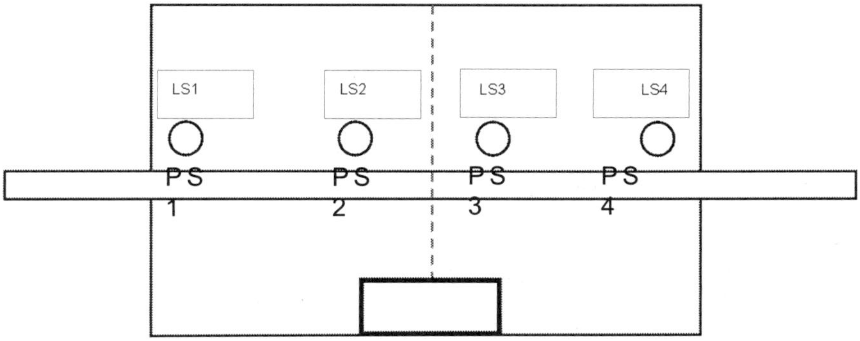

① 시스템이 작동되지 않는 동안에도, 스캔 엔진이 항상 돌아가고 X-ray 없이도 감지 신호를 수집한다. 이 신호는 어두운 전류라고 부른다.

② 컨베이어가 움직이고 터널 속으로 수하물을 가져온다.

③ 수하물은 PS1(사진 센서1)을 막고 소프트웨어는 X-ray를 켠다.

④ X-ray Generator가 충분히 예열된 것을 확실히 하기 위해 약간의 지연 뒤에, 기계의 소프트웨어는 다량의 신호를 위한 데이터를 수집하며 이 신호는 밝은 전류라고 부른다.

⑤ 충분한 밝은 전류가 모아진 뒤 소프트웨어는 각각의 터널을 위해 요소들 정확히 하기를 계산하며 어두운 전류, 밝은 전류, 그리고 요소들 정확히 하며 이 모든 과정은 측정이라고 부른다.

⑥ 수하물이 PS2에 도착하면 시스템은 이미지를 만들기 시작하며 측정이 끝나지 않으면 시스템은 예전의 측정의 결과를 사용하며 시스템은 밝은 전류 모음을 계속할 것이다.

⑦ 시스템이 이미지를 만들어내고, 관리 계기판에서 "정지"를 누르면 컨베이어가 멈출 것이다. FW(전진)버튼을 누르면 컨베이어가 역

방향으로 조금 움직일 것이다; 시스템이 X-ray에 전기를 통하게 하고 컨베이어를 앞으로 움직이게 할 것이다. 이것은 "잘린"이미지를 만들기 위해 X-ray와 컨베이어를 끌어올리는 시간을 보상하기 위한 것이다.

⑧ 수하물이 PS2를 지나 특정 거리를 움직인 이후에, 소프트웨어는 이미지 만들어 내기를 멈출 것이지만 X-ray는 계속해서 켜져 있을 것이다.

⑨ X-ray가 계속 켜져 있는 동안에, 새 수하물이 PS1에 도착하면 시스템은 재측정 없이 이미지 프로세스를 계속 할 것이며 X-ray Generator를 켜고 끄는 것을 반복해서 하는 것을 막기 위한 것으로 Generator의 수명을 늘릴 수 있다.

⑩ 지연 이후, 다른 수하물이 터널에 들어오지 않으면 시스템은 X-ray를 off할 것이며 추가 지연 이후 X-ray가 완전히 꺼진 것을 확실히 하기 위해, 시스템은 어두운 전류 모음을 시작할 것이다.

○ 양방향 X-ray 검색장비의 원리

장비의 양방향 옵션은 스캔된 물체의 두 번째 보기를 제공하기 위한 두 개의 모니터와 Generator의 사용을 가능하게 해준다. 모든 이미지 프로세스 기능은 이미지들에 사용 가능하다. 이 시스템의 다른 혜택은 전통적인 한쪽 보기에서 스크린 상에 정상적으로 잃어버려질 수 있는 물체를 두 번째 보기에서 선명하게 볼 수 있다.

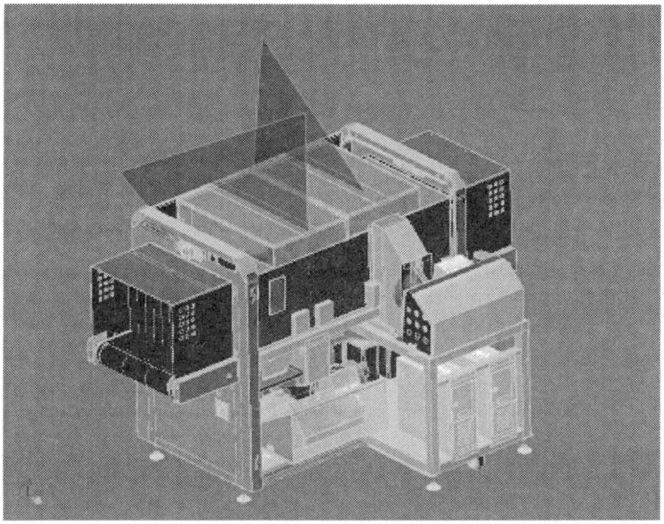

[측면사진]

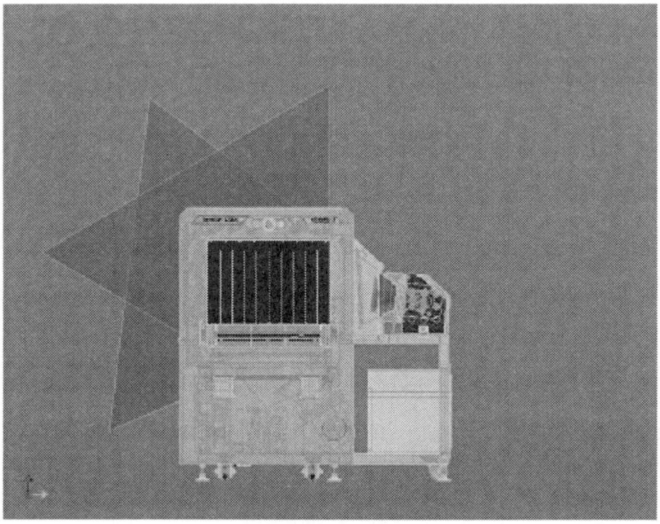

[정면사진]

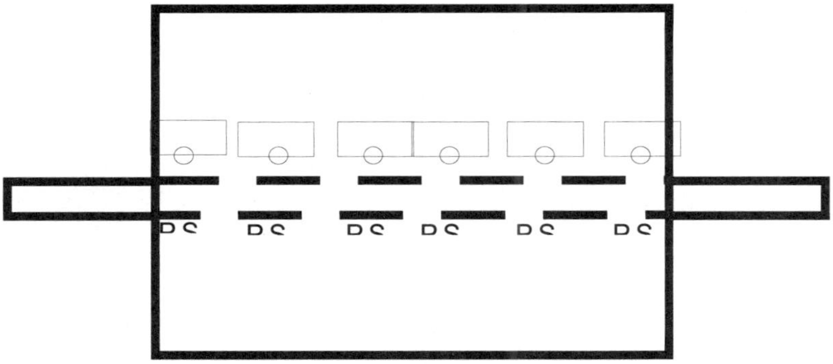

① 시스템이 사용 중이지 않는 동안에도, 스캔 엔진은 계속해서 움직이고 X-ray 없이도 감지기 신호들을 모은다. 이 신호는 어두운 전류라고 부른다.

② 컨베이어가 움직이기 시작하고 가방이 PS1에 도착하면 그것을 막고 두 개의 Generator를 켜고 가방의 이미지를 포착할 준비가 될 시점까지 끌어올릴 동안 짧은 기간이 생긴다.

③ 가방의 정면이 도착하고 PS2를 막을 때 "첫" Generator가 가방의 X-ray 이미지를 포착하기 시작한다.

④ 가방의 뒤가 지나가고 PS3을 막을 때 "첫" Generator가 꺼진다.

⑤ 가방의 정면이 도착하고 PS4를 막을 때, "두 번째" Generator가 ("첫" Generator보다 다른 각도에서) 가방의 X-ray 이미지를 포착하기 시작한다.

⑥ 가방의 끝이 끌리며 지나가고 PS5 막는 것을 멈추면, "두 번째" Generator가 꺼진다.

⑦ 컨베이어가 역방향으로 돌고 PS6이 들어가는 사진 감지기(PS1의 위치가 되도록)가 되고 PS1이 조작 불가능하게 되지 않으면 PS6은 작업에 들어오지 않는다.

⑧ X-ray가 켜져 있는 동안 새 가방이 PS1에 다다르면, 재측정 없이

시스템은 계속해서 이미지 프로세스를 진행할 것이다. 이것은 기계 수명을 길게 하기 위해서 X-ray Generator가 자주 켜고 끄기를 막기 위해서 그렇다.

⑨ 약간의 지연이 있은 후에, 만약 다른 가방이 터널에 들어오지 않으면, 시스템은 X-ray를 끈다. 지연 이후, X-ray를 완전히 끈 것을 확실히 하기 위해서, 시스템은 어두운 전류 모음을 다시 시작할 것이다.

3) 전원부 : 안정적인 전원의 공급을 위하여 UPS 및 AVR을 사용한다.

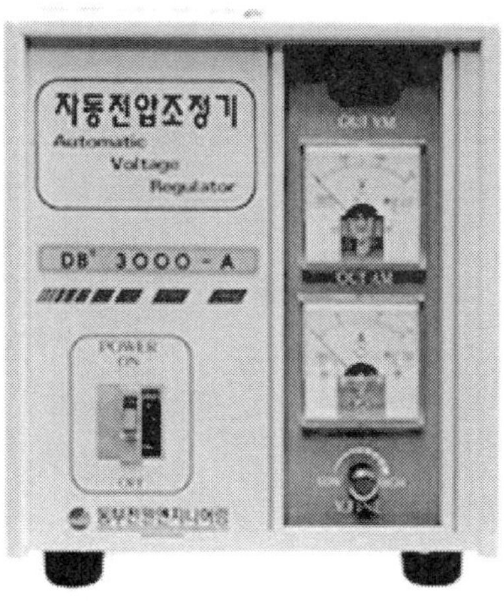

[AVR]

[UPS]

- 정격용량 : 단상 1ϕ 5KVA
- 정격 1차 전압 : AC220V 60Hz ±15%
- 정격 2차 전압 : AC220V 60Hz ±2%
- 차단기 용량 : 30A
- **권선의 형식 : 복권형**
- 제어방식 : TRIAC Tap Change
- 효률 : 90% 이상
- 소음 : 55dB 이하

- 정격 전압 : AC220V 60Hz ±2%
- 밧데리 타입 : 12V 납 축전지
- 효율 : 85% 이상
- 소음 : 45-55dB 이하

4) 장비운영 컴퓨터

X-ray 검색장비의 컴퓨터는 일반컴퓨터로서는 구동될 수 없는 열악한 환경에도 적합한 산업용 컴퓨터를 사용한다.

구동 검색엔진은 유지보수 절차가 간단한 범용적인 일반 PC기반으로 구성되어 있으며, 인터페이스 신호처리, 스캔, 실시간 스캔영상 저장 등 각종 기능을 한다. 또한 프로그램 업그레이드와 PCI슬롯에 카드를 확장함으로써 기능 및 성능 향상 할 수 있게 되어 있다.

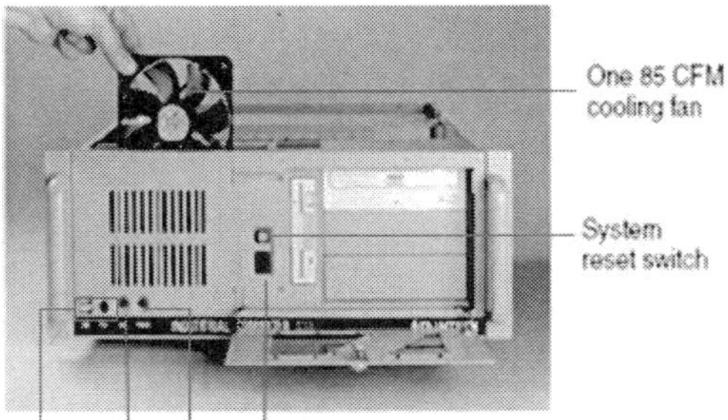

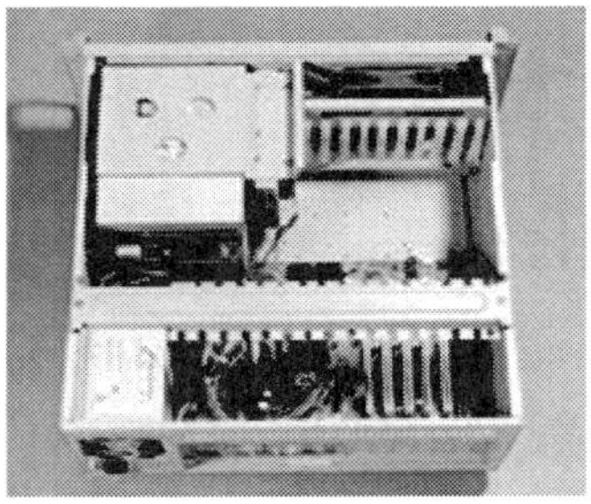

- Processor Speed : Intel Quad 2 Core Q6600(2,4GHz)
- Video Memory : nVidia GeForce 9600GT 512MB
- Hard Disk Drive : SEAGATE 1TB 7200RPM-SATA
- 정전대비 UPS 제공(장비내부 내장)

[운영컴퓨터 후면]

5) X-ray 발생부

X-ray을 발생시키는 Generator 및 Controller로 구성되어 있다. 이 장치는 인위적으로 동작 할 수 없으며, 반드시 컨베이어 벨트가 구동 시 터널내의 센서에 의하여 동작된다. X-ray 발생기는 X-ray 튜브와 필라멘트 트랜스포머, 그리고 +75kV와 -75kV을 제공하는 트랜스포머가 달린 PCB상의 HV 배율기 스텍(stack)으로 구성돼 있다. 발생기의 전자기기에 연결된 모든 커넥터는 발생기 상면의 커넥터를 통해 연결된다. 발생기의 내부 컴포넌트는 미네랄 트랜스포머 오일에 잠겨있다. 발생기의 모서리에는 오일을 팽창시키는 벨로우가 있다. 사용자는 발생기 내부의 부품들에 접근할 수 없다.

[방사선 발생장치 설치 사진]

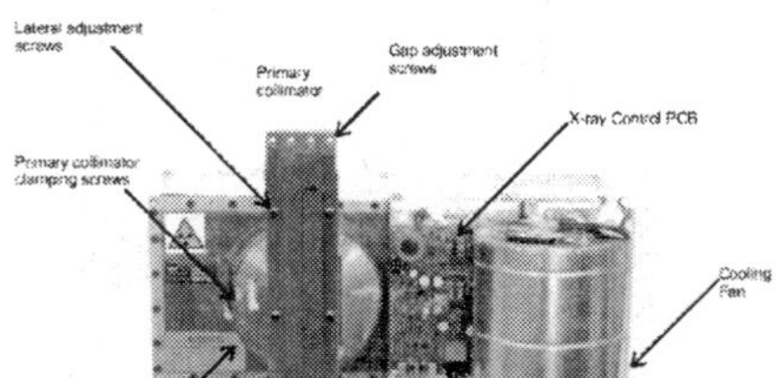

[방사선 발생장치 구성]

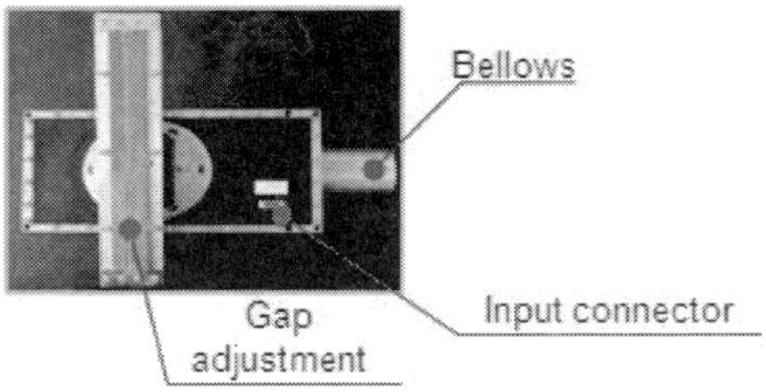

[방사선 발생장치 구조]

6) 검출기

Generator의 반대편에 위치하며, 검출 시스템(Detector System) 이라고도 한다. 이 검출시스템은 영상의 질과 밀접한 관련이 있으며, 물질을 구분하는 중요한 장치이다.

검출기는 다양한 색깔로 물질들을 나타내는 능력을 가지고 있으나, 일반적으로 4가지 색으로 구분되어 표출된다.

검출기의 영상은 유기물질(폭발물, 마약, 가죽, 음식물, 플라스틱, 화장품류)등을 오렌지색으로 표시되며, 금속으로 이루어진 무기물질(일반적으로 비중이 "1" 이하인(철, 구리, 니켈) 등은 청색으로 표시되며, 유기물질과 무기물질의 혼합으로 구성된 물질, 알루미늄이나 유리로 된 제품은 녹색으로 표시된다.

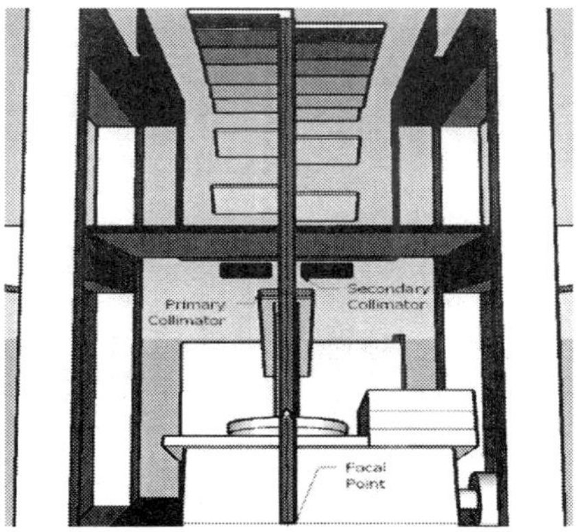

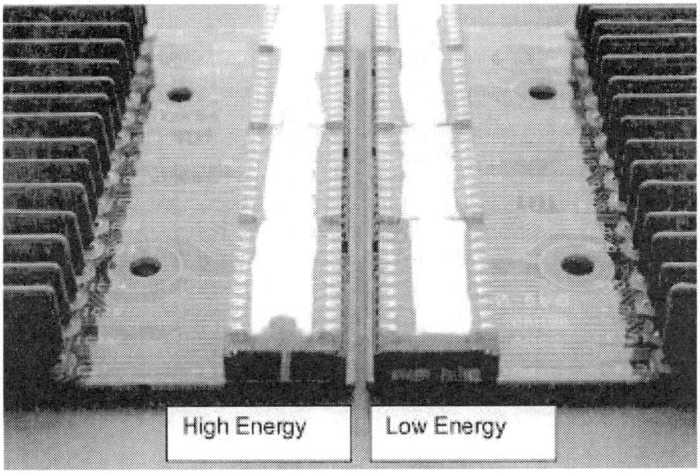

[디텍터 사진]

그 외 중금속으로 이루어진 물질 등 Generator의 성능을 초과하는 물질들은 모두 흑색으로 표시된다. 예를 들어 플라스틱의 경우 정상적인 색깔은 오렌지색으로 표시되어야 하지만 플라스틱의 두께가 장비성능보다 두꺼울 경우

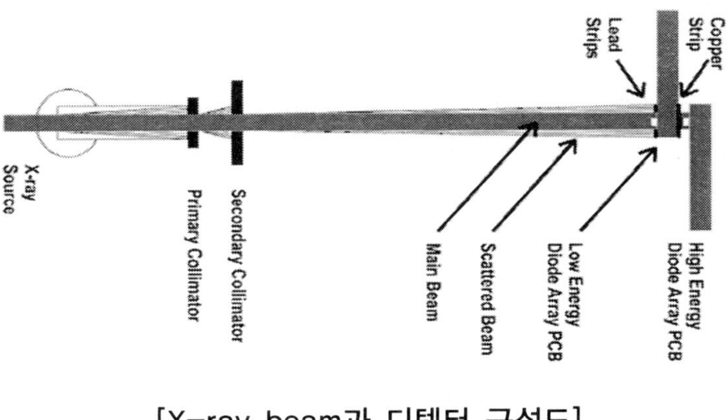

[X-ray beam과 디텍터 구성도]

흑색으로 표시될 수도 있다. X-ray 검색장비는 모든 물질을 투과할 수는 없기 때문에 그러한 물체의 영상은 흑색으로 구분하며, 반드시 상기 물질구분에 따라 색깔을 표시하지는 않는 것을 유념하여야 할 것이다. 따라서 운영자는 사용하고 있는 장비의 투과력의 성능을 충분히 인식하고 있어야 한다.
(필요에 따라서는 장비 표면에 성능표를 부착 할 수도 있다).

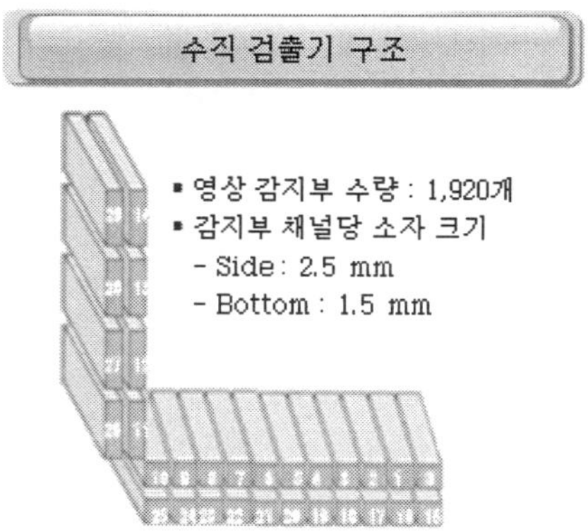

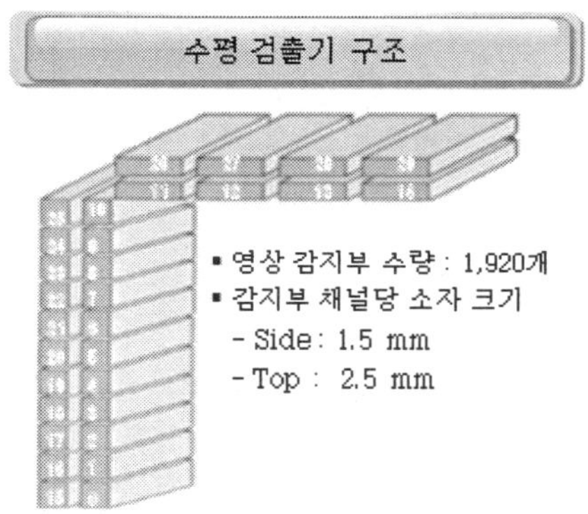

※ 상기 내용을 정리하면 다음과 같다.

○ 오렌지색 : 의류, 비누, 종이와 같은 유기물질 소재에 사용되는 저밀도 물질

○ 청색 : 철이나 구리와 같은 무기물질 소재에 사용되는 고밀도 물질

○ 녹색 : 중밀도 소재인 유리, 알루미늄이나 금속소재와 유기 소재가 겹쳐 있는 물질

○ 흑색 : 장비가 물질에 대한 정보를 알 수 없을 때 표시되며, 명암의 차이(흑백)로 구분

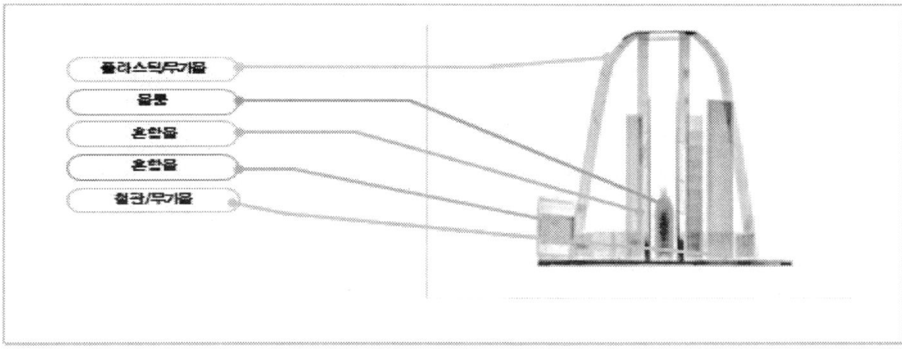

[물질의 두께별 칼라 사진]

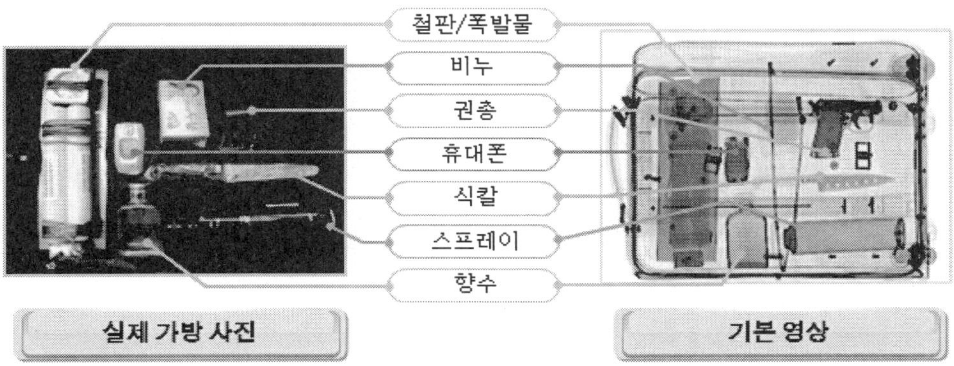

[영상 이미지의 구분]

(1) 물질구분의 원리

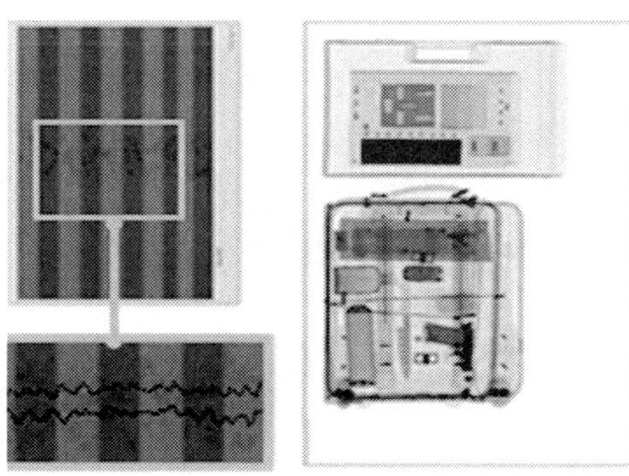

○ 물질 칼라 구분 원리

- HE(High Energy) 와 LE(Low Energy)간의 값이 낮음 ⇒ 분명치 않음 ⇒ 흑색
- HE 와 LE간의 값이 낮거나 마이너스 값⇒ 유기물⇒ 오렌지색
- HE 와 LE간의 값이 중간 값⇒ 혼합물⇒ 녹색
- HE 와 LE간의 값이 높거나 중간 값⇒ 무기물⇒ 청색
- HE 와 LE간의 값이 높거나 범위 밖의 값⇒ 분명치 않음⇒ 흑색

7) X-ray 터널

X-ray 터널은 검색하고자 하는 물체가 지나가고, X-ray이 직접적으로 통과하는 경로를 말한다. 장비 입구와 출구에는 X-ray이 외부로 새어나오는 것을 방지하기 위하여 납커튼이 설치되어 있다. 터널내부에는 센서가 설치되어 있어 물체가 통과하는 것을 인식할 수 있도록 설계되어 있다.

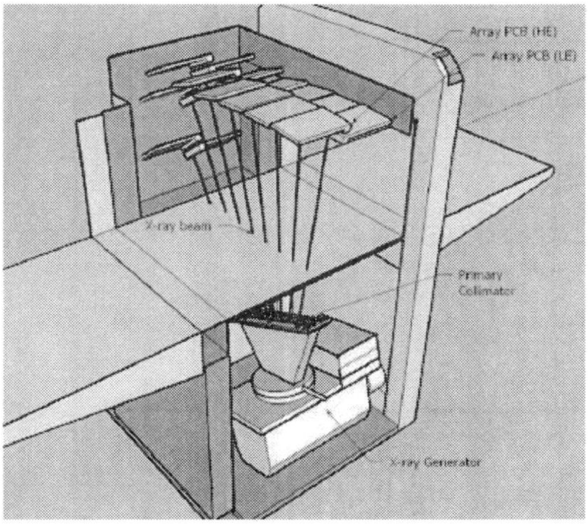

8) 화면 구성

Operator가 운영하는 장비의 화면이다. 이 화면은 장비의 동작상태를 표시해주고, 조작패널의 기능을 육안으로 확인 할 수 있도록 화면 하단에 상태바를 이용하여 표시해준다. 장비사별로 디자인은 틀리지만, 기능적으로는 모두 동일하다.

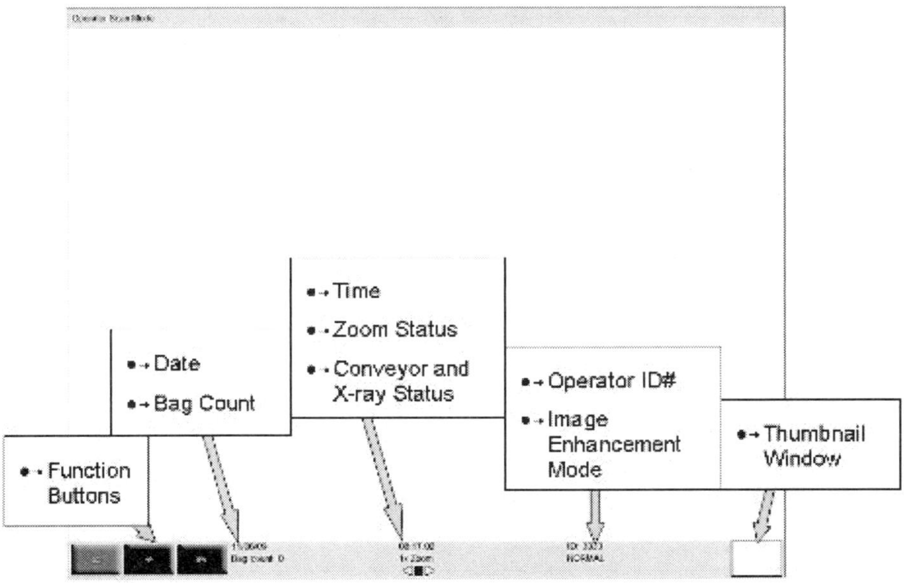

화면에는 날짜, 가방의 통과수량, 확대상태(2X, 4X, 8X, 16X, 64X), 작업자 ID(로그인 정보), 이미지의 조작 상태, 컨베이어 상태(정지, 전진 쪼는 역방향) 등을 표시하여 운영자의 판독에 용이하도록 화면에 표시한다.
운영 중에 발생하는 Error 메시지도 화면에 표시된다. 아래화면은 실제 사용되는 영상의 예이다.

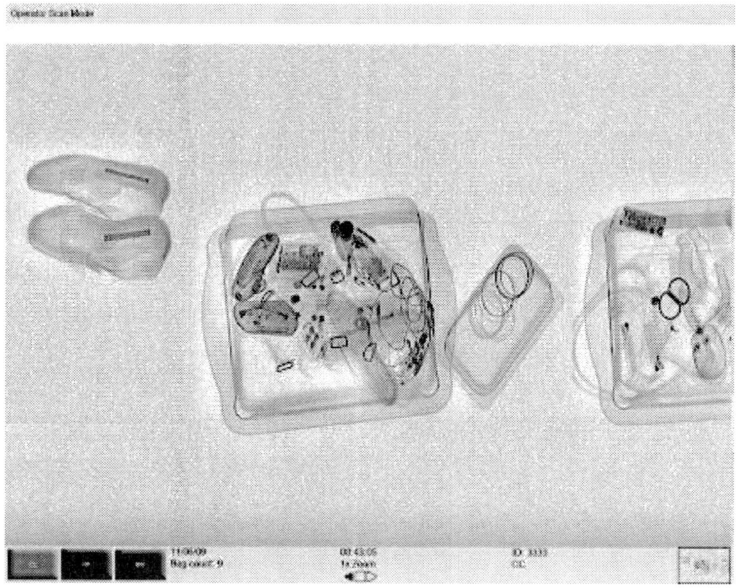

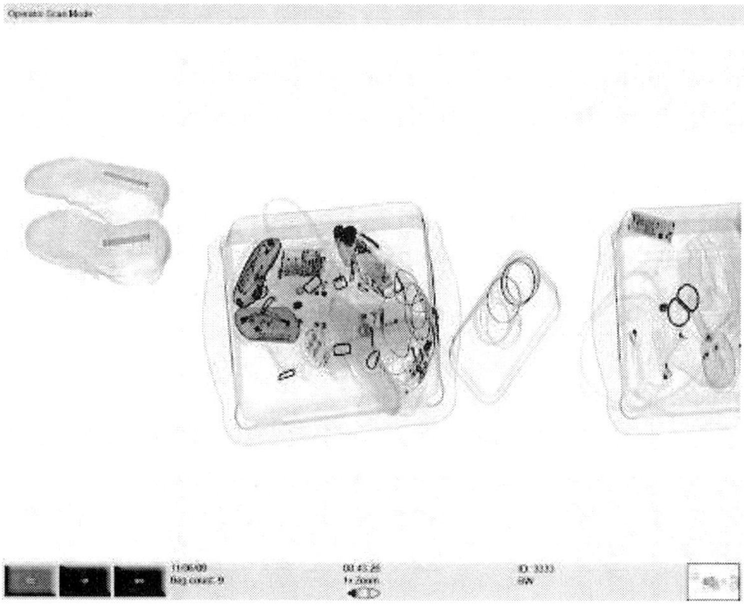

9) 조작패널

X-ray 검색장비를 조작하는 통신장치로써 모든 제어기능을 사용할 수 있다. Windows를 바탕으로 X-ray에 설치된 하드웨어를 조작 할 수 있다.

(1) 장비 제작사 “H” 사의 조작패널

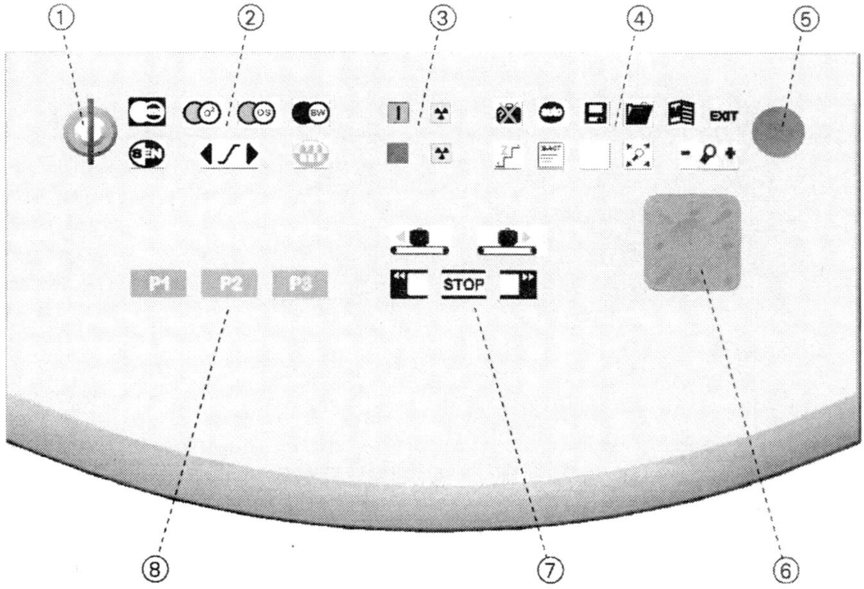

①		X-ray 검색장비를 켜고 끄는 키 스위치 장비 모델에 따라 스위치를 사용하는 경우도 있다 [주의] 장비의 컨베이어가 동작중에는 절대로 스위치를 조작하여서는 안됨 장비 사용 후에는 비인가자의 취급을 금지하기 위하여 반드시 키-스위치를 제거하여 별도 보관하여야 한다.

②	이미지 출력 키패드	
		흑백 반전 영상 (화면상의 흰색→흑색, 흑색 → 흰색으로 색깔 변함)
		유기물 제거 (종이, 나무, 플라스틱류의 유기물을 영상에서 안보이게 함)
	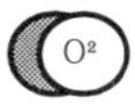	무기물 제거 (금, 은, 동, 철 등의 무기물을 영상에서 안보이게 함)
		칼라 영상을 흑백으로 전환시킴.
		밀도가 높거나 낮은 영상을 잘 보이게 함.
	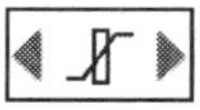	운영자가 원하는 밀도로 화면을 조정
		화면을 밝게 나타냄.

③	이미지 출력 키패드	
		X-ray 검색장비를 켰을 때, 전원 켜짐 표시
		X-ray 검색장비가 아직 운영 준비되지 않았을 때, 대기 표시 (warming 시간)
		현재 X-ray가 나오고 있다는 표시

④	기능키 패드	
		기본 이미지 출력으로 되돌림
		(Opti-Zoom*) 출력항목의 스크린 크기를 확대
		화면을 단계적으로 확대시키거나 확대한 화면을 축소시킴

⑤		비상정지 버튼, 비상시 컨베이어, X-ray generator, 모니터를 신속히 스위치 off 시킴.
		ⓘ 다시 시작하기 전에 비상정지 버튼을 원상 복귀해야 한다.

⑥		Zoom 기능에서 이미지부분의 선택, 스크린 메뉴와 창에서 기능 선택하는 탐색기
		탐색기 위 또는 아래 방향으로 스크린 또는 창 화면 이동

⑦	제어 키 패드	
	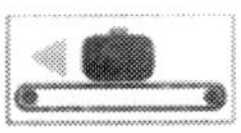	Forward나 Backward로 컨베이어를 회전시킴.
	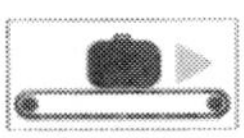	
	STOP	컨베이어 정지
		다시 보기 기능, 약 13개 지나간 화면 다시 볼 수 있음.

⑧	우선 키 패드	
	P1	B/W + SEN
	P2	B/W + HIGH
	P3	MARK

(2) 장비 제작사 "R" 사의 예

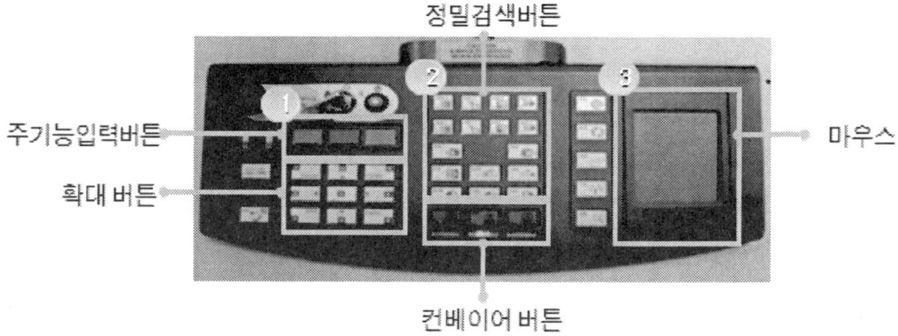

○ 기능버튼

이 세 버튼들에 대입된 기능들은 당신이 속한 화면이나 모드에 따라서 다양하다. 로그인 하는 동안에, 이 버튼들은 아래와 같은 기능들이 대입된다.

초록색 버튼은 같은 OCP버튼에서 W와Y를, X, Z-W와 Y, X와 Y를 전환하는 기능을 수행한다.

빨간색 버튼은 백스페이스 버튼 역할을 한다.

파란색 버튼은 Shift 버튼 역할을 한다.

스캔하기 전에 또는 스캔이 멈춘 동안에, 초록색과 빨간색 버튼은 CC(크리스털 클리어)와 BW(흑백)과 같은 특정 이미지 프로세스 기능을 한다. 파란색 버튼은 위험 확률이 있어 하이라이트 표시된 화면에 작업자가 빨간색 사각형을 지우거나 재 삽입하도록 하게 해주는 전환 기능을 한다.

스캔을 하는 동안, 이 세 버튼들은 이미지 강화 기능이 대입된다.

○ 컨베이어 버튼

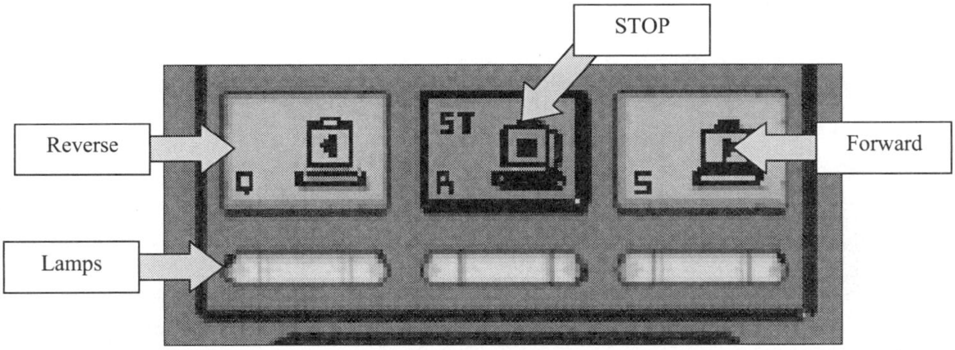

이 버튼을 누르면, 컨베이어는 스캔을 하기 위해 검사 터널 속으로 벨트 위의 물체들이 움직이다.

전진버튼 밑에 위치했다. 이 램프는 컨베이어가 앞으로 움직일 때 불이 들어온다.

이 버튼을 누르면, 컨베이어는 멈출 것이다. 이 버튼을 물체를 스캔하는 동안에 누르면, 벨트가 멈춘 뒤 몇 센티미터 정도 역방향으로 갈 것이다. 이것은 다시 '전진'을 눌렀을 때, 물건의 어떠한 부분도 이미지에서 놓치지 않기 위함이다. 만약 X-ray 이미지가 이미지 프로세스 기능과 함께 보여 지면, ST버튼은 기능을 취소시킬 것이다.

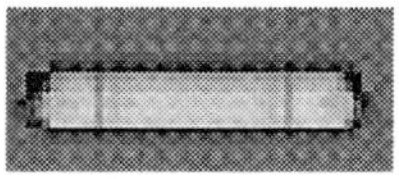

정지버튼 밑에 위치했다. 이 램프는 컨베이어 벨트가 멈췄을 때 켜진다.

이 버튼을 누르면, 컨베이어가 역방향으로 움직일 것이다. 벨트의 어떠한 물체들도 터널을 통해 반대로 움직일 것이다. 모델 타입에 따라 X-ray 스캔은 역방향에서 일어날 수도 있고 아닐 수도 있다.

역방향버튼 밑에 위치했다. 컨베이어가 역방향으로 움직일 때 이 램프가 켜진다.

X-ray가 X-ray Generator에서 만들어 졌을 때 이 램프가 켜진다.

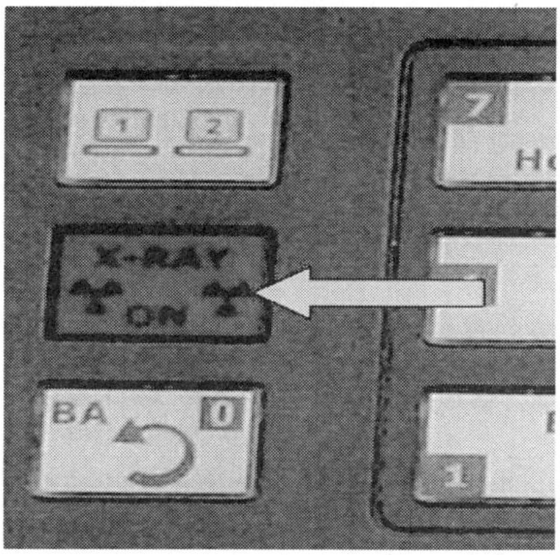

○ 이미지 버튼 정의

모든 이미지 프로세스 기능들은 가방들이 벨트 위에서 멈췄거나 작업자의 화면에 이미지들이 멈췄거나 가방들이 여전히 X-ray 터널을 통과중이거나 또는 작업자의 화면을 가로질러 스크롤중인 이미지들에 적용 가능하다.

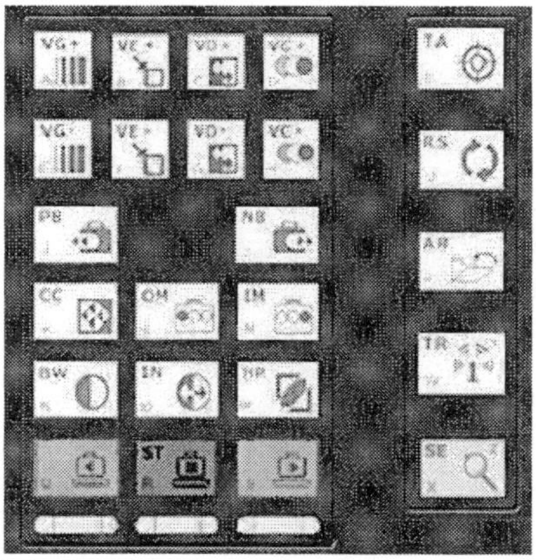

10보다 적은 무게의 원자들을 가진 가벼운 화학 원소들로 이뤄진 생물 물질들이 작업자의 화면에 주황색으로 화면에 표시된다. 이 범주에서

가장 중요한 원소는 수소, 탄소, 질소 그리고 산소이다. 이러한 원소들의 혼합은 대부분의 폭발물을 만든다. 니트로글리세린과 세마이트와 같은 폭발물이 이 그룹에 속한다.
약, 종이, 나무, 물 그리고 플라스틱 같은 물질들은 주황색으로 화면에 표시될 것이다. 알루미늄과 같은 중간 급 무게를 지닌 원소들로 이뤄진 물체들은 초록색으로 화면에 표시될 것이다. 이것은 생물 그리고 무생물 물질의 물체가 겹쳐졌을 때 적용한다. 이 그룹은 "혼합"그룹이라고 불린다. 이 그룹은 아연, 주석, 구리 그리고 철과 같은 무생물 물질로 이뤄진 그룹이다. 만약 물질이 너무 빽빽해서 X-ray에 의해 투시되지 않는다면, 그것은 검은색으로 보인다.

OM 버튼

이 버튼을 누르면 무기물질을 제거한다.

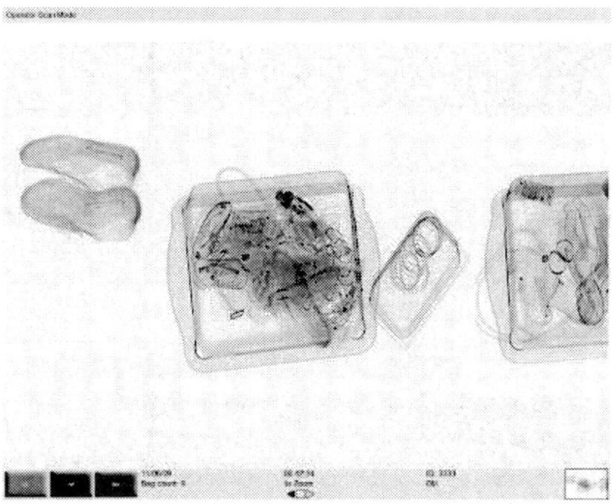

IM 버튼

이 버튼을 누르면 무기물질을 제거한다.

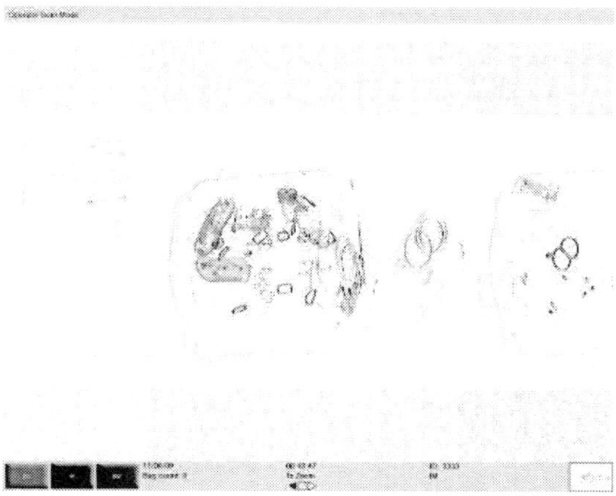

CC 버튼

밝고 어두운 부분을 동시에 자세히 드러나게 해준다.

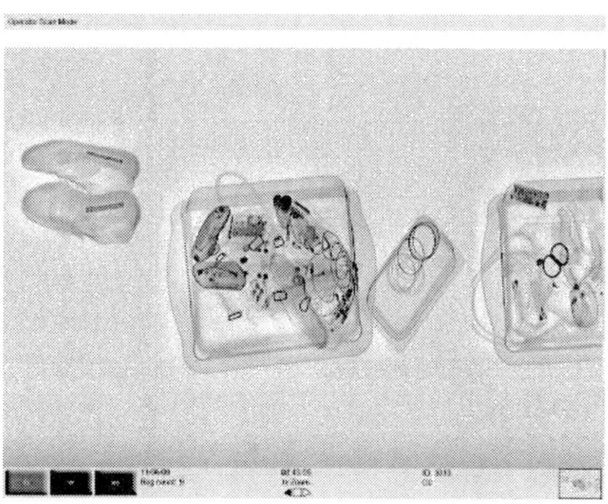

흑백버튼

컬러 이미지를 흑백으로 전환한다.

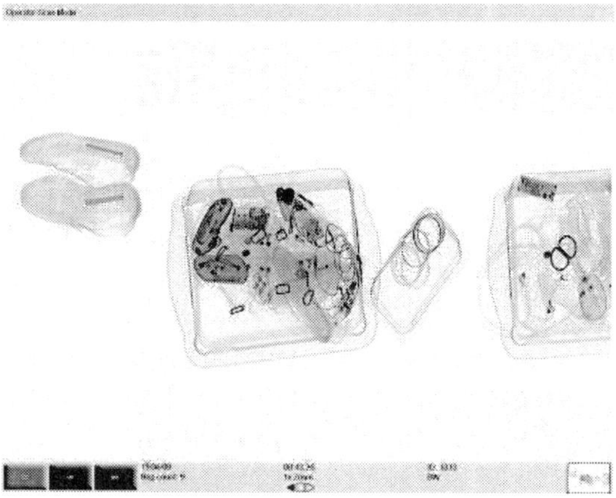

음영변환

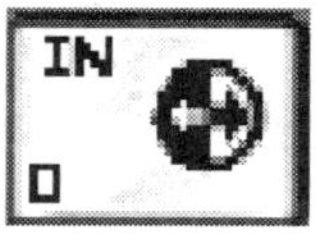
이 버튼을 누르면, 이미지가 반대의 색으로 화면에 표시된다. 예를 들어, 검은색은 흰색으로 되고 흰색은 검은색이 된다.

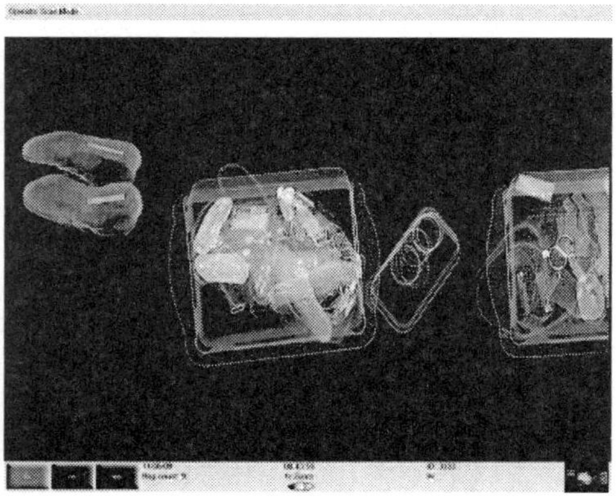

HP 버튼

이 버튼을 누르면, 높은 밀도를 가진 물건들의 표시가 더욱 두드러지게 보인다.

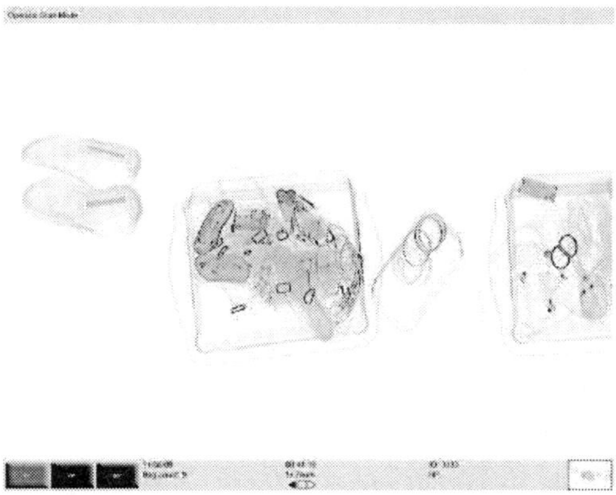

VG 버튼

다양한 명암 기능은 작업자가 이미지의 밝기를 변경할 수 있도록 하게 해준다. VG+와 VG-버튼을 사용한다.

VG-나 VG+에서 여러 번 버튼을 누르는 것은 이미지의 밝기를 높이거나 낮출 수 있다. 아래는 VG+가 적용된 이미지를 보여준다. 노란 색 화살표가 가리키는 변동 가능한 슬라이더를 주의해야 한다. 이것은 사용자가 VG+의 최대 양에 가까이 접속하기 위해 VG+버튼을 여러 번 눌렀다는 것을 암시한다. 아래그림은 반대로, 변동 가능한 슬라이더에 의해 암시된 것처럼 최대 VG-가 적용된 이미지를 보여준다.

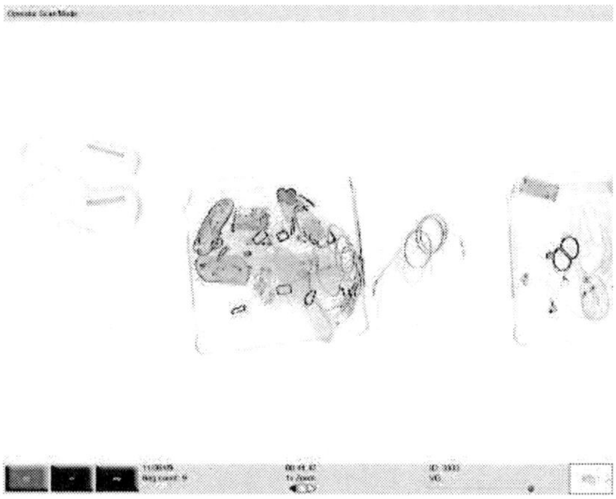

[VG + 기능시]

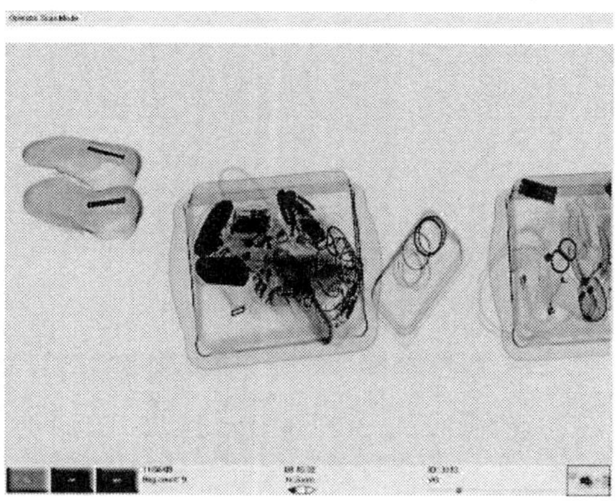

[VG- 기능시]

VE 버튼

변동 가능한 테두리 강화 버튼(VE- 그리고 VE+)은 물체들의 테두리를 보다 뚜렷하고 보기 쉽게 만든다. VE-나 VE+버튼을 여러 번 누

르는 것은 스캔한 물체들의 서로 다른 테두리의 선명도를 높이거나 낮출 수 있다. 아래 그림은 최대 VE+와 VE-를 적용한 이미지들을 보여준다.

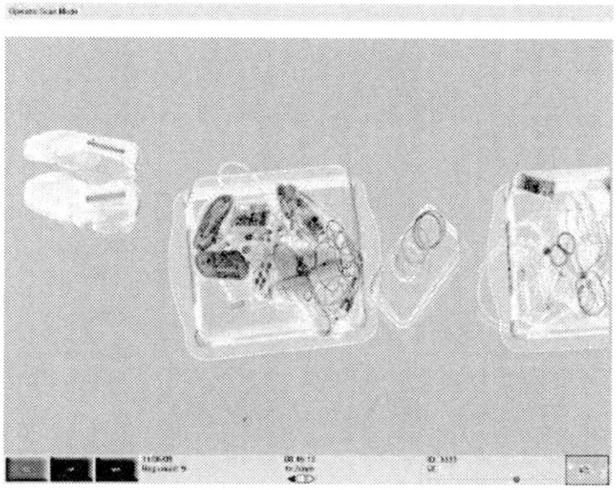

[VE + 기능시]

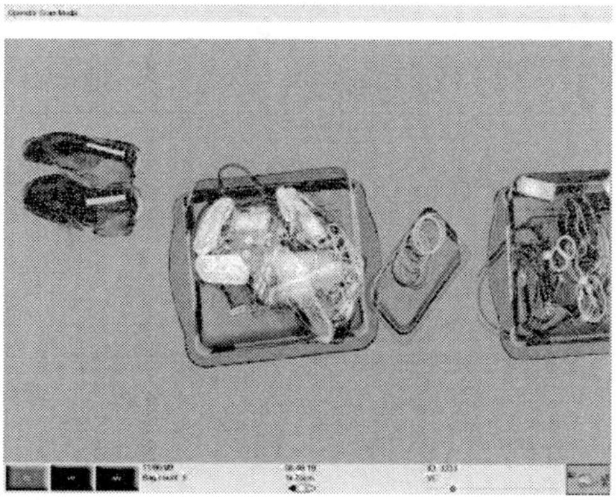

[VE + 기능시]

VD 기능

변동이 가능한 밀도 기능은 작업자가 비슷한 X-ray 투시력 특성을 가진 물체들 사이의 색깔 밝기 차이를 과장되게 해준다. 이 기능을 조절하기 위해서는 VD+와 VD-버튼을 사용한다. VD+나 VD-버튼을 여러 번 누르는 것은 색깔 밝기 차이를 높일 수도 있고 낮출 수도 있다.

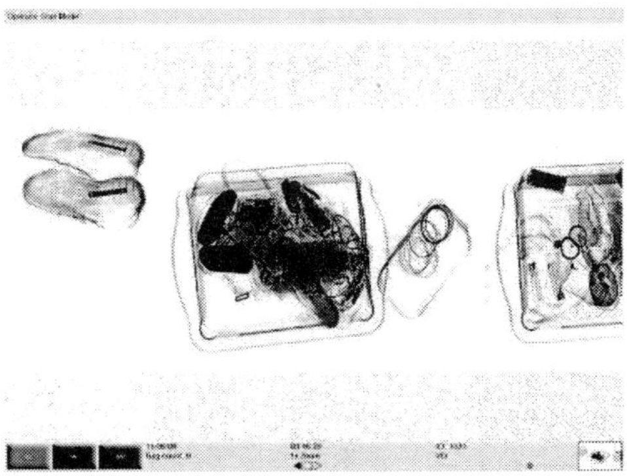

[VD + 기능시]

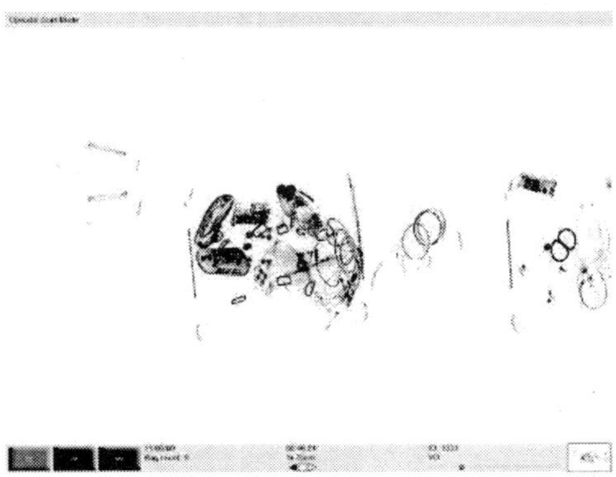

[VD - 기능시]

VC 기능

이 모드에서는, 다른 물질들이 흑백으로 표시될 때, 하이라이트 표시된 물질들은 그것들 본연의 색으로 보인다. VC+과 VC-버튼들은 물질 그룹들 사이에 차이를 하이라이트 표시하기 위해 사용한다. VC-나 VC+버튼을 여러 번 누르는 것은 서로 다른 물질 그룹들을 하이라이트 표시할 것이다.

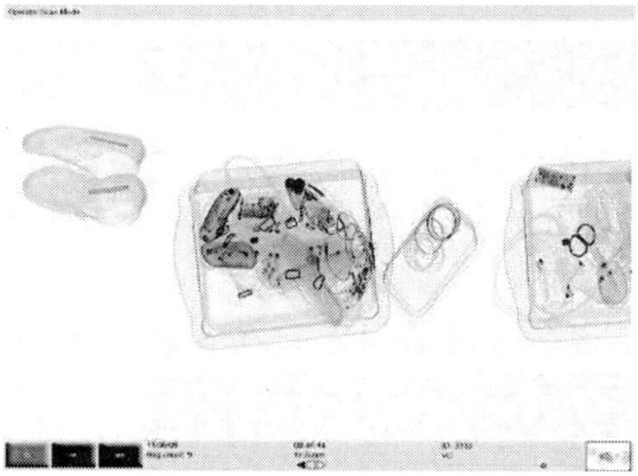

[VC + 기능시]

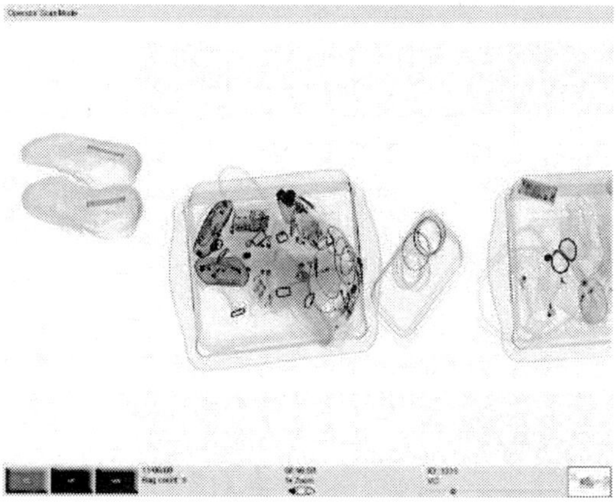

[VC – 기능시]

PB 기능

이 모드에서는 작업자가 앞의 가방을 보기 위해 역방향으로 스크롤하거나 가장 뒤의 가방을 앞으로 되돌리기 위해 스크롤 할 수 있다. 모드 표시 계기판이 말하는 것을 명심해야 한다.: "스캔한 이미지 다시 보기 모드"는 전후의 가방 다시 보기를 허용했을 때 시스템에 들어갈 수 있는 모드이다. "PB"(앞의 가방)버튼을 누른 작업자에 의해 접속할 수 있다. "PB"을 누르면, 앞의 가방이 화면에 완전히 나타날 때까지 스크롤이 뒤로 돌려진다. 반대의 모드는, "앞의 가방"이 "뒤의 가방"과 같이 작동되며, "뒤의 가방"이 "앞의 가방"과 같이 작동된다.

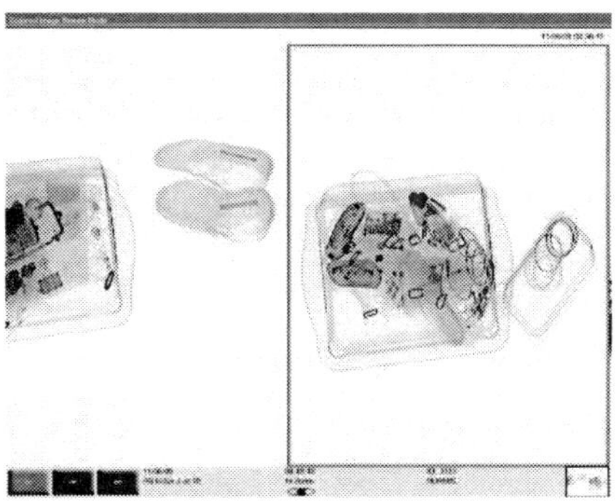

[전영상보기의 영상]

상기 그림은"앞의 가방"모드일 때의 화면을 보여준다. PB를 선택하면, 빨간 색 윤곽으로 표시되고 화면의 오른쪽에서 왼쪽으로 움직여서 보인다는 것을 명심해야 한다. "앞의 가방 모드"에서 이미지 다시 보기 기억장치 끝에 다다랐을 때, 메시지가 뜰 것이다: "이미지 다시 보기 기억장치의 끝". 메시지 박스를 삭제하기 위해 NB/J버튼을 누른다. 메시지가 자동으로 5초 후에 사라진다. "R"또는 정지 버튼은 "앞의 가방"또는 "뒤의 가방" 모드에서 빠져나가거나 정상 모드로 되돌아오기 위해 사용된다.

NB 기능

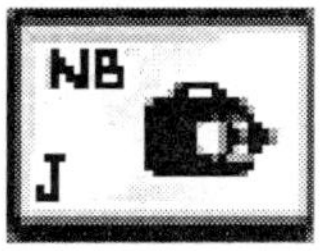

이 모드는 작업자 관리 계기판에서 "NB"버튼을 누름으로써 접속할 수 있다. "NB"을 누르면, "뒤의 가방"을 스크린에서 스크롤 할 수 있다.

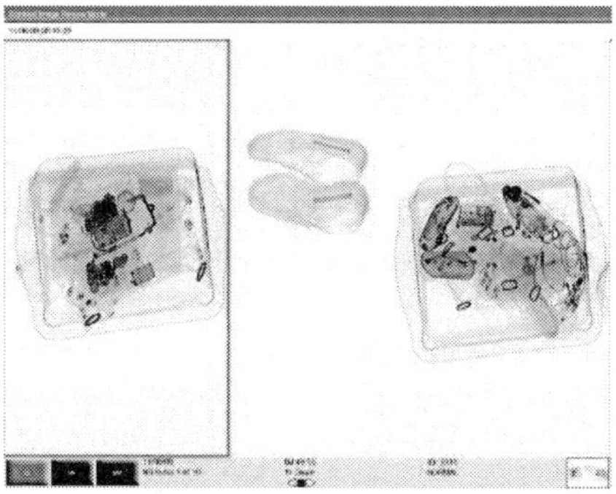

[검색후 영상보기의 영상]

그림은 뒤의 가방 버튼(NB)을 눌렀을 때 화면에 어떻게 뜨는지를 보여준다. "뒤의 가방"을 선택하면 뒤의 가방이 빨간 색 윤곽선으로 표시되며 화면의 왼쪽에서 오른쪽으로 움직여 나타난다. "이미지 다시 보기 기억장치의 끝"이란 메시지가 뜬다. "뒤의 가방"모드에서 작업자가 이미지 다시 보기 거익장치의 끝에 다다르면 화면에 이 메시지 박스가 뜰 것이고 메시지 박스를 삭제하기 위해 PJ/I 버튼을 누른다. 메시지에서 암시하듯이, 작업자는 작업자 관리 계기판에서 "J" 또는 "NB"버튼을 눌러 메시지를 삭제할 수도 있지만 메시지는 5초 뒤에 자동으로 사라진다. "R"또는 정지 버튼을 눌러 "앞의 가방"또는 "뒤의 가방"모드(예를 들어, 스캔한 이미지 다시 보기 모드)에서 빠져 나갈 수 있고 정상모드로 되돌아 올 수 있다.

컨베이어 벨트가 역방향으로 움직이면 모든 것은 당연히 그 반대가 된다. "앞"의 가방은 이제 "뒤"의 가방이 되고 "뒤"의 가방은 "앞"의 가방이 된다.

AR 기능

 이 기능은 컴퓨터의 하드 디스크에 아직 화면에 있는 가장 최근에 스캔한 가방들 중 하나를 저장하게 해준다.

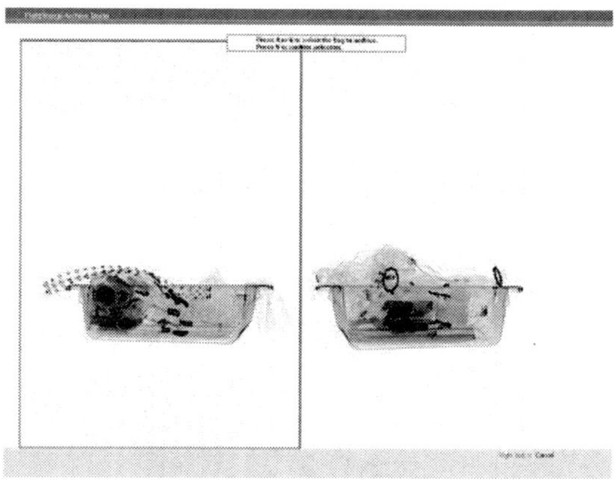

[AR 기능시]

그림은 시스템이 정지 모드에 있을 때마다 작업자 관리 계기판의 "V"나 "AR"버튼을 누르면 작업자가 무엇을 보게 될지를 보여준다. 저장될 이미지는 빨간 윤곽선으로 표시 된다는 것을 명심한다. 또한, 이미지 위에 메시지가 뜰 것이다. 작업자 관리 계기판에서 숫자 4를 누르면 왼쪽으로 움직이기 위해 빨간 사각형이 생성된다. 숫자 6을 누르면 오른쪽으로 움직이기 위해 빨간 사각형이 생성된다. 작업자는 저장할 가방의 선택을 확실히 하기 위해 반드시 숫자 5를 누른다. 선택을 확인하는 메시지가 잠시 동안 뜰 것이다. 이 옵션은 몇몇 시스템들에서 나타나지 않을 것이다. 하드 디스크 공간에 저장할 수 있는 이미지 개수들이 제한되어 있거나 허용되는 최대 하드 디스크 공간이 더 작게 설정되어 있을 수 있다.

저장한 이미지들을 부활시킬 수 있지만 이것은 오직 감독자 모드에서만 가능하다.

확대기능 : 확대하고자 하는 부분의 ZOOM KEY를 누른다.
9등분 하여 해당영역만 확대

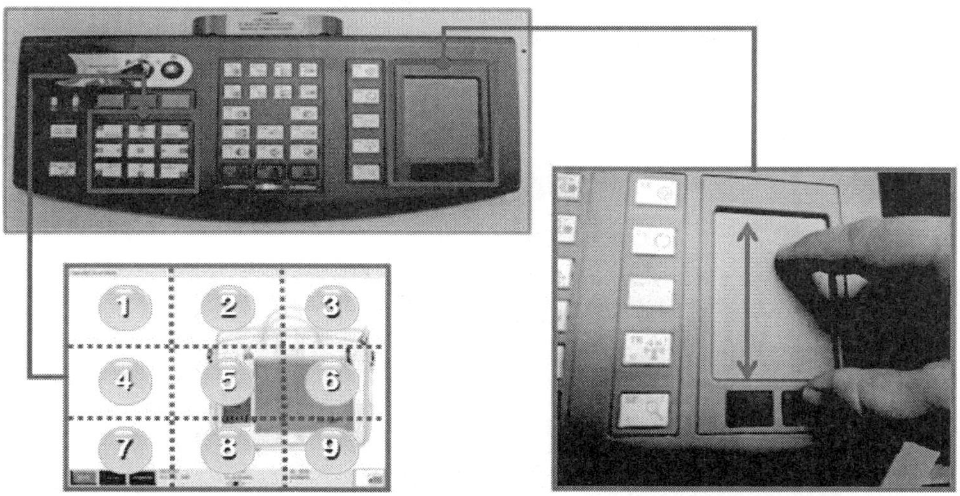

버튼을 이용한 확대 　　 스마트 마우스를 이용한 확대

보이지 않는 점선으로 9칸으로 나눠져 있고 작업자 관리 계기판의 확대(zoom)/숫자판의 버튼을 누르면 응답하는 전형적인 스캔 이미지를 보여준다.

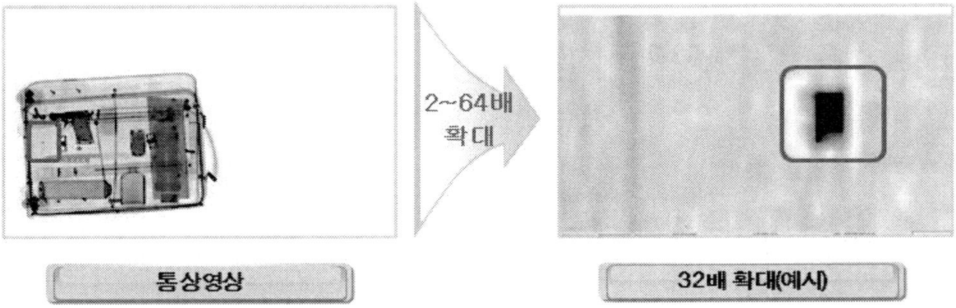

○ 확대기능(2배~64배)

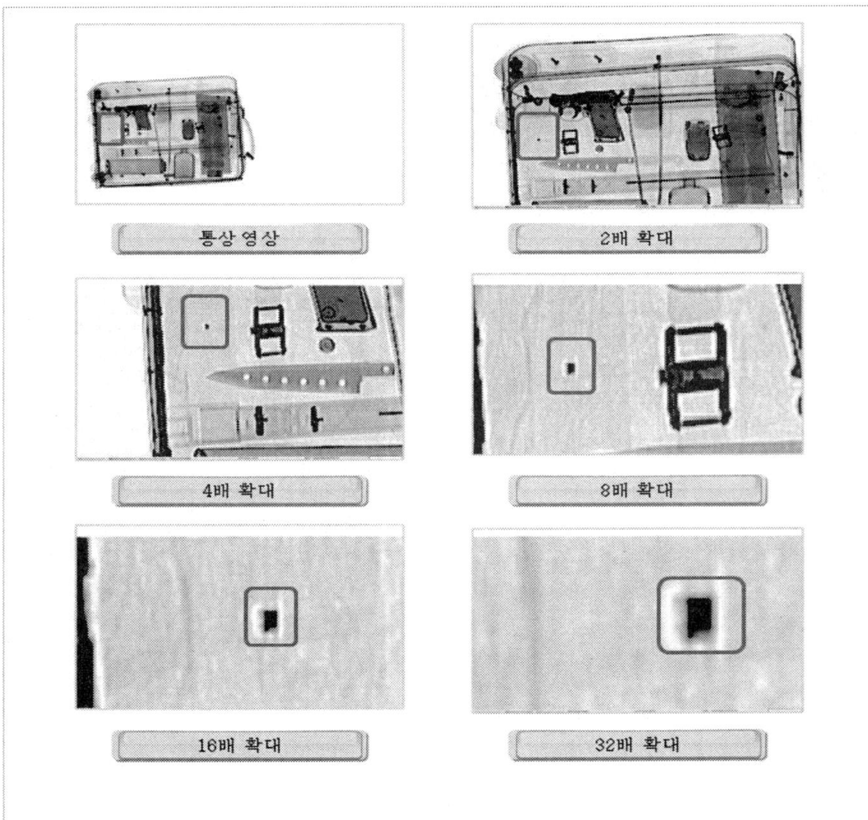

※ 이미지 버튼의 처리 전후 영상

○ B&W(흑백영상) : 칼라에서 흑백으로 전환, 모니터에 검색한 물체의 흑백 영상을 제공.

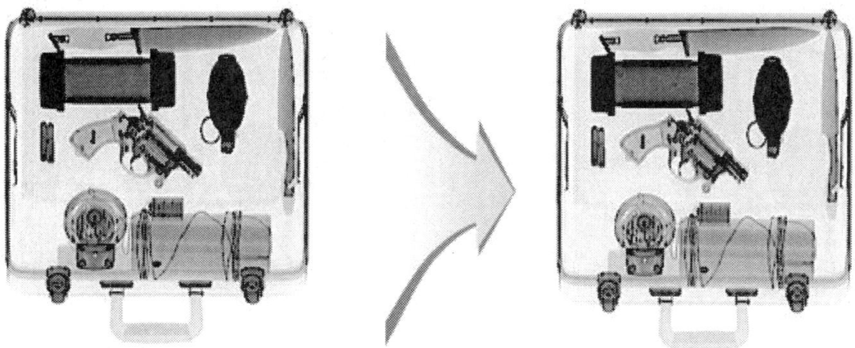

○ INV(반전기능) : 검은 부분을 하얗게, 하얀 부분을 검게 해 주는 역전환 기능

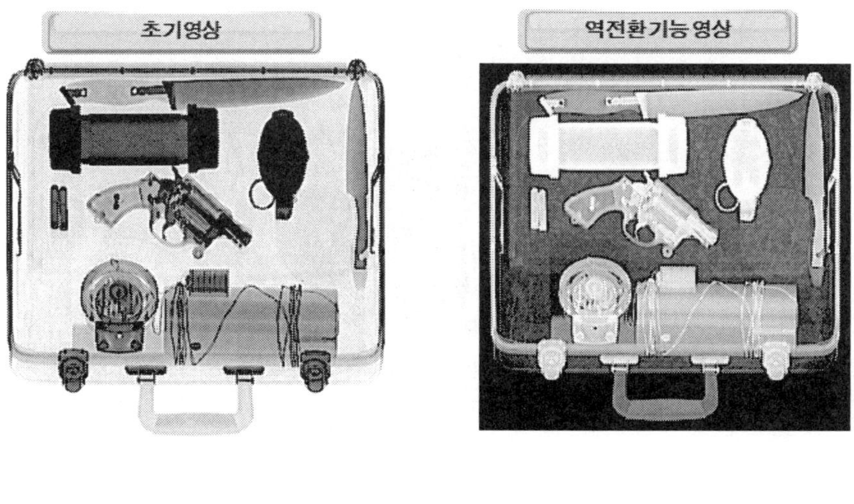

○ IM(유기물 제거기능) : 영상에서 오렌지색을 제거하여 무기물을 강조

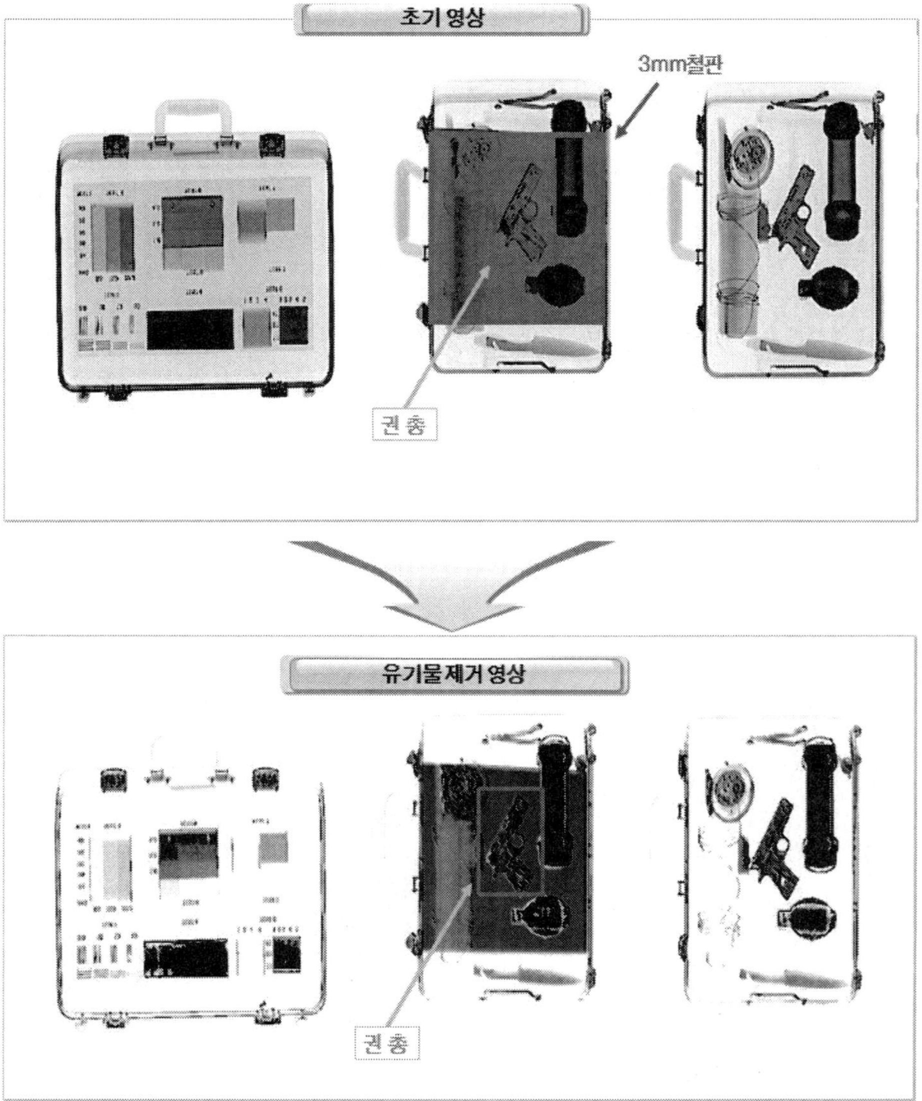

○ OM(무기물 제거기능) : 영상에서 청색(무기물)을 제거하여 유기물을 강조.

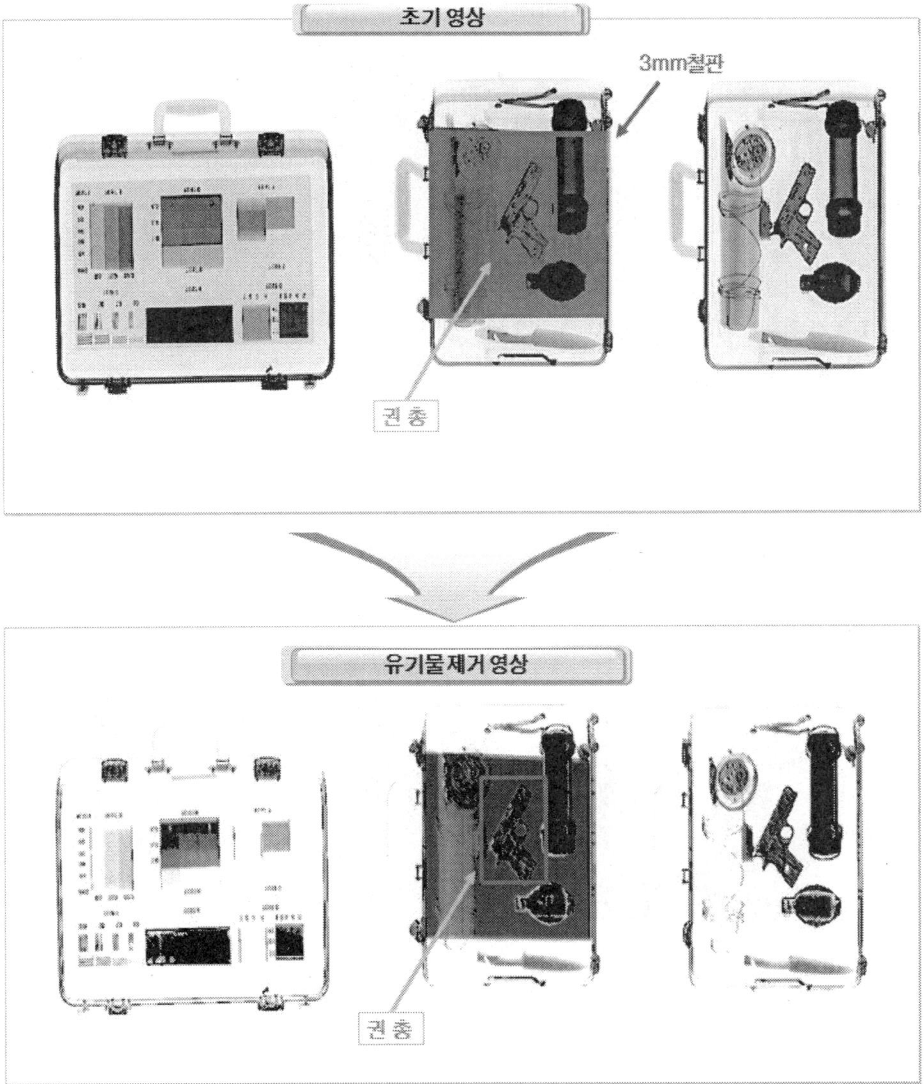

○ LOW(저밀도 물체) : 밀도가 낮은 물체의 표시가 선명하게 된다.

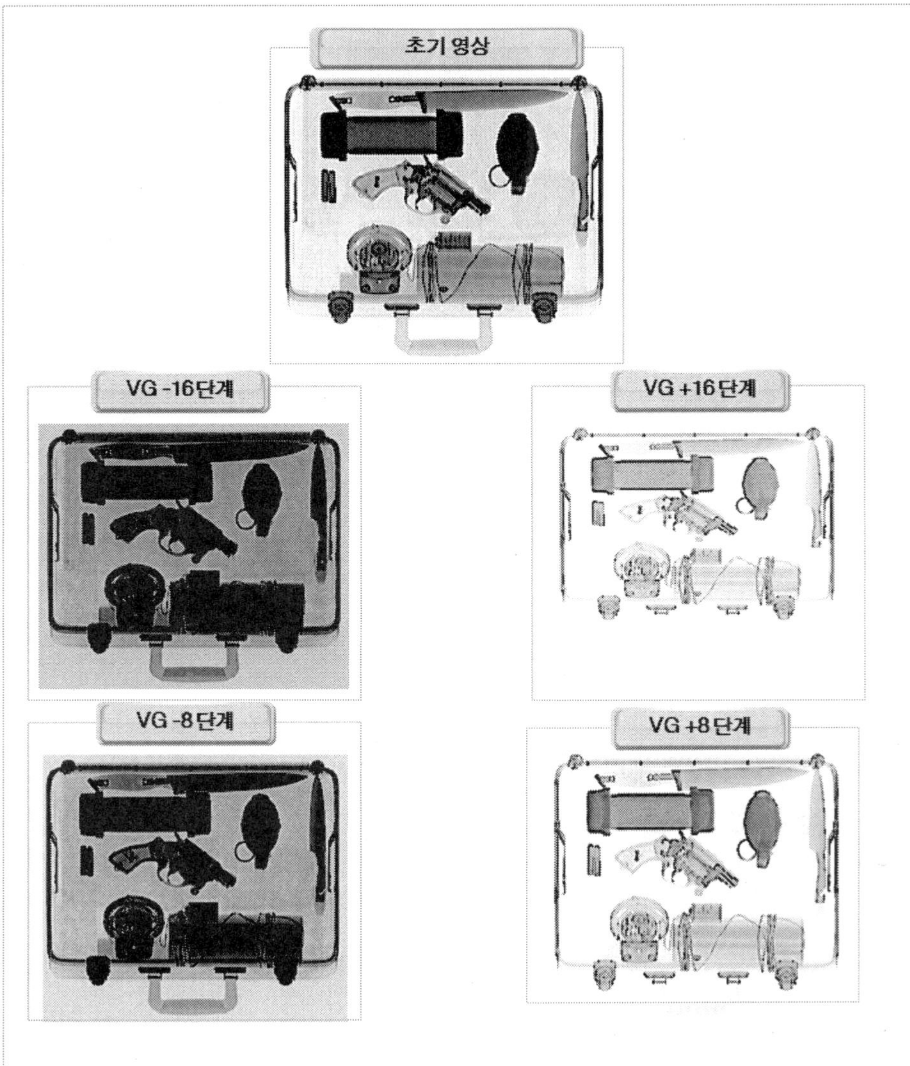

○ HIGH(고밀도 물체) : 밀도가 높은 물체의 표시가 선명하게 된다.

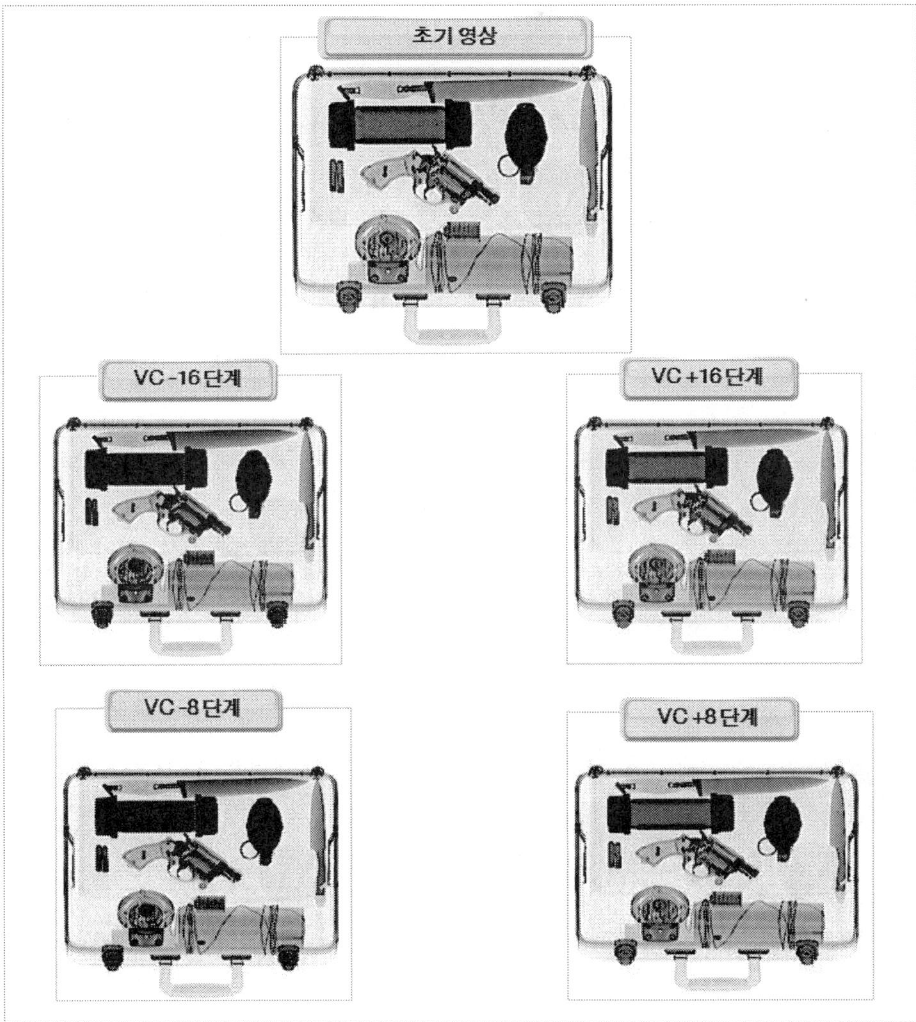

○ 모서리 가변 기능 : 영상의 모서리의 연한부분 또는 물질 구분이 어려운 부분의 향상

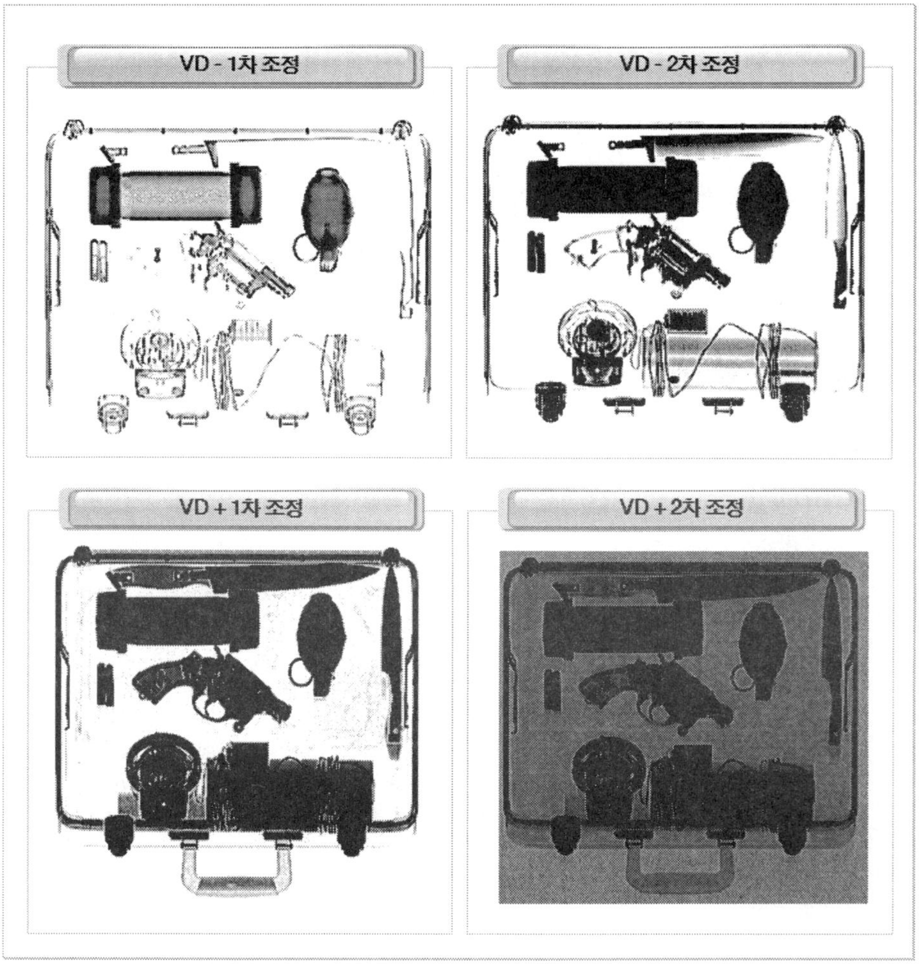

○ CC(투명하고 선명한 영상) : 최대의 영상자료 제공을 위한 영상의 선명도를 극대화.

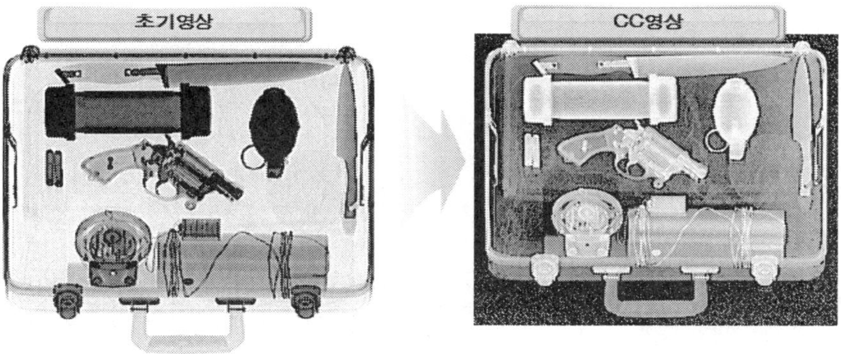

10) 컨베이어 벨트

컨베이어 벨트의 전진, 정지, 후진은 조작패널로 제어되며, 벨트는 이음새가 없는 통벨트를 사용하였으며 또한, 벨트의 구동은 자체 구동롤러(Power Roller)에 의해 구동 된다 .

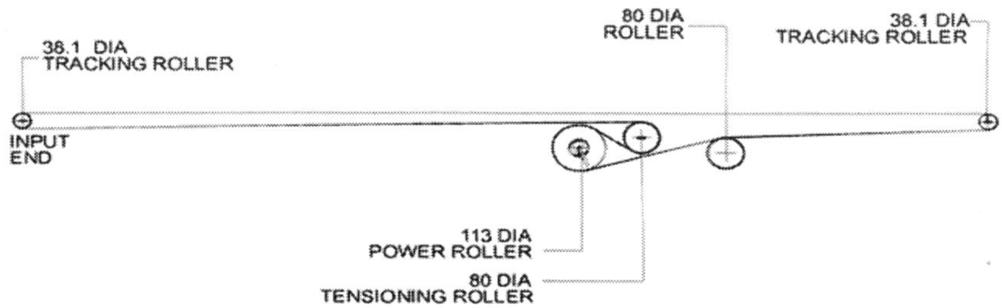

- 제작사 : Inter Roller 사
- 높은 마력: 0.37Kw
- 최대 적재하중 : 약165kg
- 속도 : 12m/min~16m/min (인버터로 속도 조정 가능)
- 소음 : 50dB 이하

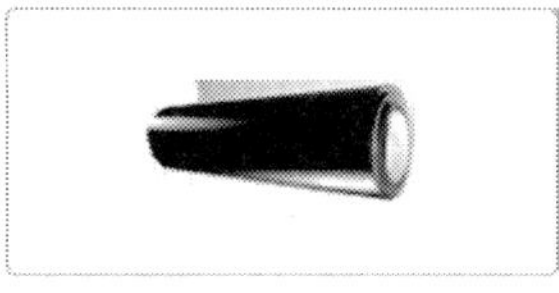

- 형식 : 통벨트 타입
- 대정전 방지 벨트
- 벨트 SIZE : 폭 860mm × 길이 9,430mm

6. X-ray 검색장비의 소개

X-ray 검색장비는 제작사별로 일부 차이는 있으나 기능적으로는 동일하다고 볼 수 있다. 장비는 검색물품의 크기와 용도 등에 따라 소형, 중형, 대형으로 구분된다.

1) 소형 X-ray 검색장비

HI-SCAN 6040i (Smiths Detection) single view 2,004(L)x850(W)x1,284(H)	HI-SCAN 6040aX (Smiths Detection) dual view 3,300(L)x1,310(W)x1,400(H)	RAP 622XR (Rapiscan) single view 1,467(H)x1,030(W)x2,282(L)

RAP 627DV (Rapiscan) dual view 2,067(H)x1,968(W)x4,559mm(L)	XIS-3555S (Astrophysics) single view 1,320(L)x762(W)x1,230(H)	XIS-6545 (Astrophysics) single view 2,164(H)x873(W)x1,316mm(L)

2) 중형 X-ray 검색장비

터널사이즈가 가로/세로 1.5m 이하의 장비로써, 기내 반입이 제한된 크기의 가방을 검색하기 위하여 사용한다.

VIS-HR (L3) single view	MVT-HR (L3) dual view	HI-SCAN 10080 EDX-2is (Smiths Detection) dual view
		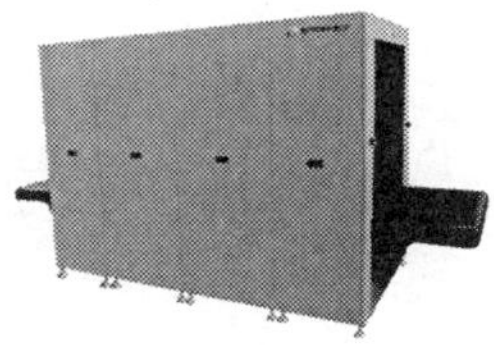
RAP 628DV (Rapiscan) single view	RAP 632XR (Rapiscan) dual view	XIS-100XDV-MD (Astrophysics) dual view

3) 대형 X-ray 검색장비

터널사이즈가 가로/세로 1.5m 이상의 장비로써, 화물 또는 항공 파렛트 검색을 위하여 사용한다.

HI-SCAN 100100T (Smiths Detection) single view 3,578(L)x1,234(W)x1,900(H)	HI-SCAN 145180 (Smiths Detection) single view 5,360(L)x2,140(W)x2,285(H)	HI-SCAN 145180-2is (Smiths Detection) dual view 5,545(L)x2,160(W)x2,545(H)

Eagle A25 (Rapiscan) single view 1,467(H)x1,030(W)x2,282(L)	PX 15.17 200 (L3) single view	PX 15.17 MV 320 (L3) single view

7. X-ray 검색장비의 유지관리

1) 장비의 가동 전 확인 사항

(1) 장비를 운영하기 전에 아래 사항을 반드시 확인하여야 한다.

① 납 커튼이 잘려 있거나 없는 부분이 없는지 확인

○ 장비의 입 출구 부분에 납 커튼이 없거나 혹은 빠진 경우 장비를 구동 시키지 말아야 하며 납 커튼을 교체해야 한다.

② 장비 외부 철판 패널이 제자리에 부착이 되어있는지 확인

○ 만약 어떠한 철판 패널이 장비에 안전하게 고정된 채로 부착이 되어 있지 않다면 장비를 구동시키지 마시오.

③ 컨베이어가 찢어지거나 오염이 심하거나 물체가 올려져 있는지 확인

○ 물기가 있는 옷감으로 닦아주세요.

○ 장비가 꺼져 있는 상태로 장비를 닦아야 합니다.

○ 필요하다면 오염 제거제를 사용해도 무방

○ 대체 방안의 하나로 진공청소기를 사용해도

④ 비상정지 버튼이 눌려 있는지 확인

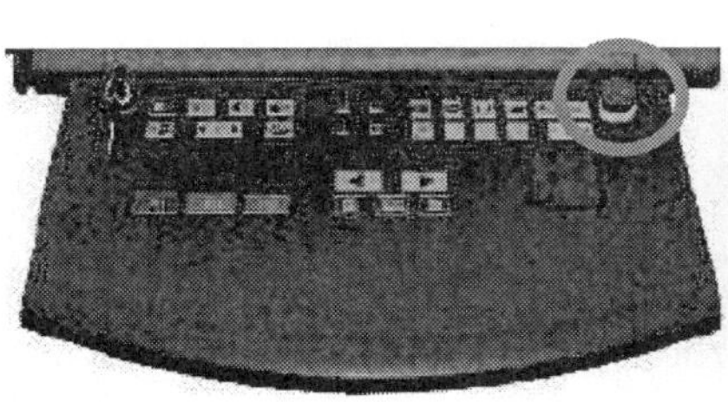

○ 상기 조작패널의 적색버튼이 눌려져 있을 경우 오른쪽으로 돌리면 비상정지가 해지된다.

⑤ 회로 차단기 스위치가 "켜기" 자리에 설정되어 있는 지 확인한다.

8. 장비의 운영

1) 스위치 켜기

장비의 전력 공급에 전원선을 연결하고 전원을 켠다.

버튼 스위치를 전력 조절 계기판에 돌리고 "전원 켜기"버튼을 누른다.

X-ray 시스템은 그것의 전원을 켜는 순서를 시작시킬 것이다. 기계의 끝에 전원 켜기"불이 켜져야 한다. 만약 불이 들어오지 않으면 당신의 전력 공급과 전기선, 그리고 회로 차단기를 확인한다.

X-ray가 시스템을 측정하기 위해 바로 켜질 것이다

※ 만약 짐이 터널 안에 있으면 측정은 부정확하게 이뤄지고 오류가 보고된다. 그 다음 이미지들이 부정확하게 화면에 표시될 수 있다. 전원을 켜기 전에 반드시 터널 안에 짐이 없는지 확실히 해야 한다.

※ 만약 X-ray 램프에 불이 켜졌는데 영상이 뜨지 않으면, 모니터의 밝기와 대조를 조절해 본다. 모니터에 연결된 케이블 선들이 제대로 꽂혀있는 지 확인한다.

모든 것이 완료되면 아래와 같이 로그인을 시작한다.

2) 로그인

○ 장비 제작사 “S” 사의 운영방법

<table>
<tr><td>1. 장비가동</td><td>장비의 구동 열쇠를 키보드 상에 있는 구멍에 집어넣고
“II”위치로 돌리면 자동으로 “I”로 돌아옵니다. (자동차 시동 방식과 동일)</td></tr>
<tr><td>2. 장비의 부팅이 끝날 때까지 기다려 주세요.</td><td>부팅이 끝나면 사용이 준비완료 화면이 나타납니다.</td></tr>
<tr><td>3. 로그인</td><td>(운영자 ID 입력)
기능키 부분에 있는 5번을 눌려서 메인 메뉴에서 “Login/Logout”을 선택하세요.
“Login”을 선택하세요.
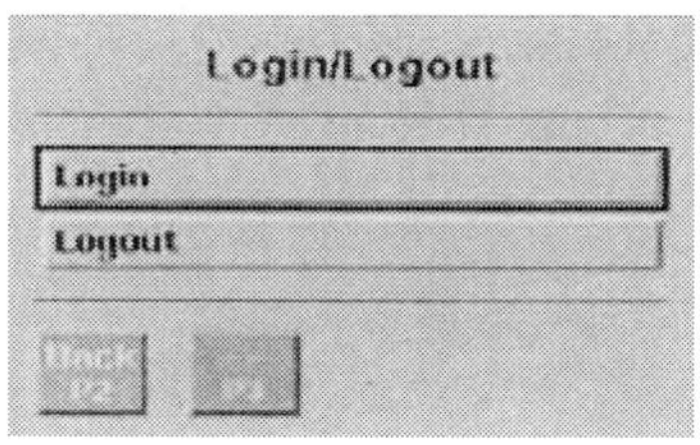
운영자 ID를 입력할 수 있는 창이 나타날 것입니다.
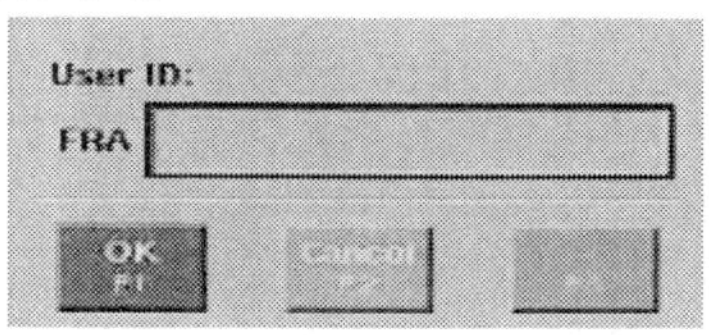</td></tr>
</table>

○ 장비 제작사 “R” 사의 운영방법

1. 장비가동	장비의 구동 열쇠를 키보드 상에 있는 구멍에 집어넣고 “II”위치로 돌리면 자동으로 “I”로 돌아옵니다. 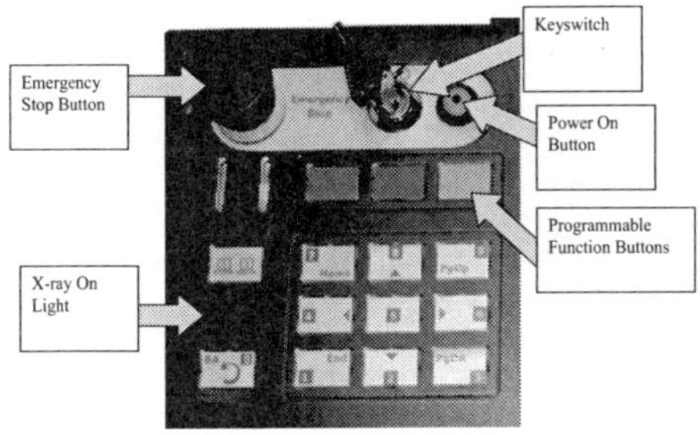
2. 장비의 부팅이 끝날 때까지 기다려 주세요	부팅이 끝나면 사용이 준비 완료 화면이 나타납니다.
3. 로그인	(운영자 ID 입력) 기능키 부분에 있는 5번을 눌려서 메인 메뉴에서 “Login/Logout”을 선택하세요. “Login”을 선택하세요. 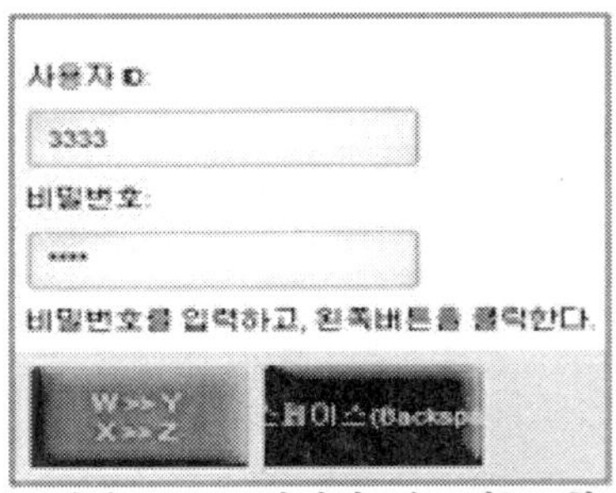 운영자 ID를 입력할 수 있는 창이 나타날 것입니다.

9. X-ray 검색장비의 주사방식

X-ray 검색장비의 주사방식이란 검색장비의 용도에 따라 장비의 설계가 결정된다. 화물의 검색방식, 크기 등에 따라 장비의 구조도 결정이 되는데 이때 방사선 발생장치의 위치에 따라 영상의 선명도 및 영상의 크기가 변화되며, 발생장치의 X-ray의 방출방향을 주사방식이라고 지칭한다.

X-ray 검색장비의 영상은 발생장치의 근접할수록 영상이 크게 나타나며, 투과력의 성능이 좋아지지만 해상도는 상대적으로 낮아질 수 있다.

1) 수직 상향 주사방식

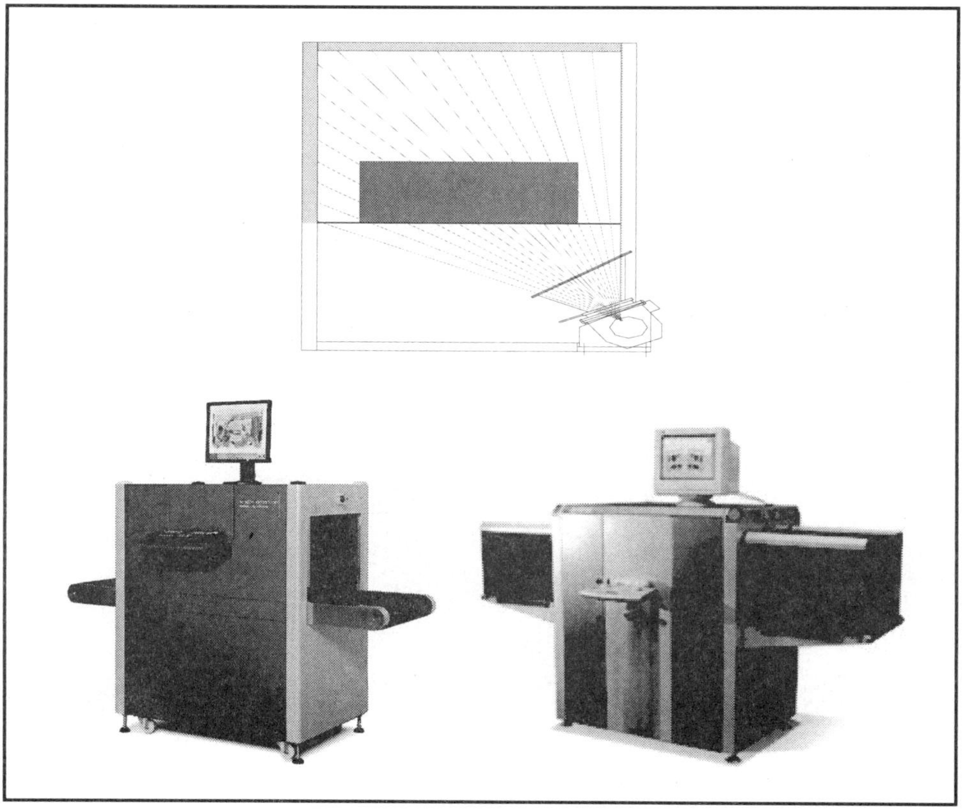

X-ray 검색장비의 발생장치가 장비 하단에 위치하는 방식이다

X-ray 검색장비의 발생장치가가 하단에 있기 때문에 컨베이어의 높이가 60~80Cm의 높이에 위치하며, 주로 휴대물품 수하물용으로 많이 사용된다.

○ 장 점 : 초기 영상이 크며, 투과력 및 해상도가 다른 주사방식보다 크다고 할 수 있다.

○ 단 점 : 컨베이어의 위치가 다소 높아 무거운 짐을 올리기에 불편할 수 있다.

2) 수직 하향 주사방식

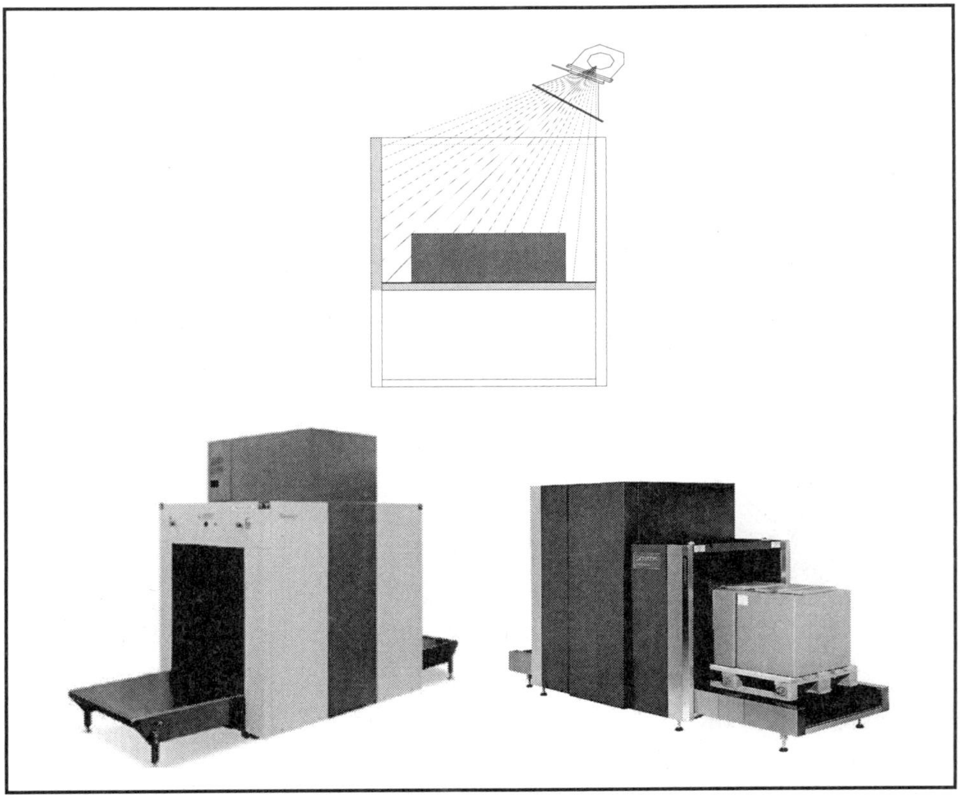

X-ray 검색장비의 발생장치가 장비 상단에 위치하는 방식이다. 컨베이어의 높이가 낮으며, 위탁수하물 또는 화물용으로 많이 사용된다.

○ 장 점 : 컨베이어의 위치가 낮아 중형 또는 대형 화물의 검사가 용이하다.

○ 단 점 : X-ray 검색장비의 발생장치가 상단에 위치하고 있어 상대적으로 투과력 및 해상도가 떨어진다.

3) 수평 상향 대각선 주사방식

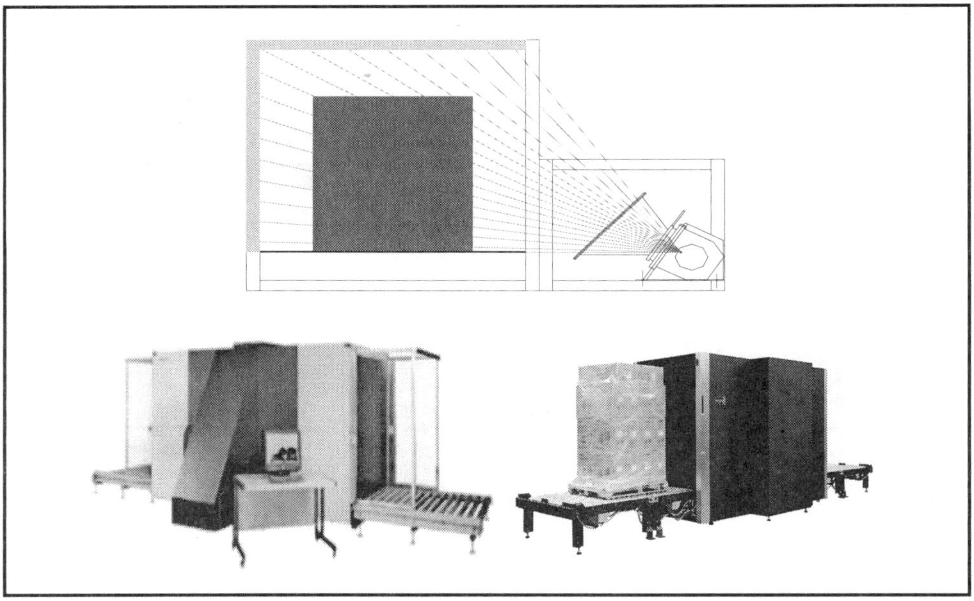

X-ray 검색장비의 발생장치가 장비 측면에 위치하는 방식이다. 컨베이어의 높이가 낮으며, 화물용으로 많이 사용된다.

○ 장 점 : 컨베이어의 위치가 낮아 대형 또는 항공화물에 적합하다.

○ 단 점 : X-ray 검색장비의 발생장치가 터널과 멀리 떨어져 있기 때문에 투과력 및 해상도가 떨어진다.

4) 수직하향, 수평 상향 대각선 주사방식(양방향)

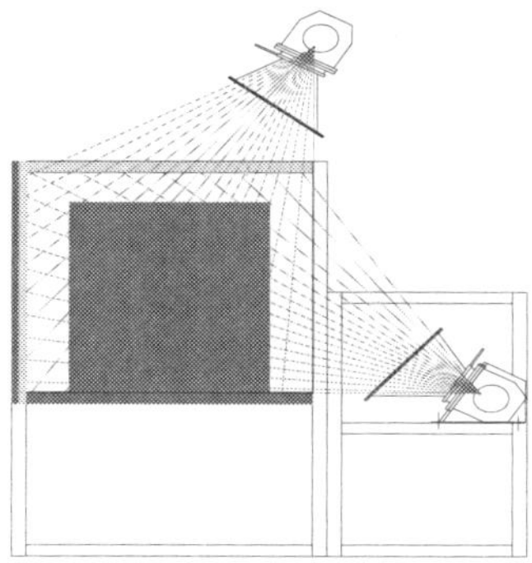

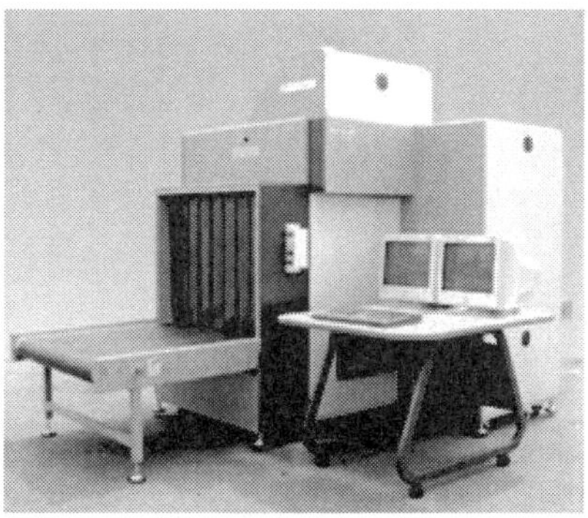

5) 수직상향, 수평상향 대각선 주사 (양방향)

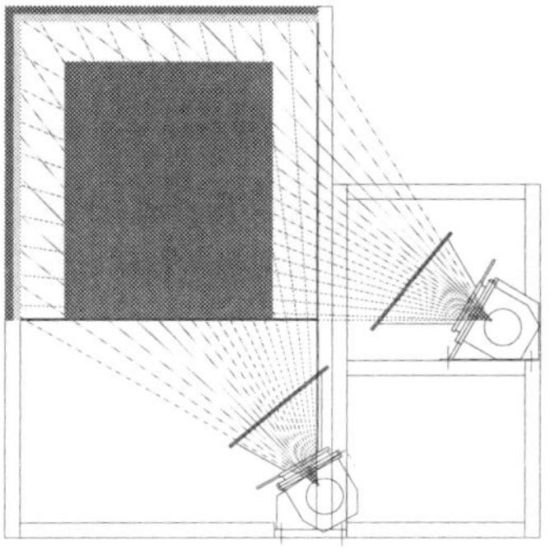

10. X-ray 검색장비의 점검

X-ray 검색장비의 점검은 장비 전문 업체에서 점검하고 관리하고 유지 보수를 실시한다. 근무 시작 전에 보안검색요원은 상기 "11" 항의 응급 조치 및 육안 점검을 실시하여 운영에 차질이 없도록 한다.

X-ray 검색장비의 주 체크포인트는 다음과 같다.

X-ray 검색장비 체크포인트

NO	점검항목	점검방법	점검주기
1	Power 및 O/S Booting 상태확인	육안점검	1회/일간
2	케이블 상태확인	육안점검	
3	비상차단장치 상태 확인	육안점검	
4	고장발생 시 고장내용 모니터에 표출여부 확인	육안점검	
5	장비 상부 표시 Lamp 작동상태 확인	육안점검	
6	입·출구 커튼 부착 Tag제거	육안점검	
7	장비 내부 이음, 이취 상태확인	청각/후각점검	
8	Conveyor Belt 상태 확인	육안점검	
9	Cooling Fan 작동상태 점검	육안점검	
10	터널내 이물질 상태 확인	육안점검	
11	모니터상 Program 및 컴퓨터 작동상태	육안점검	
12	모니터 케이블 상태 점검	육안점검	
13	판독실 이미지 표출 상태확인	육안점검	
14	판독실 부대설비 확인	육안점검	
15	비상차단장치 상태 확인	육안점검	
16	장비 주변정리 및 먼지제거	육안점검	

제2절 문형금속탐지기

1. 문형금속탐지기 정의

1) 문형금속탐지기

문형금속탐지기란 승객이 소지하고 있는 휴대 소지품을 빠른 시간 내에 검사를 하기 위한 자동 탐지 장비를 말한다.

2) 문형금속탐지기의 원리

문형금속탐지기 내부로 금속물체가 지나갈 때 내부 자기장의 변화가 발생한다. 이때 발생하는 자기장을 “와류전류”라 한다.
문형금속탐지기는 이 와류전류의 크기에 따라 감지정도가 달라진다. 즉, 물체의 부피, 형태에 따라 문형금속탐지기의 전류 방향이 변하게 된다. 내부 전류가 변화되는 것을 운영자가 확인 할 수 있도록 알람, 또는 경고등으로 신호를 보내주는 것이다.

3) 문형금속탐지기의 구성

(1) 주 조립품의 앞쪽에 있는 제어패널은 동작되어지는 매개변수 자료입력을 위한 KEY-PAD 그리고 시스템 운영 매개변수를 보여주는 L.D.C 표시패널 내장된 알람 표시패널 ON/OFF KEY S/W로 구성되어 있다.
알람 디스플레이 패널은 문형 틀 통로 그림이 그려져 있으며, 주 조립품은 6개의 분리된 감지영역을 보여주기 위해 LED어레이를 가지고, 12개의 세그먼트 막대그래프는 실시간으로 감지신호의 세기를 보여준다.
또한 적색 LED(ALARM경고) 녹색, LED (준비) 황색, LED (대기)를 포함하고 있다.

모든 전자적인 구성은 주 조립품 내에 내장되어져 있다. 문형금속탐지기는 크게 Pannel(본체), 제어부, 두 개의 구성으로 되어 있다. 본체는 나무의 재질로써 문형의 형태를 갖추고 있고, 내부에 여러 개의 구리로 된 코일들이 내장되어 있다.

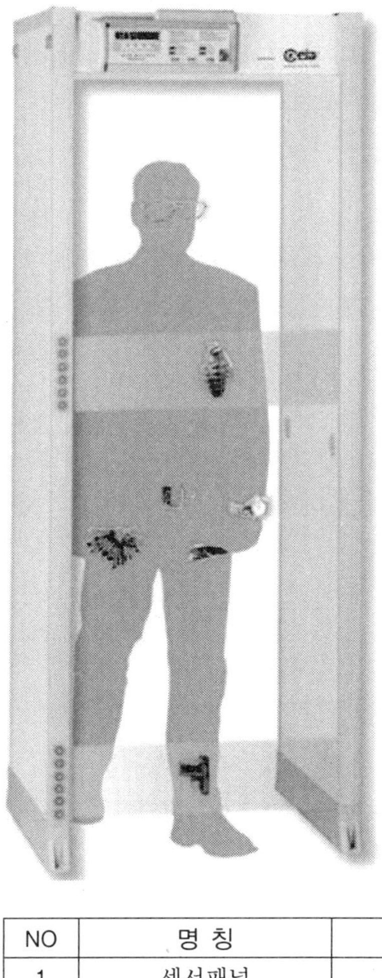

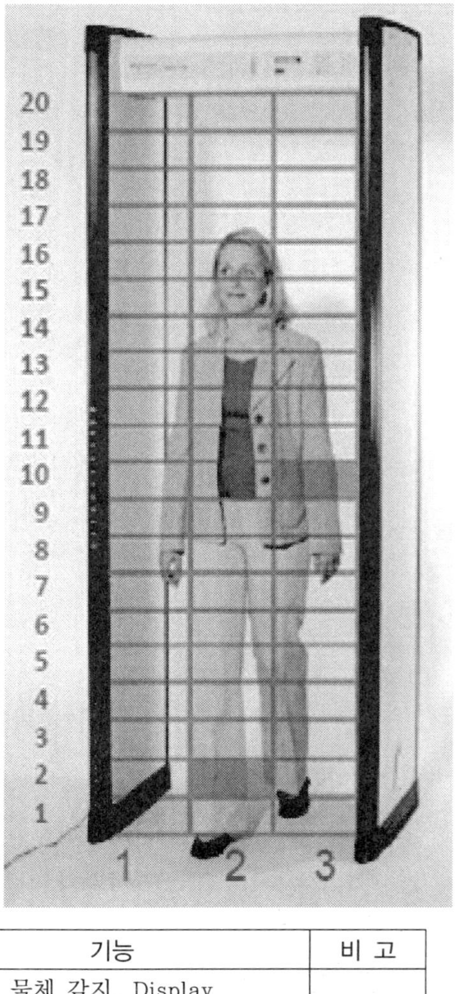

NO	명 칭	기능	비 고
1	센서패널	물체 감지, Display	
2	제어패널	프로그램 조정 및 알람경보	
3	Counter	통과인원 통계	

(2) 문형금속탐지기의 탐지구역은 기본 6개 Zone을 구분되고 있으나 현재에는 프로그램의 개발로 Zone 구역의 의미에 크게 두지 않는 추세이다.

① Controller(제어부) 장비의 ON/Off 및 물체의 감지능력을 setting 하는 프로그램이 내장되어 있다.

인가되지 않은 외부인이 조작할 수 없도록 키-스위치로 보안화 되어 있으며, 장비사별로 조금씩 차이는 있으나 비밀번호, 커버 등으로 이중화하여 사용인가자 외 외부인 또는 비 관련자가 조작할 수 없도록 차단되어 있다. 또한, 장비의 종류에 따라 제어 기능이 탑재 되어 있는 리모콘이 제공되기도 한다.

② 센서패널(Senser Pannel) 문형의 형태로 되어있으며, 통과 좌, 우에 하나씩 1조로 구성되어 있다, 이 패널 내부에는 구리동선으로 된 코일이 여러 가닥으로 내장되어 있다.

좌, 우 패널은 자기장의 형성을 극대화 할 수 있도록 80~90Cm의 폭을 유질하도록 하고, 탐지패널이 뒤틀리거나 흔들려서는 안 된다.

※ 주 의 : 센서패널은 대부분 목재로 제작되어 지고 목재내부에 스티로폼, 아크릴 등으로 코일의 형태를 유지한다. 문형금속탐지기를 장기간 사용하다보면 센서 패널이 “o" 형으로 휘는 증상이 발생한다.(오작동율 증가) 운영자는 일일 점검 때 이 사항을 체크하여 정상적인 검색 업무가 진행되도록 사전에 체크하고 조치되어야 한다.

③ Counter(계수기) 문형금속탐지기를 통과하는 사람의 계수 기능을 한다.

2. 문형금속탐지기의 운영

1) 문형금속탐지기의 상부 제어부에 위치한 키스위치를 오른쪽방향으로 돌리면 장비를 Booting 하면서 Self-Test를 완료한 후 제어패널의 Display 부분에 시스템 사용이 준비완료의 신호를 보내준다.
Self-Test중에는 장비사이로 어떠한 물체도 통과해서는 안 되며, 운영자는 Booting 되는 과정을 완료시까지 장비의 상태를 육안 체크하여야 한다.

NO	명 칭	기능	비 고
1	커버	제어패널의 보호기능	
2	Key-Switch	보안 Key 스위치	
3	표시기	알람의 정도 표시	
4	버튼스위치	프로그램의 조정, 설정	

※ Self-Test 의 기능 :

○ 주변의 노이즈를 실시간으로 체크하는 과정으로 다음과 같은 기능을 실시하고 체크한다.

가. 민감성 조절(Sensitivity regulation)

나. 방해차단(Interference rejection) : 주변의 전파, X-ray 검색장비의 모니터 잡음, 주변 시설의 인터페이스 등을 인식하여 초기화 한다.

3. 문형금속탐지기의 종류

1) 문형금속탐지기는 설치방법, 설치장소, 용도 등에 따라 고정식 문형금속탐지기, 이동식 문형금속탐지기, 야외용 문형금속탐지기 등 크게 3 분류로 구분되어 있다.

○ 고정식 문형금속탐지기 (실내용)

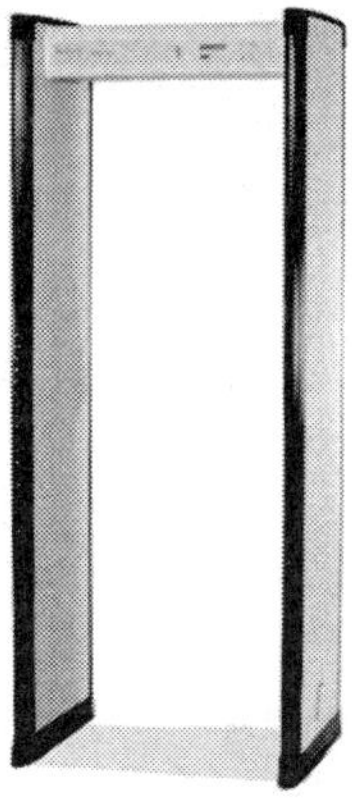

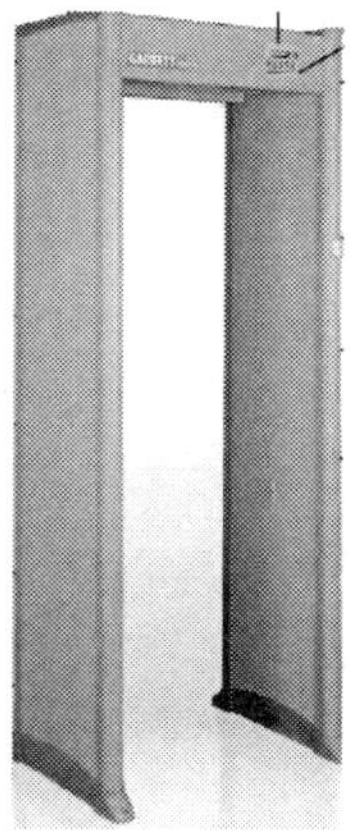

○ 이동식 문형금속탐지기

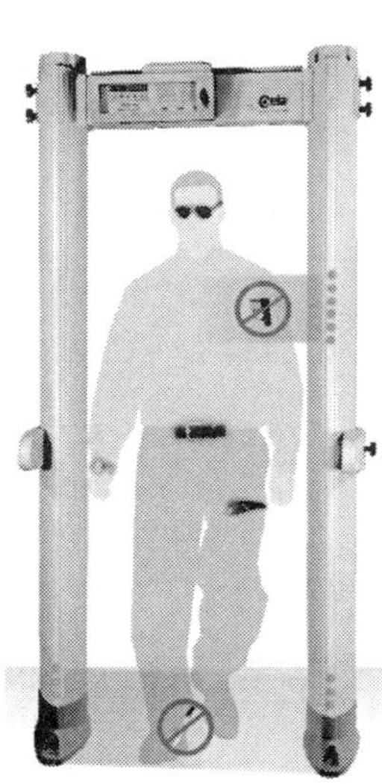

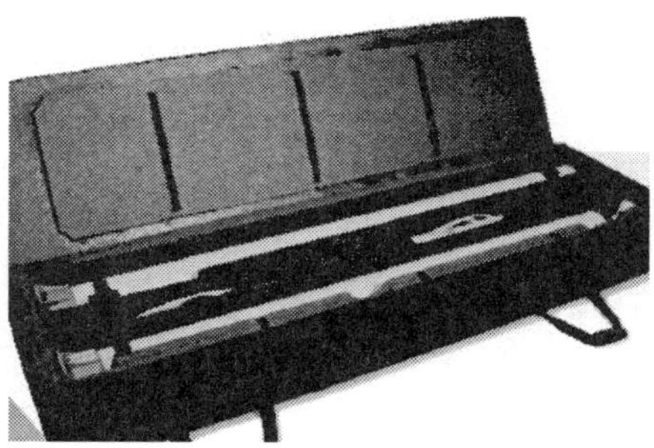

[장비케이스]

○ 야외용 문형금속탐지기 (외부 경호행사, 이벤트 등)

[문형금속탐지기 체크포인트]

<table>
<tr><th>NO</th><th>점검항목</th><th>점검방법</th><th>점검주기</th></tr>
<tr><td>1</td><td>송/수신 패널 상태 점검</td><td>육안점검</td><td rowspan="5">1회/일간</td></tr>
<tr><td>2</td><td>발판 상태 점검(있을 경우)</td><td>육안점검</td></tr>
<tr><td>3</td><td>성능점검(OTP)</td><td>OTP</td></tr>
<tr><td>4</td><td>장비 청소</td><td>육안점검</td></tr>
<tr><td>5</td><td>송수신 케이블 점검</td><td>육안점검</td></tr>
</table>

제3절 휴대용 금속탐지기

1. 휴대용 금속탐지기 정의

1) 휴대용 금속탐지기

휴대용 금속탐지기(Hand Held Meter Detector)란 문형금속탐지기의 검색을 통과한 승객중 경보음이 발생한 승객에 한하여 신체 및 소지품을 정밀검색 하고자 할 때 사용되는 장비이다. 특히 휴대용 금속탐지기는 다른 항공보안장비와는 다르게 운용요원의 검색에 대한 자질/책임과 의무가 검색에 대한 비율이 크다고 볼 수 있다. 장비의 경보는 알람음과 알람 Display로 운용자가 확인 할 수 있도록 설계되어 있어 보다 빠른 검색에 대한 결과를 알려준다.

2) 휴대용 금속탐지기의 원리

휴대용 금속탐지기는 표면에 자기장이 형성되어 있어 금속물체를 접근시킬 때 형성된 자기장의 변화가 발생한다. 이때 발생하는 자기장의 크기에 따라 경보음이 발생하도록 되어 있다.

3) 휴대용 금속탐지기의 구성

(1) 휴대용 금속탐지기의 구성

① 휴대용 금속탐지기는 감지부(Sensor)와 전원부로 구성으로 되어 있다. 본체는 경량의 재질인 플라스틱으로 대부분 막대, 원형의 형태를 갖추고 있고, 내부에 여러 개의 구리로 된 코일들이 내장되어 있다.

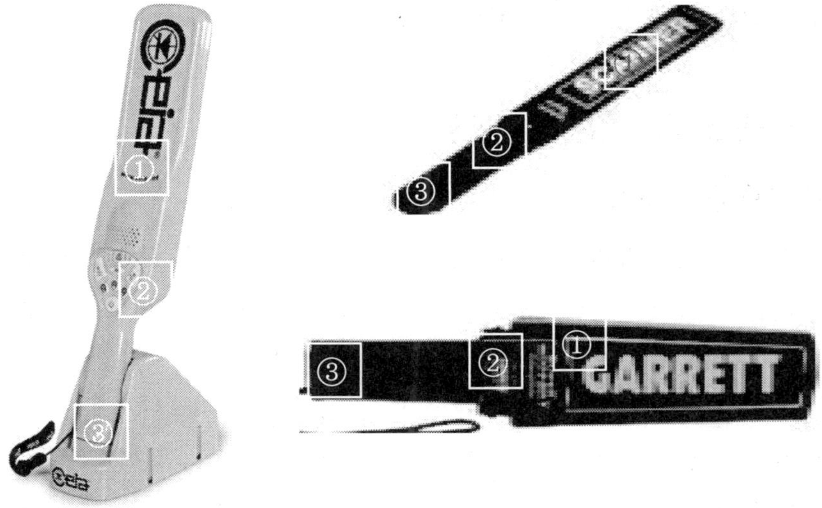

No	명 칭	기 능	비 고
1	Sensor 패널	금속감지기능	
2	전원부	Power On/off	
3	배터리	전원공급	DC 9V

(2) 휴대용 금속탐지기의 운영

① 휴대용 금속탐지기 정면 또는 측면의 스위치를 ON 위치로 돌린다.

② 장비 사용 전 탐지기 표면(약 3~8㎝ 간격)에 비 금속물체 및 금속물체를 교대로 근접하여 경보음 및 LED 디스플레이에 램프가 점등여부를 확인하여야 하며 비금속물체의 경우 경보음과 램프에 점등이 없어야 한다.

장비 사용 전 점검은 최소 3회 이상 반복하여 실시하고 오류가 발생 할 경우 즉시 점검하여야 한다.

③ 보안검색을 실시할 때 승객의 동의를 얻어 보안검색요원을 향해 정면을 향하도록 하고 팔은 좌우로 90도 올리며 다리도 30도 정

도 벌리도록 한다.

④ 신체 머리 부분(12시 방향)에서 시계방향이나 시계반대방향으로 휴대용금속탐지기를 이용하여 신체 주위를 검색하는데 휴대용금속탐지기를 신체에 직접 접촉시키지 않고 약 3~8㎝ 정도 이격하여 옷을 스치듯이 검색을 한다. 이때 주의할 점은 검색요원의 시선과 휴대용금속탐지기가 같이 가도록 한다.

⑤ 신체 정면은 어깨에서 발까지 상하로 이동하며 검색하되, 좌우 간격은 10cm정도 이격하며 좌측과 우측을 나누어 검색을 실시한다.

⑥ 보안검색요원이 신체의 후면은 신체의 전면과 같은 방법으로 검색을 실시한다.

⑦ 유의 할 사항은 양쪽 신발의 내 · 외부, 앞 · 뒤쪽 등 8개 부분에 대해 확인하며, 특히 발 및 발목주위를 특별히 신경을 써서 검색을 하고 필요시 촉수검색을 한다.

⑧ 휴대용금속탐지기 경보가 울릴 때에는 경보가 발생한 부위의 물체를 제거하도록 하고 제거된 물체가 반입 금지물품인지 확인한 후에 경보가 발생한 지점부터 다시 검색을 한다.

⑨ 신체검색 순서는 아래 그림을 참고한다.

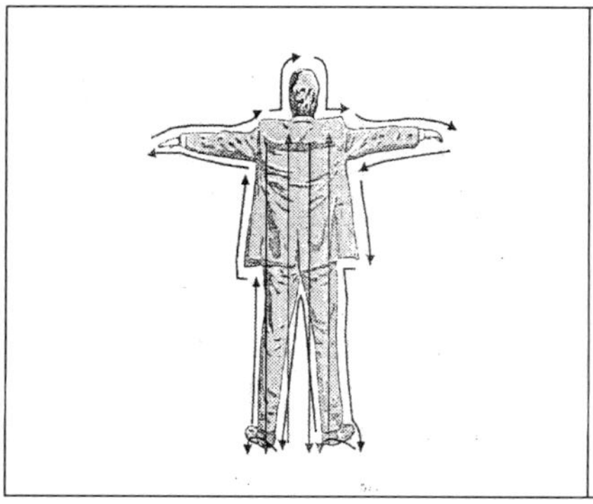

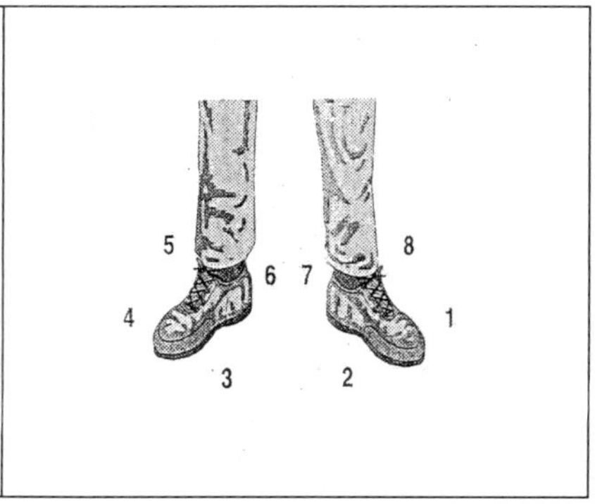

(3) 휴대용 금속탐지기 주의사항

① 휴대용금속탐지기를 사용 중에 떨어뜨리거나 충격이 가하지 않도록 주의하여 사용해야 하며, 충격이 가해질 경우에 감도 및 코일의 변형이 발생하여 고장의 원인이 될 수 있다.

② 사용 후에는 스위치를 OFF하고 필요시 충전하여야 한다.

③ 휴대용금속탐지기가 오경보 발생 시 배터리 충전상태를 확인하고 필요시 충전을 하여야 한다.

④ 만약 충전이 되지 않을 경우에는 배터리를 교체하여야 한다.

⑤ 배터리로 인한 오경보를 제외한 장애가 발생 시 유지보수를 받아야 한다.

[휴대용 금속탐지기 체크포인트]

NO	점검항목	점검방법	점검주기
1	기능버튼 작동 상태점검	육안점검	1일
2	감지 감도 상태점검	테스트피스	

Chapter. 4

폭발물 검색장비

제4장 폭발물 검색장비

제1절 폭발물흔적탐지기

1. 폭발물흔적탐지기 정의

폭발물흔적탐지기(Explosive Trace Detector)는 X-ray 검색을 마친 물품 중에 폭발물로 의심되는 경우 폭발물흔적탐지기를 이용하여 검색을 하고, 폭발물흔적탐지의 방법은 화학성분을 흡입 화학적인 이온분석 방법 등을 이용 폭발물 또는 폭발성분의 흔적을 탐지하는 장비이다.

2. 폭발물흔적탐지기 원리

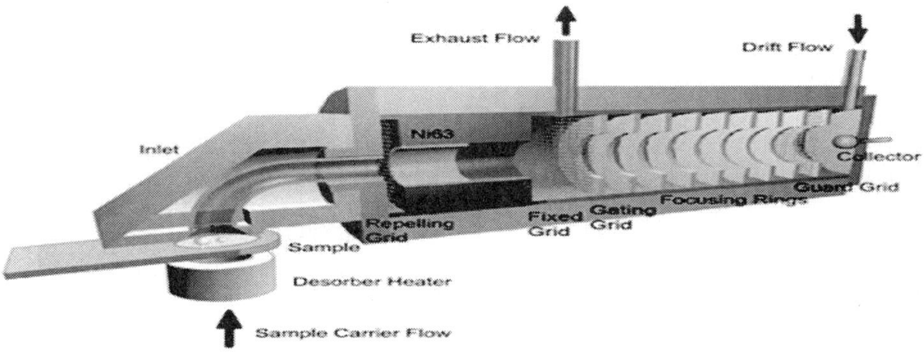

[그림 1 이온분석의 원리]

가방, 의류 등의 표면에 흡수 및 달라붙어 있는 기체 또는 입자를 흡입하면 반응구역(진공상태)에 이원화 공급원인 베타 방출제 입자가 샘플 흐름 속의 기체와 충돌함으로써 양이온과 음이온이 형성되고 음극선을 띠는 이온은 유동지역으로 이동하게 되는데 이때 이온들은 각각의 특성에 따라 각기 다른 속도로 이동 유동시간에 수집기 전극에 도달한다. 각기 다른 질량을 갖는 이온들은 플라즈마그램의 유동스펙트럼을 생성하게 된다. 이 스펙트럼에 따라 장비는 반응하게 된다. (장비는 제작사에서 출고 시 기본 물질들은 프로그램화 하여 내장되어 있다)

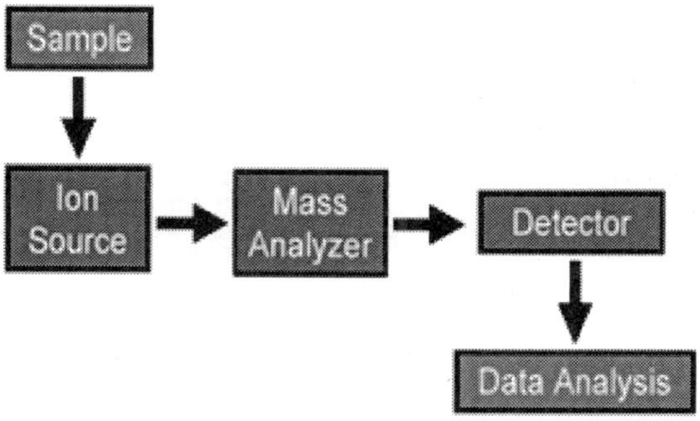

[이온분석표]

3. 폭발물 흔적 탐지기의 종류

국내에는 제작사별로 다양한 폭발물 흔적 탐지기가 공급되어 사용 중에 있다. 공급사별로 장비의 형태, 운영방법 등은 다양하지만 기능적으로는 거의 동일하다고 볼 수 있을 것이다.

1) 고정식 폭발물 흔적 탐지기의 종류

고정식 폭발물 흔적 탐지기는 장비를 휴대하지 않고 샘플링 가능한 휴대용 샘플 채취기를 이용하여 사용하는 장비이다.

NO	장비사진	Model 및 제원	탐지방식
1		Itemiser DX 480(L)*180(H)*460(D) 제작국 : 프랑스	이중 IMS 튜브 사용방식이중 IMS 튜브 사용방식
2		Ionscan 500DT 400(L)*310(H)*400(D) 제작국 :캐나다	단일 IMS 튜브 사용방식
3	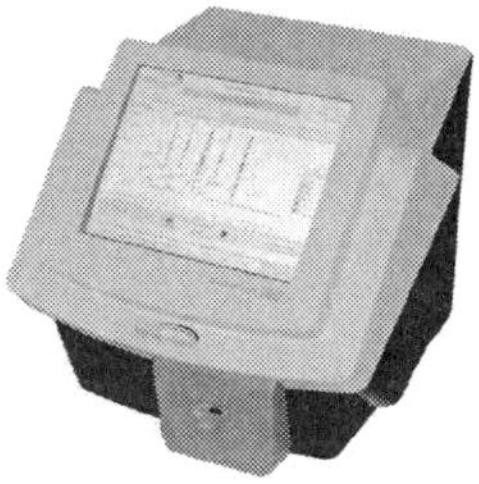	QS-B220 280(L)*318(H)*343(D) 제작국 : 미국	단일 IMS 튜브 사용방식

2) Itemiser DX의 구성

[장비 전면]

① 터치스크린: 모든 메뉴 및 기능을 표시합니다. 원하는 옵션을 클릭하려면 화면을 터치하십시오. 키보드가 필요하다면, 키보드 이미지를 눌러 사용하십시오.

② 디조버 투입구: 샘플 트랩(Sample Trap)을 넣으면 디조버가 이를 탐지하기 시작합니다.
먼저 트랩을 가열시켜 해당 입자를 기화시킵니다. 장비는 이렇게 기화된 입자들을 탐지하여 폭발물 및 마약류 물질이 들어있는지 분석합니다.

③ 프린터: 감열 프린터(Thermal Printer)는Warning, Alarm과 같은 데이터를 인쇄합니다.

④ 손잡이: 터치스크린을 접고 손잡이를 이용하여 편리하게 장비를 이동시킬 수 있습니다.

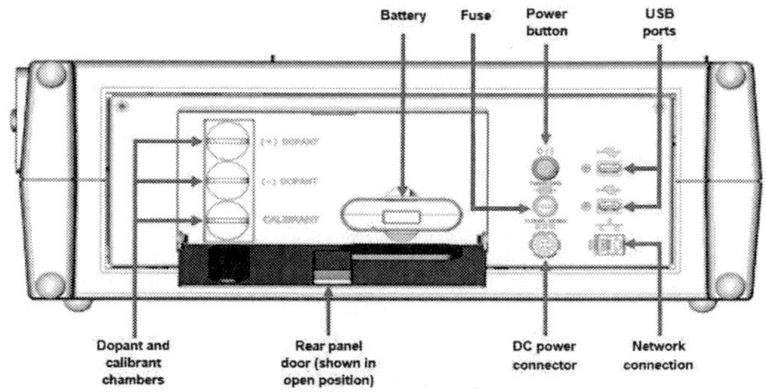

[장비후면]

⑤ DC power 커넥터 : 장비 파워 서플라이나 자동차 파워 어댑터(옵션 장비)로부터 전력을 공급받습니다.

⑥ 전원 버튼 : 전원 버튼을 눌러 장비를 켭니다. 초록색 불이 들어옵니다. 다시 전원 버튼을 눌러 장비를 끕니다(항상 바른 셧다운 절차를 따르십시오). 장치가 꺼지면 초록색 불이 나갑니다.

※ 긴 시간 동안 장비를 사용하지 않는 한 장비를 켜 두십시오.
디텍터 오염을 방지하고 장비 워밍업을 할 필요가 없습니다.

⑦ 도판과 calibrant 관 : 도판과 calibrant 튜브를 교체할 때 사용

2-1) Itemiser DX의 사양

① 환경

작동 온도: -10~55o C, 보관 온도: -10~55o C,습도: 0~95% (non-condensing), 보호 등급: IP20

② 입력: 100-240 VAC, ~1.8 Amps, 47-63 Hz

출력: 15 VDC, 10 Amps, 150 W

2-2) 장비의 가동(로그인)

① User Name에 ID를 입력한다.

② Password에 패스워드를 입력한다.

③ Log On을 실시한다.

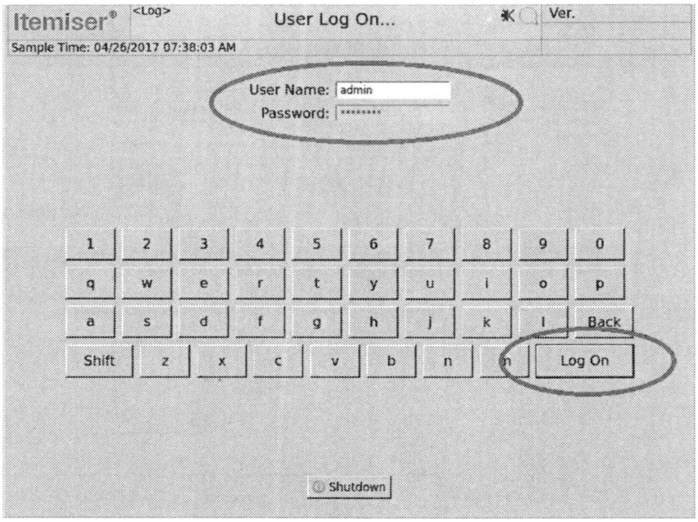

로그인을 하면, 장비의 온도가 작동온도에 맞춰질 때까지 Stabilizing 메시지가 타이머와 함께 나온다.

○ Calibration Warning 메시지가 나올 때까지 기다린다.

○ 수동 교정(Manual Calibration)을 실행

○ 기본 교정값 (Default calibration factors)을 설정.

○ 내부 교정(Internal Calibrate)을 실행.

○ 기본 교정값 (default calibration factors)을 설정.

참고: 장비의 보안을 위하여, 초기 설치 및 교육에 사용된 암호는 최대한 빠른 시일 내에 변경하십시오.

2-3) 메인화면 및 설명

메인 화면은 Itemiser®4DX와 관련한 모든 작업 및 기능의 시작을 알린다. 로그인을 하거나, 특정 작업을 완료할 때마다 메인 화면이 디스플레이 된다. 메인 화면의 상단 중앙 부분에는 장비의 상태를 표시하는 Status bar가 있다.

No Alarm - Ready 메시지가 상태바에 표시되면 장비의 작동 준비가 완료된 상태이다.

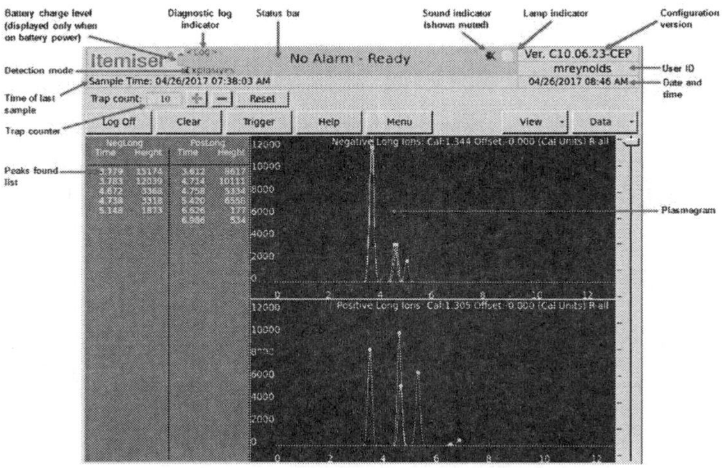

항 목	설 명
Battery charge level	건전지 잔량을 표시(건전지 사용 중에만 표시 됨)
Clear	이 버튼을 눌러 장비를 준비시키거나, recall한 정보를 초기화 하거나 트랩을 초기화 한다
Configuration version	장비가 사용 중인 소프트웨어 버전을 표시합니다. 필요한 권한이 있는 경우 이곳을 눌러 소프트웨어 버전 및 기타 작동 세부 정보를 볼 수 있다
Data	Plasmagram view에 표시된 데이터를 변경하려면 이 버튼을 누르십시오.

항 목	설 명
Detection mode	장비가 폭발물을 탐지하는지 마약을 탐지하는지 표시합니다.
Lamp indicator	램프가 켜져 있는지 (노란색 표시) 아니면 꺼져 있는지 (회색 표시) 표시합니다. 램프 수명이 다할수록 부분적으로 노란색, 회색으로 표시됩니다. 램프 수명이 다할수록 회색 부분이 점차적으로 커지며, 눌러서 램프 사용 정보와 남은 수명을 볼 수 있습니다
Last sample time	마지막 샘플링 시간을 표시합니다.
Log Off	누르면 장비를 로그오프합니다.
〈Log〉	Diagnostic and Logging 기능의 상태를 표시합니다.
Menu	추가 시스템 기능을 선택합니다.
Peaks found list	Plasmagram view의 숫자 정보를 표시합니다.
Plasmagram	Plasmagram view의 숫자 정보를 표시합니다.
Sound indicator	장비 스피커가 켜져 있는지 꺼져 있는지 표시한다. X가 표시되면 음 소거 상태입니다. 스피커 기호를 누르면 세부 제어창이 나온다.
Status bar	장비의 상태를 표시. • 녹색 - 장비 작동 준비 • 노랑 - 장비 작업중, 사용자 작업 필요 • 적색 - 경보 조건 만족 (폭발물 또는 마약 감지)
Trap counter	자동으로 장비가 처리한 샘플 트랩의 수를 셉니다. 플러스, 마이너스 기호로 수를 조절할 수 있습니다. Reset을 누르면 수가 초기화됩니다.
Trigger	이 버튼을 눌러 검사와 유지보수를 위한 샘플링 절차를 시작합니다.
User name and ID	현재 로그온 상태의 사용자 ID와 등급을 표시합니다.
View	이 버튼을 눌러 장비를 준비시키거나, recall한 정보를 초기화 하거나 트랩을 초기화 한다.

만약 User가 접근 권한을 가지고 있다면, Software version을 눌러 탐지 모드, 탐지가능 물질(Substance) 설정, 탐지 알고리즘, 운영시스템 이미지 버전, GUI(Graphical User Interface)버전, 도움말 버전 등을 확인할 수 있다. 버전 번호(우측 상단 Ver. 부분)에 Custom* 이 표시된다면, 이는 탐지가능물질(Substance)의 기본설정이 변경되었다는 것을 의미한다.

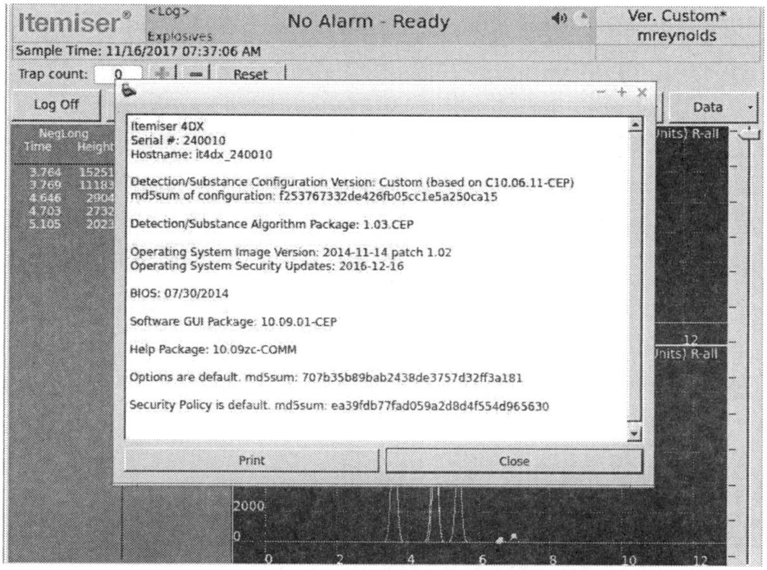

① Clear 버튼

Clear 는 3가지 기능을 합니다.

- ○ alarm 상태 제거: Explosives Detected, Narcotics Detected, Contaminant Detected와 같은 Alarm메시지가 나올 때, Clear를 눌러 해당 Alarm메시지를 없애고 장비를 다음 작업을 위한 준비상태로 돌린다.
- ○ Closing recalled files—장비가 recall한 파일을 표시하고 있다면Clear 버튼을 눌러 실시간 결과 화면으로 돌아온다.
- ○ Cleaning traps—만약 깨끗한 트랩이 잘못된 warning 메시지를 낼 경우 Clear를 눌러 오염물질을 제거하고 샘플링을 할 수 있도록 합니다.

② Clearing an Alarm

○ 경보 메시지가 표시되면 아래와 같은 방법을 장비운용 담당하는 조직의 해결 방법을 따라 조치한다.

○ Options 설정 기본값을 바꾸지 않았다면 장비는 메시지를 자동으로 기록한다. 조치방법을 따라 조치를 한 후 장비 사용을 위해 경보를 해제한다.

○ 샘플링 시 사용한 샘플 트랩과 장갑을 폐기하십시오.

○ 알코올 솜으로 주변의 오염물질을 닦으십시오.

○ 새 깨끗하고 가루가 없는 장갑을 끼십시오.

○ Clear를 누르십시오.

○ 몇 초간 Clearing 메시지가 표시한다.

○ Sampling... 메시지가 약8초 표시한다.

○ Insert Clean Trap 메시지가 표시되면 새 샘플 트랩을 디조버 투입구에 삽입한다.

○ Sampling. 메시지가 약 8초 표시된다.

○ Please Remove Sample 메시지가 표시되면 샘플트랩을 제거

○ Clearing 메시지가 몇 초간 표시된 후에 No Alarm - Ready 표시된다.

○ 만약 Clearing, Sampling, Insert Clean Trap 메시지가 대신 표시되면 No Alarm - Ready 메시지가 나올 때까지 위 절차를 반복한다.

○ Clear를 중단하려면 Stop을 누른다.

○ 여러 번 경보 메시지를 해제 하려해도 되지 않으면 Thermal Clean 절차를 실행하십시오. 또는 유지보수부서에 연락한다.

○ No Alarm - Ready 메시지가 표시되면 장비는 다음 샘플링에 준비된 상태입니다.

③ Clear Sample Trap

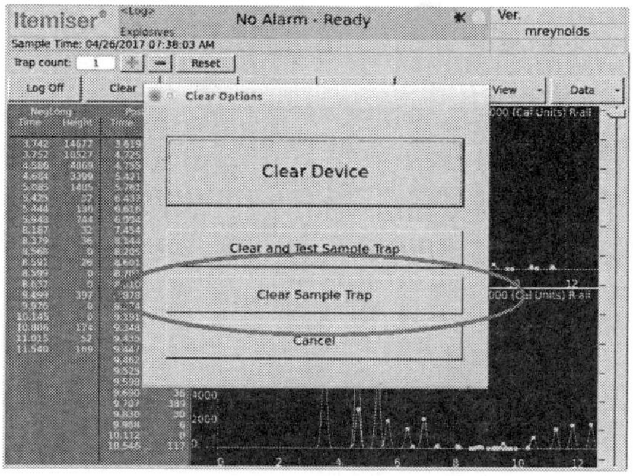

○ Insert Sample Trap 메시지가 표시된다.

○ 디조버에 트랩을 삽입한다.

○ Clearing Trap 메시지가 표시되고 10초 타이머가 시작된다.

○ No Alarm - Ready 메시지가 나오면 트랩을 빼고 그 트랩을 사용할 수 있다.

○ No Alarm - Ready 메시지가 나오지 않으면 장비의 문제일 수 있습니다. 트랩을 빼고 유지보수나 기술 지원팀에 즉시 연락하십시오. 장비 운용 전 장비 Clear를 실행한다.

④ Data

○ Data 버튼을 눌러 Plasmagram View에서 추가적인 플러스, 마이너스 이온 정보를 확인할 수 있습니다.

○ Supervisor, Maintenance, Administrator 등급의 계정들만 이 기능을 사용할 수 있습니다.

⑤ Help

언제든지 Help 버튼을 눌러 온라인 도움말을 볼 수 있습니다.

온라인 도움말은 Itemiser® 4DX의 기능에 대하여 단계별로 설명하고 있습니다.

⑥ Lamp Indicator

○ Lamp indicator는 다양한 기능을 가지고 있다.
○ On/Off—램프의 전원이 꺼졌는지 켜졌는지 확인할 수 있다.
○ Lifetime—남은 수명표시 (램프가 켜진 상태 일 때만 확인가능)
○ Status—램프의 상세정보 표시

이 기능들은 램프 수명을 확인하는 유용한 기능이다. 교환이 필요한지 정확히 알려면 추가 정보가 필요합니다.

⑦ Lamp On/Off

Maintenance와 Administrator 등급의 사용자는 Menu-〉 Toggle Lamp을 눌러 램프를 켜고 끌 수 있습니다. 이 기능을 사용할 때 Lamp indicator의 표시가 달라진다.

 켜진 상태

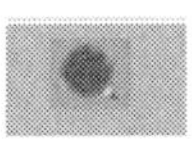 꺼진 상태 노트: 회색 표시

※ 램프가 켜지면 남은 수명을 대략적으로 표시한다.

⑧ Lamp Lifetime

Lamp Indicator는 남은 램프 수명을 대략적으로 표시한다. 이는 램프가 켜진 상태일 때만 표시되며, 램프가 사용됨에 따라 표시되는 색이 점차적으로 회색으로 변해간다.

⑨ log Off

Log Off 버튼을 눌러 로그오프합니다. 장비를 사용하지 않거나 방치할 때 항상 로그오프한다.

○ Log Off를 누른다.

○ 확인창이 나옵니다.

○ Yes를 누르세요.

장비에서 로그오프되고 User Log On... 창이 나타난다.

⑩ Shutting Down the Device

유지보수를 할 때나 긴 시간동안 장비를 사용하지 않을 때만 장비를 셧다운 한다. 장비는 켜져 있을 때 오염과 수분 응축이 방지되어 최고로 잘 작동되며, 워밍업 시간이 필요하지 않는다.

○ 로그오프 하십시오.

○ Shutdown을 누르세요.

○ Shutdown Reason Dialog 창이 나타난다.

○ Shutdown하는 이유를 체크합니다. 하나 이상의 이유를 체크할 수 있다.

○ 코멘트나 추가적인 정보를 입력하면 후에 기술 지원팀이 문제를 진단하고 해결하는데 도움이 된다.

3) IONSCAN 500DT 운영방법

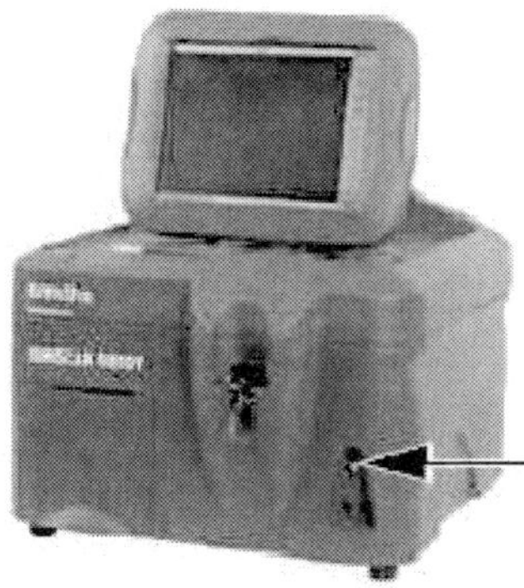

1전원 스위치

① 장비 하단에 있는 버튼을 전원이 들어올 때까지 길게 눌러준다(약 10초).

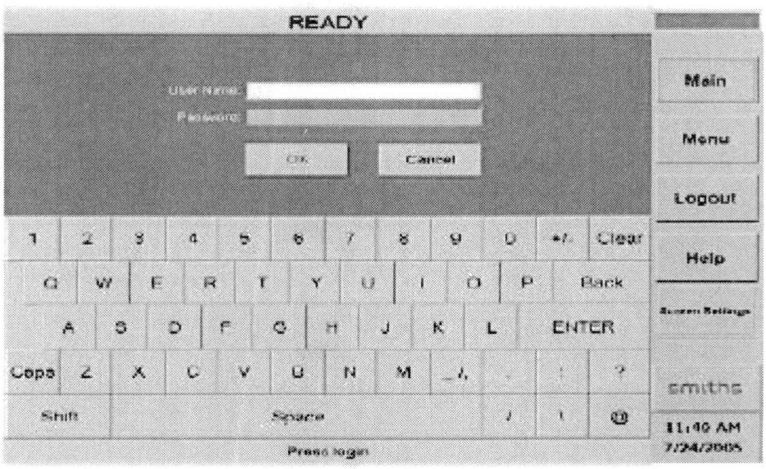

② Login 버튼을 눌러 로그인을 한다.

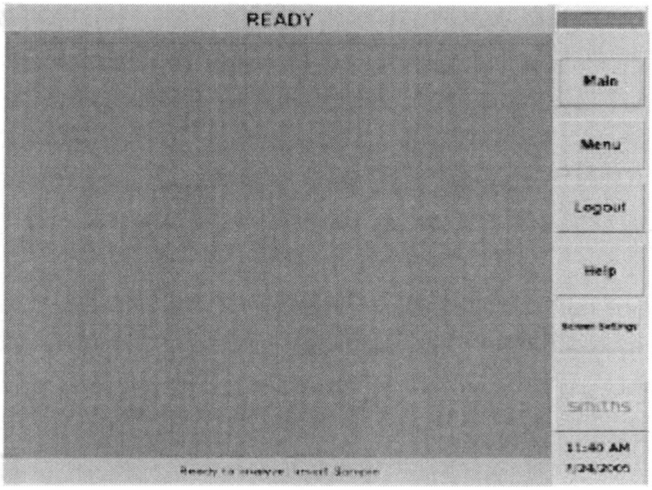

③ 로그인후 분석준비가 되면 화면 상하 테두리색상이 황색에서 청색으로 변한다(예열시간 약 30분).

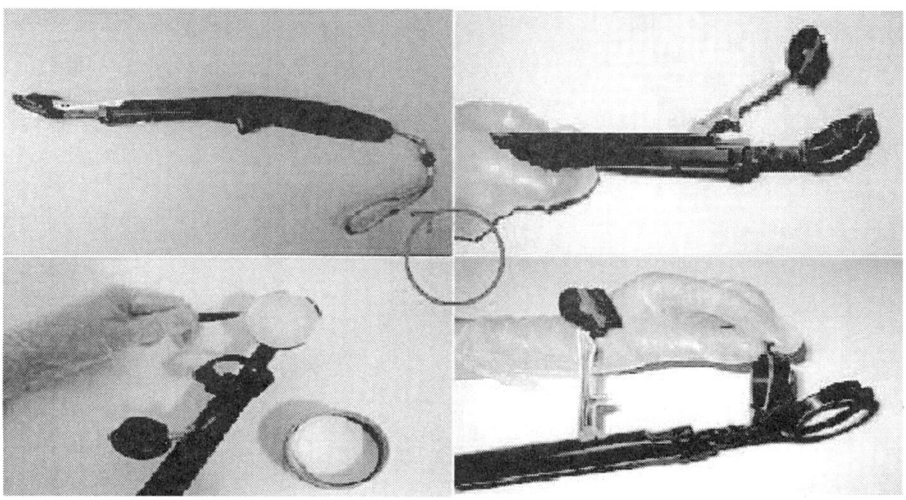

④ 샘플을 채집하기 위해서는 샘플링 막대에 스왑을 장착 후 채집을 해야 한다. 샘플링 막대에 있는 손잡이를 당겨 세이퍼를 올린 다음 프레임을 손으로 들어 올려 스왑을 장착 후 원위치 시킨다.

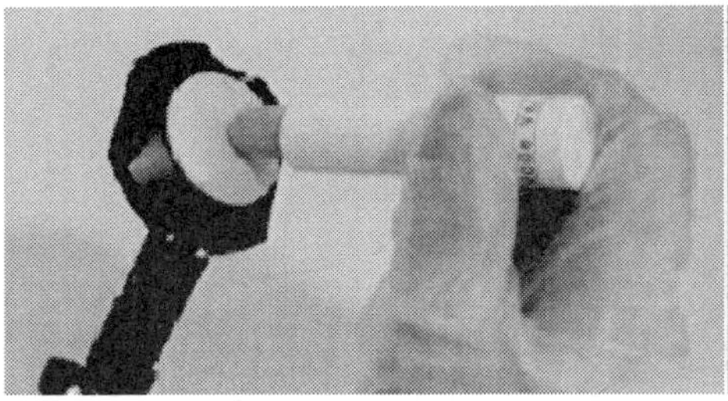

⑤ 샘플채집은 가루나 알약류는 스왑 중앙부분에 소량 채집.
의심되는 물건은 사람손이 많이 닿는 곳을 중점으로 샘플링막대로 문질러 채집.

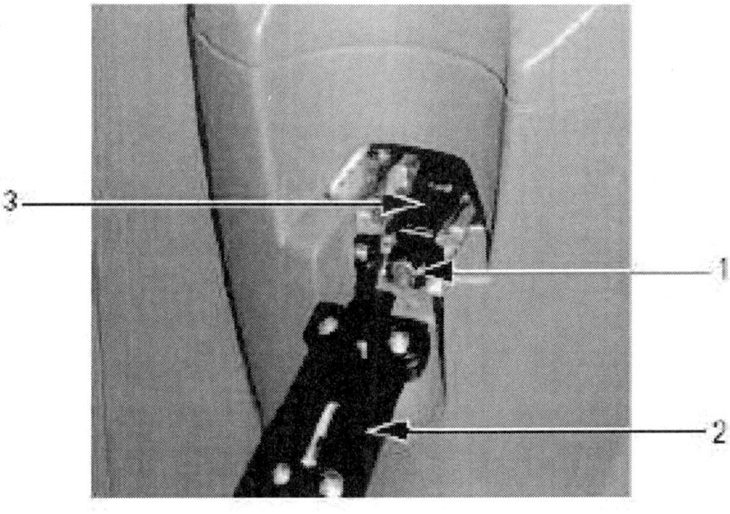

⑥ 샘플링막대에 손잡이를 당겨 세이퍼가 올려진 상태에서 채집된 부분이 하늘을 향하게 한 후 장비중앙에 보이는 투입구에 샘플링 막대를

넣은 후 프레임을 제거하면 아암과 분리가 되면서 자동적으로 분석이 시작된다.(분석 후 샘플막대를 아암에 밀착시켜 붙인 후 제거해야 한다.)

주의

샘플 삽입 시 무리한 힘을 사용하여 넣지 말 것!

- 샘플링막대 프레임과 아암 자석
- 샘플링막대 아암
- 샘플링막대 프레임

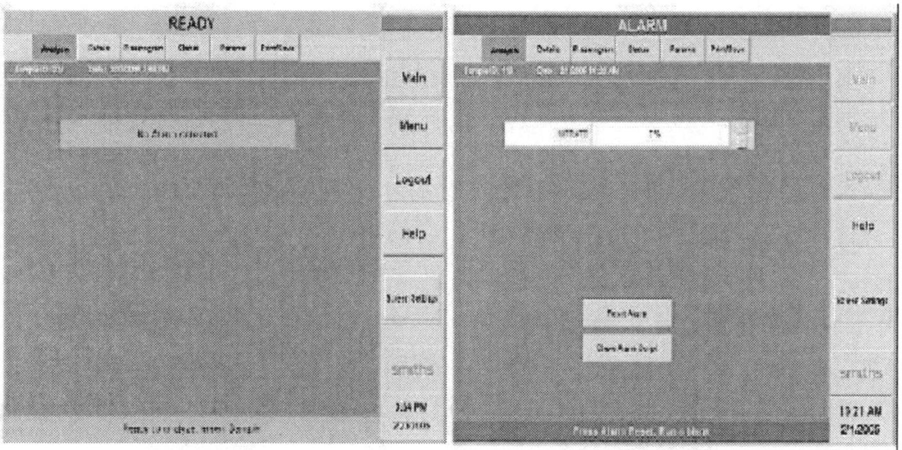

⑦ 분석 후 결과에 따라 No Alarm과 Alarm 표시가 된다.

○ No Alarm시 깨끗하다는 표시이므로 다음 샘플을 분석할 수 있다.

○ Alarm시 화면이 경보음과 함께 적색을 띄고 어떠한 물질에 반응했는지 화면 표시가 된다.

○ Alarm시 Reset Alarm 〉 Cancel Clear Down 누름.

○ 상단 메뉴중 Details 버튼을 눌러 탐지된 물질에 대한 정보를 확인할 수 있다.

※ 알람 시 메시지확인 하는 방법

○ Channel : 식별된 채널명

○ Max,A : 해당 채널의 최대 증폭 수치 높을수록 물질의 강도도 큼

○ Delta : 피크가 프로그램 된 위치에 얼마나 근접한지 측정된 수치 (±60이내)

○ #Seg : 피크가 검출된 세그먼트의 수 (10 이상)

⑧ Alarm경보 후 사용 시 반드시 사용했던 스왑은 버리고 새로운 스왑을 사용해야하며 장비청결도와 정확한 분석을 위해 Clean Cycle을 해주어야 한다.

○ 깨끗한 스왑으로 장착 후 연속 2회 No Alarm 문구가 나오면 청소가 완료됨을 알 수 있다.

⑨ Menu에서 Samples를 선택하면 분석했던 결과를 확인 및 프린트가 가능하다.

⑩ 장비사용을 다하였으면 Menu에서 System Down을 누르면 전원을 끌 수 있다.

○ System Down을 누르면 백업에 대한 창이 뜨는데 이는 필요에 따라 선택하면 된다.

4) QS-B220의 구성

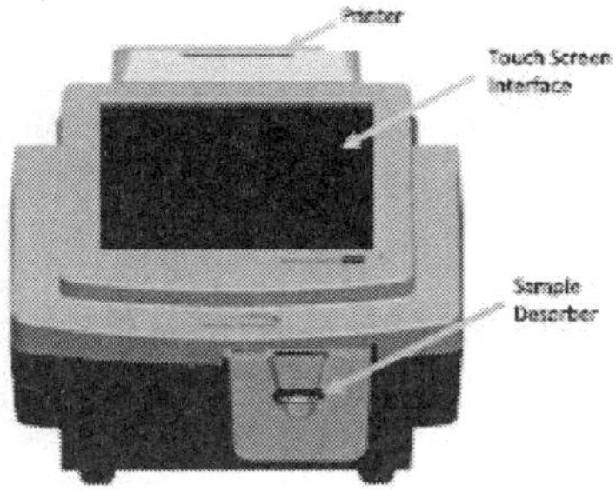

[정면]

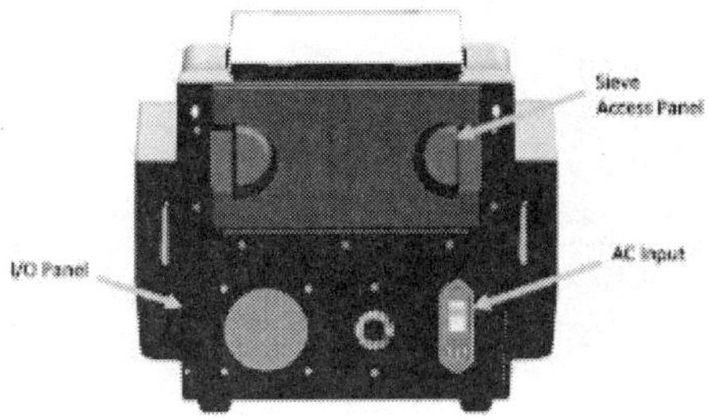

[후면]

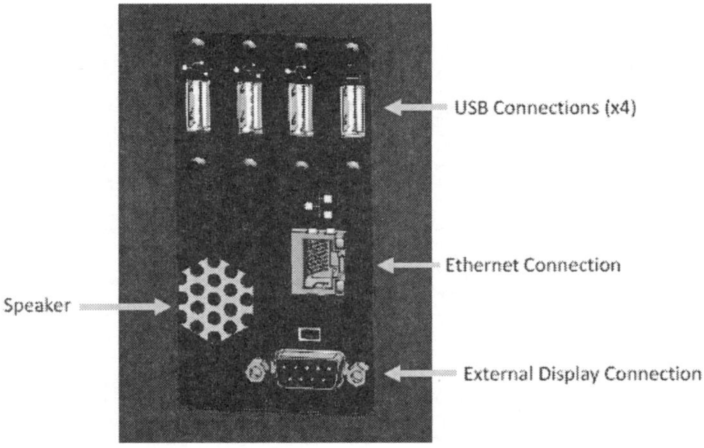

4-1) 시스템 켜기

QS-B220 전원코드는 기기의 뒷면에 있는 AC 입력박스에 붙어있다. 전선이 기기에 안전하게 연결되었다는 것과 QS-B220 주변에서 일어나는 움직임에 흔들리지 않는지 확실하게 확인해야 한다.

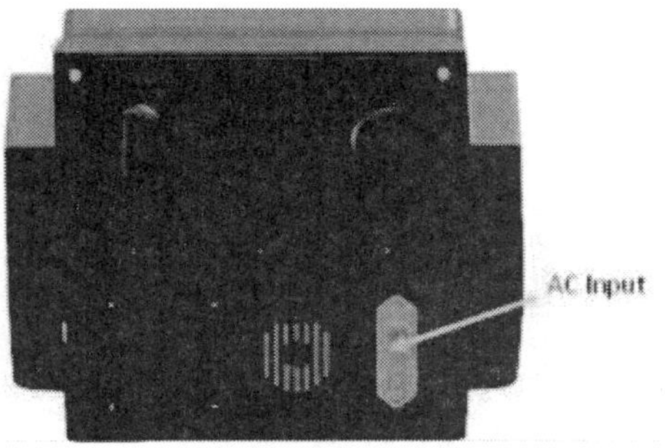

[AC 입력 위치] [전원 코드] [전원스위치]

[주의] 보호접지 콘센트에만 시스템 플러그가 꼽혔는지 확인할 것.

[주의] 부적합한 등급의 코드를 사용하지 말 것. 코드는 4amps 또는 그 이상 등급이어야 한다.

① 전원코드를 QS-B220의 뒤에 꼽는다.

② 전원코드의 다른 끝을 보호된 접지콘센트에 꼽는다.

③ 패널에 있는 하얀색 스위치의 상반부를 누른다.

4-2) 로그인 및 준비설명

① [사용자 ID] 다음에 있는 박스를 터치한다. 박스의 외곽선이 두꺼우면 시스템은 사용자 ID가 입력될 준비가 되었다.

② 사용자명을 입력하기 위해 터치스크린 키보드를 사용.

③ [비밀번호] 다음에 있는 박스를 터치한다. 비밀번호 필드의 외곽선이 두꺼우면 시스템은 비밀번호가 입력될 준비가 되었다.

④ 비밀번호를 입력하기 위해 터치스크린 키보드를 사용.

⑤ 완료 시 좌측하단부에 있는 로그인 버튼이나 엔터키를 터치한다.

⑥ QS-B220가 작동온도에 이르지 않았다면 시스템은 준비(warm-up) 화면을 표시 되며, 준비시간이 경과하도록 기다리거나 메인 메뉴

로 나아가기 위해 “메인 메뉴”를 누르고 이면에서 준비(예열)는 계속되게 한다.

⑦ 일단 QS-B220가 작동온도에 도달하면 시스템은 자동으로 교정을 실시할 것이다. QS-B220가 교정을 통과하면 시스템을 샘플을 시험할 준비(Ready to Sample) 상태로 가져가기 위해 검증을 실시한다.

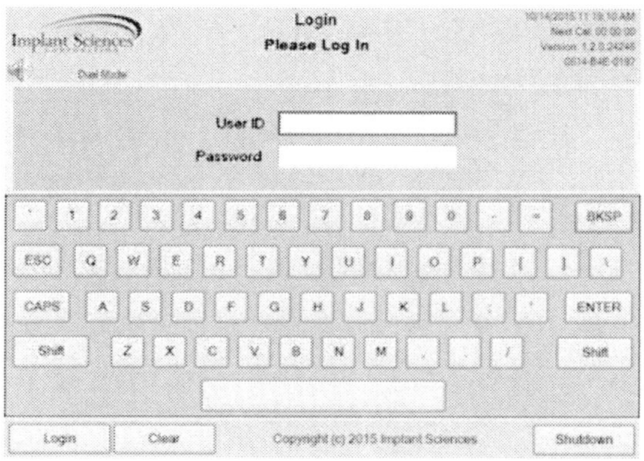

시스템이 준비를 완료해야 교정 및 샘플링을 할 수 있다. 첫 시작(cold start)에서 준비시간은 보통 30분이다.

이 시간 동안 시스템이 적절한 가동온도에 이르고 탐지를 위해 준비된다. 시스템은 자동으로 준비가 완료되면 사용자에게 알려준다.

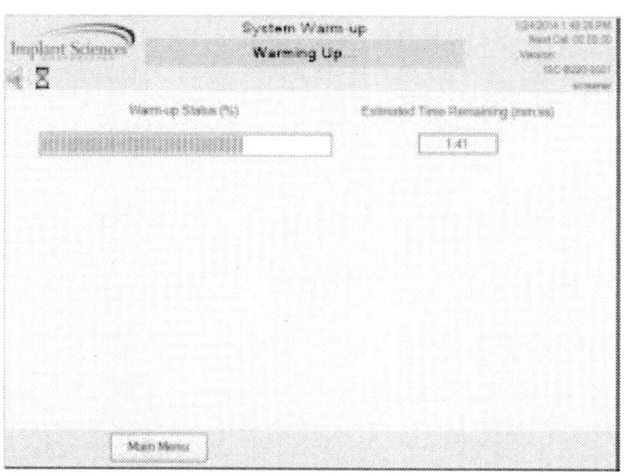

[시스템 워밍업 화면]

※ 시스템 준비시간은 시스템 전원이 꺼져 있던 시간의 길이에 따라 다르지만 보통 30분 이내이다. 시스템이 준비된 후 자동으로 교정을 시작할 것이며, 그 후에는 검증이 필요하다(Verification Required)는 메시지를 표시할 것이다. 검증이 완료되면 시스템은 운용준비가 되었음(Ready to Sample)을 표시하는 상태막대가 있는 메인 메뉴를 표시할 것이다.

4-3) 로그아웃

시스템 보안을 유지하기 위하여 QS-B220은 휴면 시간에는 현재 사용자를 로그아웃 하는 자동 로그아웃 기능이 있다. 자동 로그아웃시간은 공장에서 15분으로 설정하였다. 자동 로그아웃은 설정메뉴에서 관리자에 의해 시간이 변경될 수 있다.

(1) 로그아웃설명

○ 좌측 하단부에 있는 뒤로 가기(〈Back) 버튼을 사용하여 메인 화면으로 찾아간다.
○ 좌측 하단부에 있는 로그아웃 버튼을 누른다.
○ 화면에 "로그아웃하기를 원하는 것이 확실합니까"라고 표시되면 '예'를 누른다.

4-4) 시스템 전원 끄기

① 전원 끄기 설명
② 메인 화면으로 간다.
③ 종료(Shutdown)버튼을 누른다.
④ 시스템 화면이 꺼지면 QS-B220의 뒷면에 있는 AC 패널을 찾아서 하얀색 스위치의 아랫부분을 누른다.

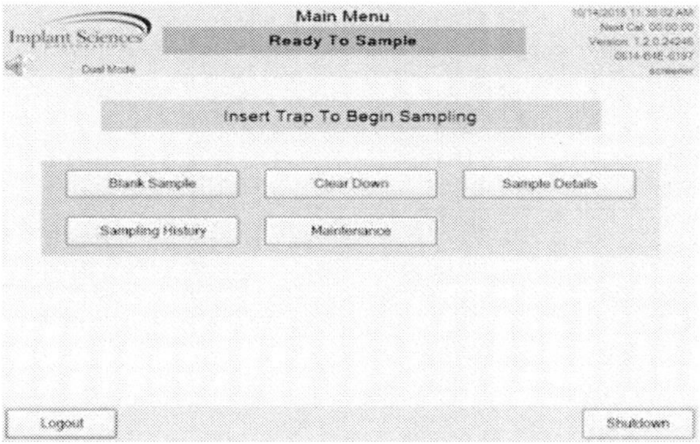

[종료 버튼(Shutdown) 화면]

[전원 스위치]

4-5) 시스템 운용 준비

시스템 운용 준비 절차는 아래와 같다.

① 장비의 전원을 켜고, 지정된 아이디와 비밀번호로 로그인 한다.

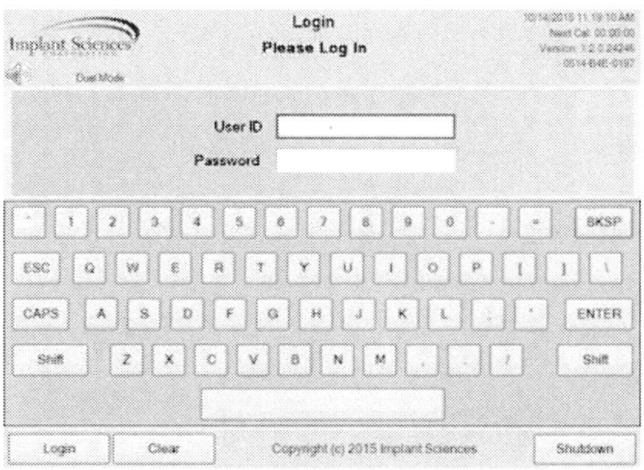

[로그인 화면]

② 로그인 후 워밍업이 시작 된다.

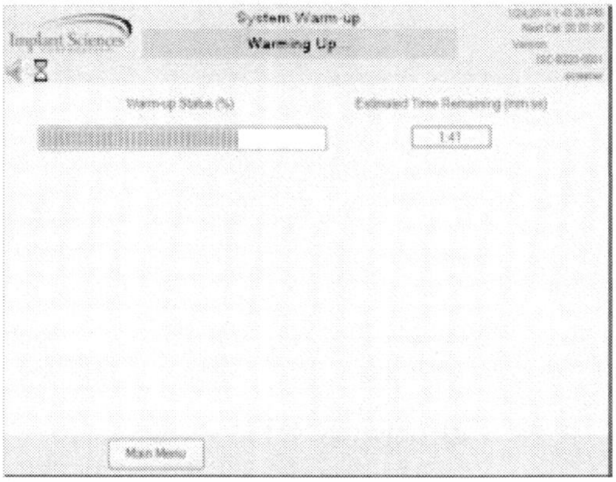

[시스템 워밍업 화면]

③ 워밍업이 완료 후 자동 교정이 실시되며, 만약 자동 교정이 실패시 문제 해결 장을 참조 바랍니다.

④ 자동 교정 완료 후 검증이 요구되며, 검증 완료시 시스템은 샘플을 시험할 준비가 되었음(Ready to Sample)을 표시하는 상태막대가 있는 메인 메뉴를 표시할 것이다.

[검증 요청 화면]

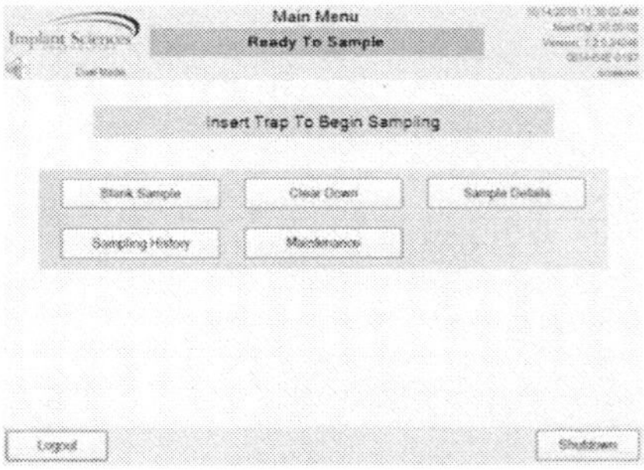

[운용 준비 화면]

4-6) 대기 (Standby) 모드

건조제(sieve)와 같은 시스템 소모품의 수명을 늘리기 위하여 QS-B220은 대기모드를 포함한다. 사용자가 운용을 10분 동안 하지 않는다면 시스템은 대기모드에 들어갈 것이다. 대기모드 동안에 모든 관리 및 진단기능은 여전히 사용 가능하다. 대기모드 동안에는 샘플(샘플링, 검증)을 필요로 하는 어떤 기능도 발생하지 않을 것이며, 샘플링을 요구하지 않는 기능은 여전히 이용할 수 있다.

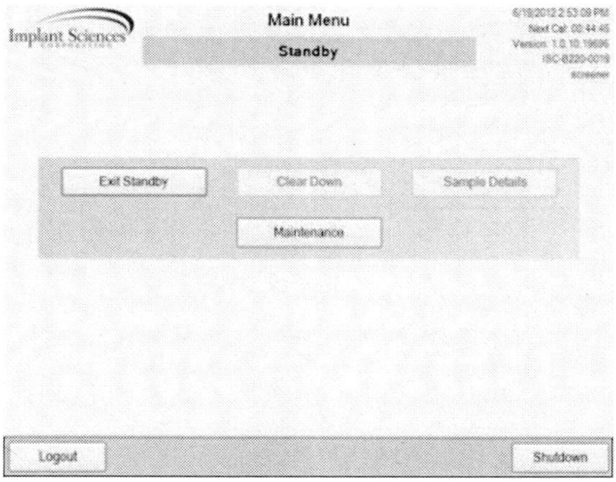

[대기 화면]

① 대기(Standby) 에서 나가기 설명

○ 메인 메뉴에서대기에서 나가기(Exit Standby) 버튼을 누른다.

○ 시스템이 샘플을 시험할 준비가 되었음 또는 요구된 검증 상태로 돌아가기를 기다린다.

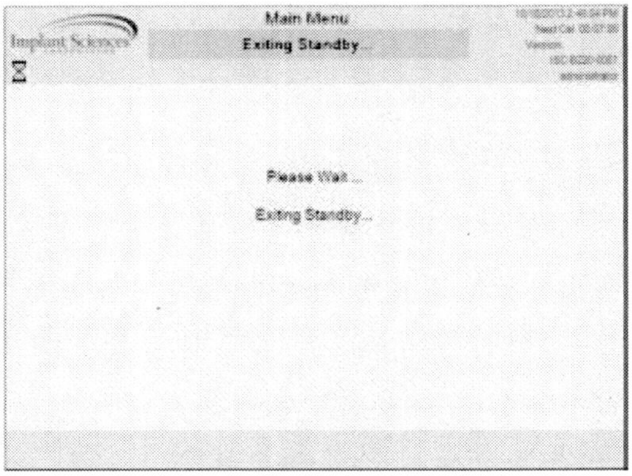

[대기에서 나가기 화면]

4-7) 교정(Calibration)

QS-B220에는 2가지 종류의 교정방법이 있다. 화학적 교정은 자동 교정이고, 트랩교정은 운용자가 교정물질이 묻은 샘플트랩을 장비에 삽입하여 하는 교정이다. 교정은 샘플이 정확하게 분석되는 것을 보장하기 위해 장비를 조정한다. 화학적 교정은 프로그램 되어 있어 사용자의 개입을 요구하지 않는다. 장비는 일정한 시간 간격으로 자동적으로 시작한다. 교정은 로그인 후에 그리고 검증 전에 자동으로 발생한다. 교정 주기는 기압의 상대적인 변화에 의해 결정된다.

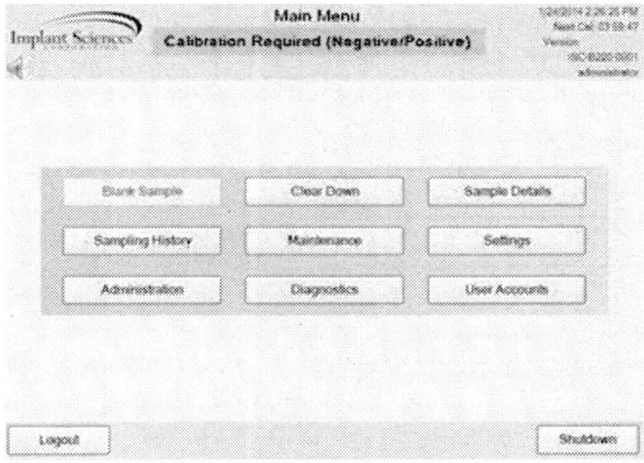

[교정 요청 화면]

① 메인 메뉴에서 유지관리(Maintenance) 메뉴를 누른 후 교정(Calibrate)을 선택한다.

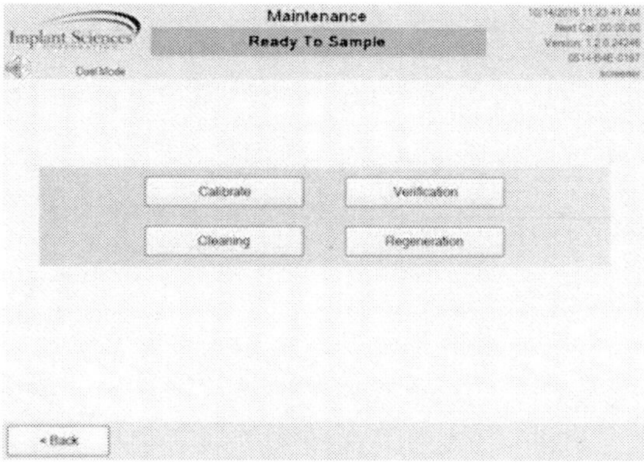

[Maintenance 메뉴]

② 교정 화면 우측의 '시작'을 클릭 한다.

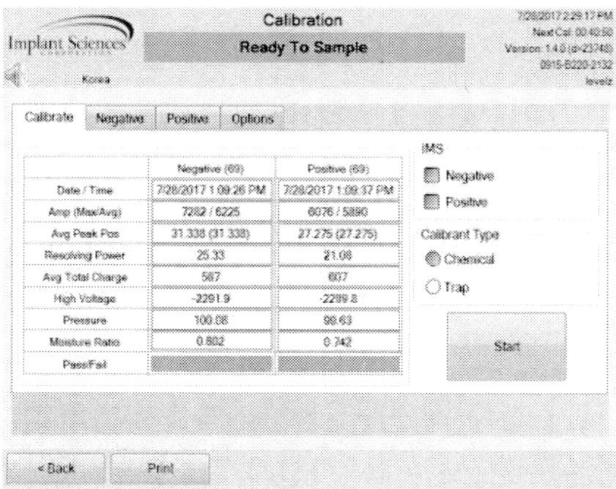

[교정 완료 화면]

4-8) 검증(Verification)

검증 버튼은 사용자가 QS-B220이 적절하게 교정되는 것을 시험하기 위하여 검증화면에 접근하게 해준다. 시스템 전원이 켜질 때와 가동 후 24시간마다 (또는 시스템 관리자가 설정한 다른 간격으로) QS-B220은 검증을 실시하라는 메시지를 내보낼 것이다.

시스템이 검증을 요청할 때 검증요구 메시지가 사용자 인터페이스 화면 상부에 표시될 것이다. 단 하나의 모드가 검증을 요구하는 경우에는 시작버튼을 누르면 해당 모드만 검증을 실시할 것이다. 시스템이 음/양성 모드의 검증을 요구하는 경우에는 시작버튼을 누르면 음성모드와 양성모드 검증이 모두 시행될 것이다.

4-9) 검증 절차 - Negative(음성) / Positive(양성)

① 메인 메뉴에서 유지관리(Maintenance) 버튼을 누른다.

② 유지관리(Maintenance) 메뉴에서 검증(Verification)을 누른다.

③ IMS 체크박스에 Negative 또는 Positive가 활성화 되었는지 확인한다.

④ 검증방법(Verification Type)에서 체크박스가 Trap(트랩)으로 선택되었는지 확인한다.

⑤ 시작(START) 버튼을 누른다. 최근의 교정이 10분전에 되었다면, 검증을 하기 전에 교정을 하도록 메세지가 표시 될 것이다.

⑥ 화면에 "검증모드 샘플을 삽입하세요"라는 메시지가 나오면 흡입기에 검증 트랩을 샘플 면을 위로해서 삽입한다.

⑦ 시스템이 "계속하기 전에 트랩을 제거하세요"라는 메시지를 띄우면 흡입기에서 트랩을 제거한다.

⑧ "음성검증 성공, 양성검증 성공"이라는 메시지가 표시되면 OK를 누른다. 검증 실패하면 시스템이 검증실패 메시지를 표시할 것이

며, 사용자에게 단계 5번에서 7번을 반복하도록 표시가 될 것이다. 만약 검증이 반복적으로 실패하면 수동으로 교정을 실시하고 검증을 재 시행한다. 검증이 계속해서 실패하면 사용자 매뉴얼 있는 문제해결을 참조한다.

⑨ 뒤로 가기(〈Back) 버튼을 두 번 눌러서 메인 메뉴로 돌아간다.

⑩ 검증이 성공적이면 시스템은 "운용 준비(Ready to Sample)"가 되었다고 보고할 것이다.

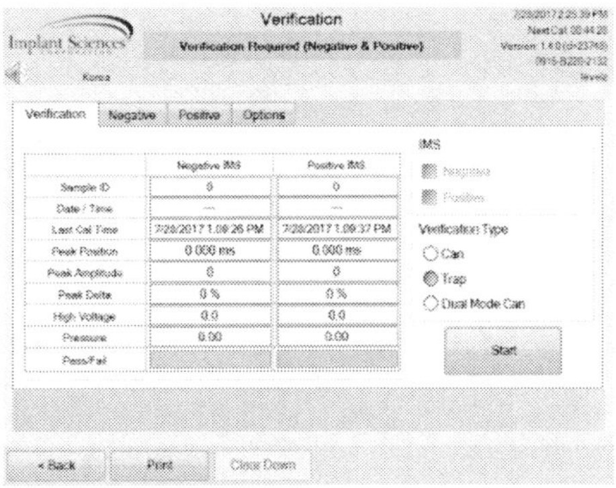

[검증 요청 화면]

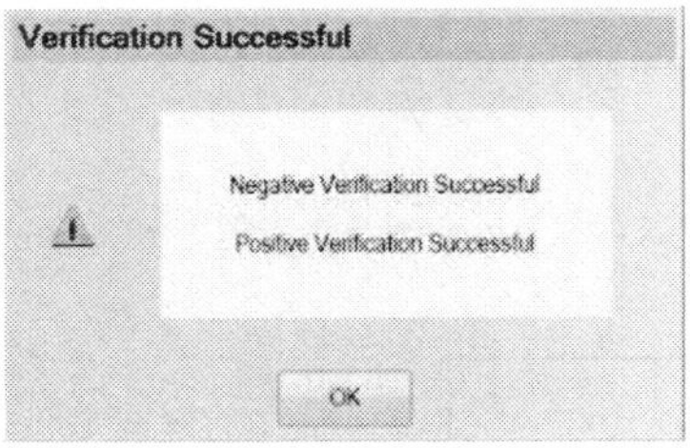

[교정 성공 화면]

4-10) 크리닝(Cleaning)

크리닝 기능은 시스템 사용 중에 또는 과도한 농도의 폭발물, 마약, 이물질이 포함된 샘플로부터 축적되었을지 모르는 어떤 오염을 태워 없애기 위해 30분간(최소)이상 샘플경로의 온도를 높여 이물질을 제거한다. 반복적으로 실패한 교정에 대응하여 크리닝을 수작업으로 시작시키거나 축전량(charge) 측정을 기초로 소프트웨어가 자동으로 시작할 것이다.

① 크리닝설명

- ○ 메인 메뉴에서 유지관리(Maintenance) 버튼을 누른다.
- ○ 유지관리(Maintenance) 메뉴에서 크리닝(Cleaning)을 누른다.
- ○ 시작(START) 버튼을 누른다.
- ○ 크리닝 시간이 완료하기를 기다린다. 크리닝 시간에 냉각시간이 포함되었다.
- ○ 크리닝 완료 후 뒤로 가기(〈Back) 버튼을 두 번 눌러서 메인 메뉴로 돌아간다.

※ 운용 중 Positive Charge 저하되거나 오염이 심할 경우 장비는 크리닝을 요구한다.

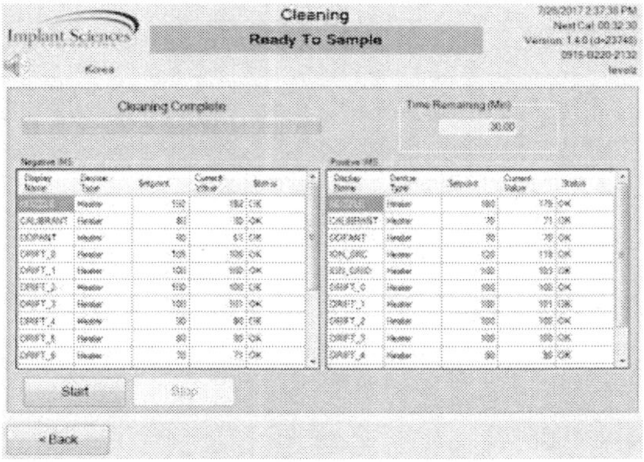

[크리닝 화면]

② 자동 크리닝

QS-B220은 시스템으로부터 오염을 제거하고 최적 상태로 시스템을 유지하기 위해 자동 크리닝 절차를 시작한다. 자동 크리닝은 총 이온 축전량(Total Ion charge) 수준에 의해 시작되며 활성모드 또는 대기모드에서 발생할 수 있다. 시스템이 크리닝 절차에서 빠져 나와 운용 준비(ready to sample) 상태로 돌아가기 위해 크리닝 작업 중에 사용자가

로그인하면 QS-B220은 크리닝 남은시간을 메시지로 표시한다. QS-B220은 피크 시간이 아닌 동안에 예정된 크리닝이 발생하도록 한다.

4-11) 재생(Regeneration)

재생(Regeneration) 기능은 음성 이온소스 및 장비의 다른 구성부분의 온도를 높인다. 30분정도 소요되며, Negative 탐지모드의 성능을 높일 것이다.

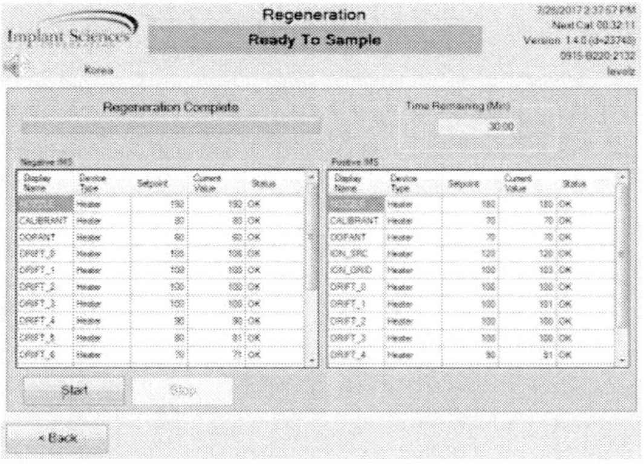

[재생 화면]

QS-B220은 시스템으로 부터의 오염을 제거하기 위해 마지막 다섯 샘플/교정의 축전량(charge)에 의해 시작되는 자동재생을 시작한다. 시스템이 크리닝 절차에서 빠져 나와 운용 준비(ready to sample) 상태로 돌아가게 하기 위해 재생 작업 중에 사용자가 로그인하면 QS-B220은 냉각 (Cooling Down) 메시지를 표시한다. QS-B220은 Multi-day기반으로 예정된 재생을 허용한다.

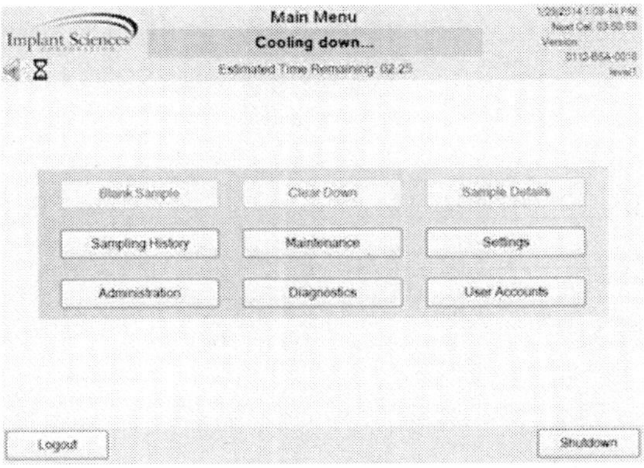

[자동 크리닝 냉각 화면]

① 재생설명

○ 메인 메뉴에서 유지관리(Maintenance) 버튼을 누른다.

○ 유지관리(Maintenance) 메뉴에서 재생(Regeneration)을 누른다.

○ 시작(START) 버튼을 누른다.

○ 재생 시간이 완료되기를 기다린다. 재생시간에는 냉각시간이 포함 되어 있다.

○ 재생 완료 후 뒤로 가기(〈Back) 버튼을 두 번 눌러서 메인 메뉴로 돌아간다.

4-12) 샘플링

① 블랭크 샘플 (BLANK SAMPLE)

블랭크 샘플 버튼은 수작업으로 샘플분석을 시작한다. 이것은 트랩을 삽입하지 않고 샘플을 시작하기 위해 사용될 수 있다. 이 버튼은 흡입기의 트랩센서가 고장인 경우 샘플을 수동으로 시작할 수 있게 해준다.

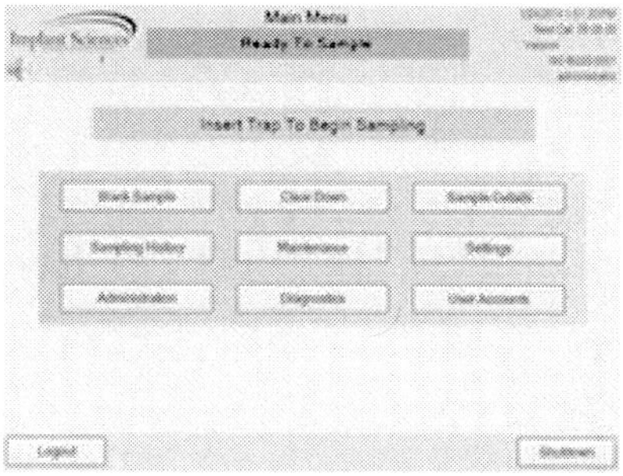

[준비되어 있는 블랭크 샘플화면]

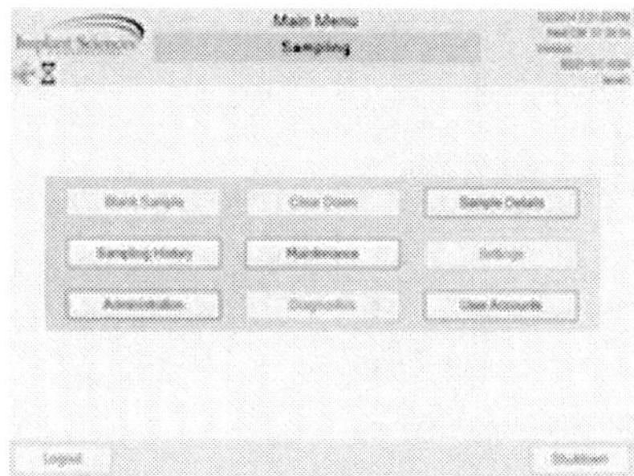

[블랭크 샘플 샘플링 화면]

② 블랭크 샘플

① QS-B220에 로그인을 한다. 시스템이 탐지 분석할 준비가 안 되었다면 교정 및 검증을 실시하고 메인 메뉴로 돌아간다.

② 메인 메뉴에서 블랭크 샘플(Blank Sample) 버튼을 누른다.

③ 시스템이 탐지상태에 들어갈 것이다. 이 때, 사용자는 흡입기에 트랩을 삽입하여 트랩샘플을 선택하거나 트랩을 삽입하지 않고 공기샘플을 선택할 수 있다.

④ 샘플링이 끝나면 QS-B220는 아래와 같이 메시지를 표시할 것이다.

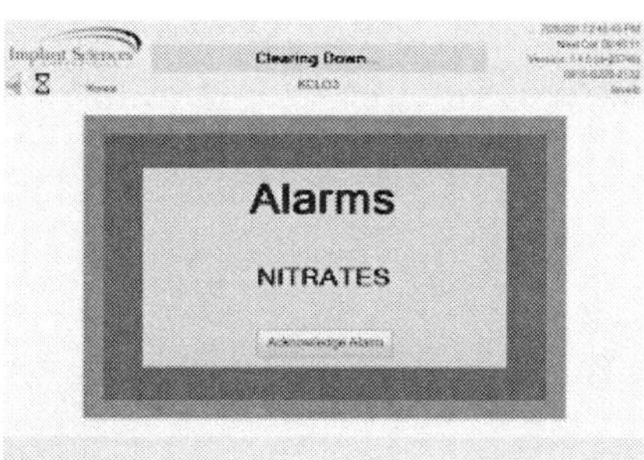

[블랭크 샘플 Alarm 화면]

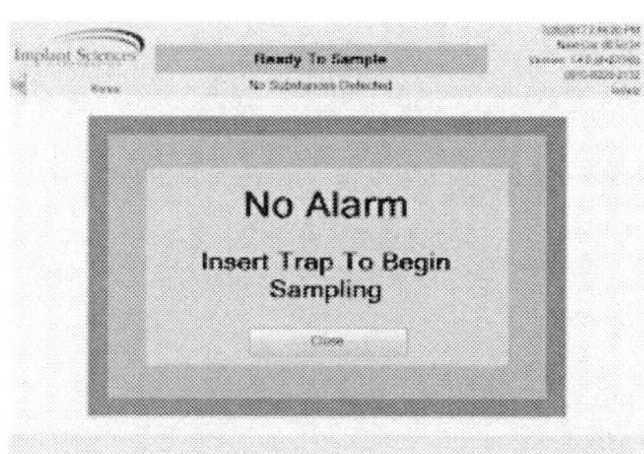

[블랭크 샘플 No Alarm 화면]

③ 트랩 샘플

트랩 샘플링은 샘플을 샘플트랩에 수집하거나 이동시키고 트랩을 QS-B220으로 분석하는 것을 포함한다. 폭발물과 마약 복합물은 의복, 수하물, 포장, 자동차 등과 같은 다양한 표면에서 탐지될 수 있다. 샘플트랩을 사용하는 것은 탐색을 신속히 하는 효과적인 방법이다. L3 SDS Implant Sciences는 QS-B220가 제공한 샘플트랩의 사용을 권장한다. 미승인 트랩을 사용되는 경우 LS SDS Implant Sciences는 시스템 성능을 보장할 수 없다. 즉 미승인 트랩의 사용은 탐지성능을 떨어뜨릴 수 있다. 샘플트랩이 알람을 일으키는 물질을 수집하거나, 찢어지거나 절단되거나 또는 심하게 더러워지거나 기름기가 있지 않는 한 샘플트랩을 여러 번 사용할 수 있다. 위에 언급된 상태의 샘플트랩을 버리고 새로운 것을 사용해야 한다.

트랩 샘플은 손으로 잡거나 샘플봉으로 잡을 수 있다. QS-B220 샘플봉은 사용자가 표면을 닦아 내기 위해 자신의 손을 사용하지 않고 다양한 형태의 표면에서 샘플을 수집하는 방법이다.

이 봉은 좁은 공간(tight Spaces)에 있는 샘플을 수집하는데 효과적인 도구이다. 힘 있게 표면을 닦아 내는 것을 권장하지 않는다. 휘발성이 있는 물질인 경우 예를 들어 니트로글리세린, TATP 및 HMTD 경우에는 문지름에 의한 마찰이 열을 발생시켜서 미세한 폭발물과 마약물질을 분해시킬 수 있는 원인이 된다.

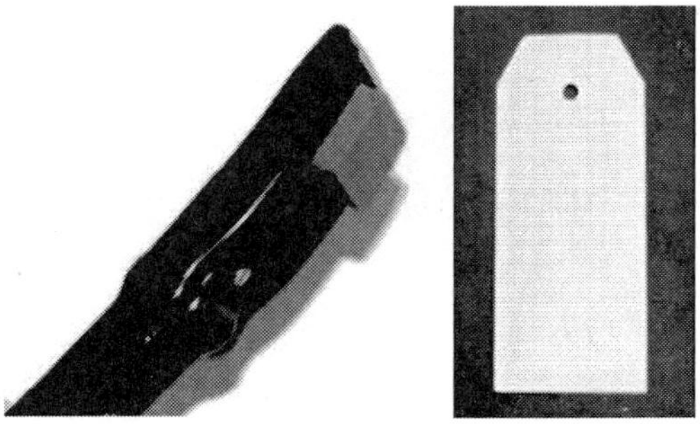

[샘플 봉 및 트랩]

다음은 트랩 샘플 후에 기기 상에 나타날 수 있는 결과 및 메시지 리스트이다.

상태 바 색상	화면 예시	결과	설명
적색	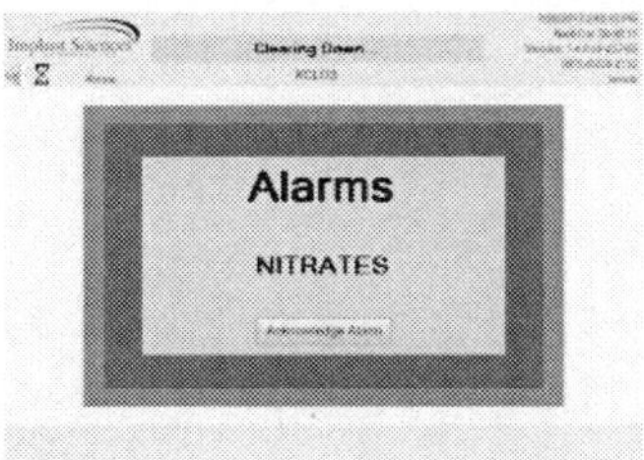	알람	알람 프로토콜을 따를 것
녹색	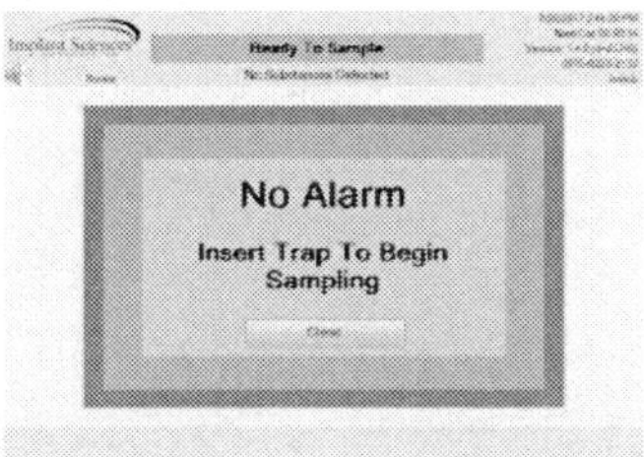	비알람	다음 샘플을 위해 시스템 준비
황색	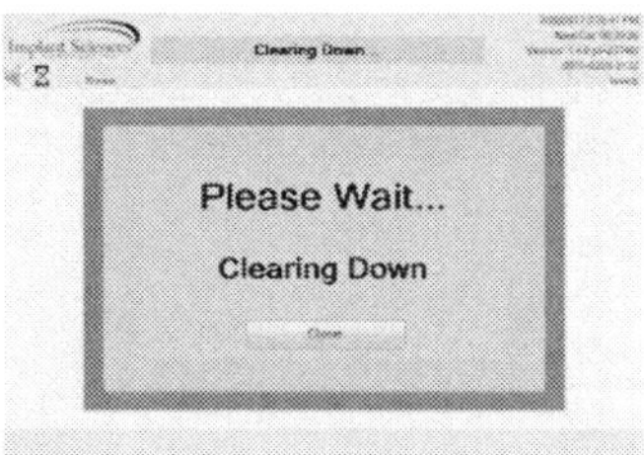	대기	시스템이 샘플, 자기교정 또는 자기 크리닝을 하는 중일 수 있다. 운용 준비(Ready to Sample) 화면을 기다릴 것.

4-13) 샘플링 설명

① 손에 의한 트랩샘플 설명

○ 트랩을 오염된 손으로 부터 방지하기 위해 분말이 없는 깨끗한 니트릴 장갑을 사용한다.

○ 검지를 트랩의 상부 중앙에 놓고 엄지로 트랩의 아래 끝부분을 잡는다.

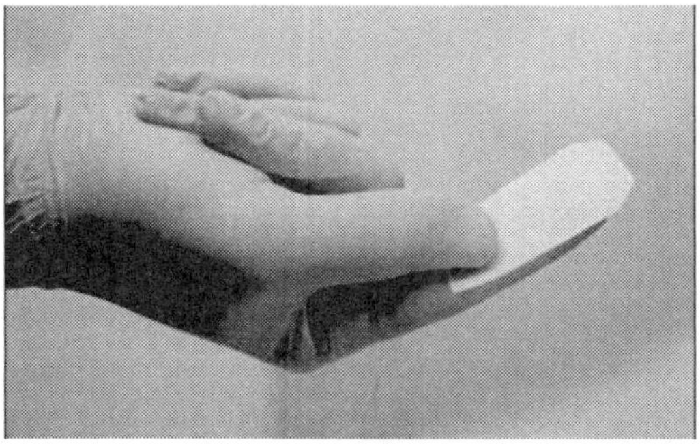

[트랩 잡기]

○ 단단히 누르고 검색영역을 한 방향으로만 닦는다. 앞뒤로 닦으면 샘플을 수집한 표면에 샘플이 다시 쌓이게 하므로 앞뒤로 닦지 말아야 한다.

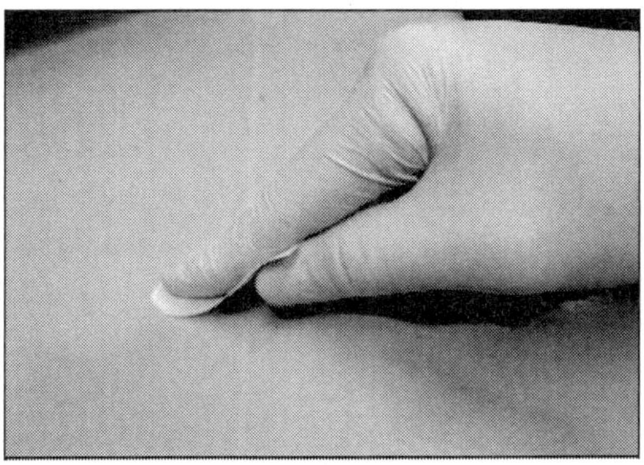

[손에 의한 샘플링]

○ 샘플 분석을 위한 준비단계를 종료한다.

○ 시스템 상태가 운용 준비가 되었음 (Ready to Sample)을 표시하는지 확인한다. 분석을 시작하기 위하여 샘플트랩을 삽입. 닦은 면이 위를 보게 하여 샘플트랩을 흡입기 안에 삽입해야 한다.

○ 메시지가 뜨면 샘플트랩을 제거한다.

○ 분석이 끝나면 QS-B220는 알람 팝업 또는 비 알람 팝업 메시지를 표시할 것이다.

② 봉(Wand)에 의한 트랩 샘플 설명

○ 트랩을 오염된 손으로부터 분말이 없는 깨끗한 니트릴 장갑을 사용한다.

○ 샘플 봉의 말단 탭을 단단히 잡고 밀어서 연다.

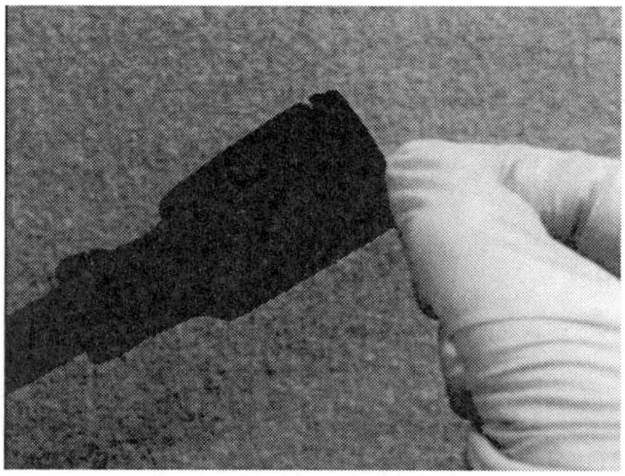

○ 샘플 봉을 한 손으로 잡고, 다른 손을 사용하여 샘플트랩을 직선의 끝부터 잡는다. 트랩을 샘플 봉의 열린 부분에 안으로 삽입한다. 샘플트랩은 절단된 끝부분을 먼저 입구영역에 삽입해야 한다.

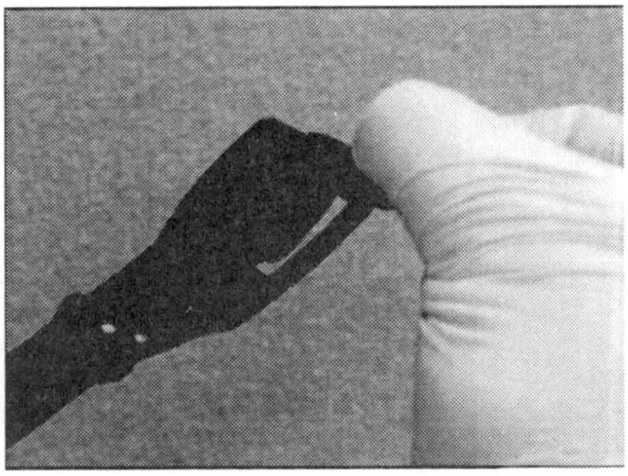

[열린 봉]

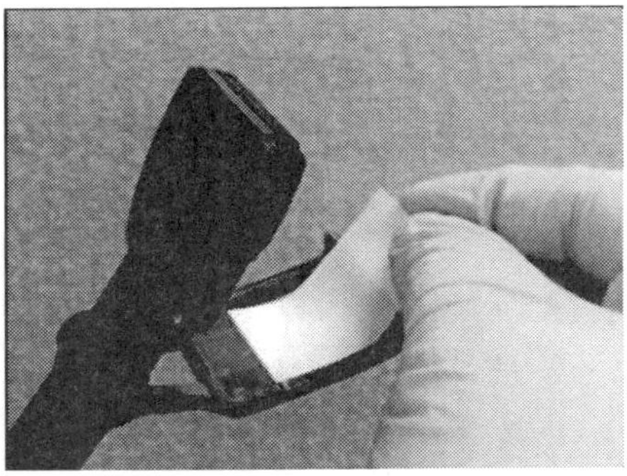

[트랩을 봉안에 삽입]

○ 샘플트랩이 확실하게 제자리를 잡은 상태에서 샘플 봉 헤드의 말단 탭을 단단히 잡아 밀어서 닫는다.

[트랩위에 봉안을 닫는다]

○ 필요하다면 샘플트랩의 노출된 말단부를 위로 살며시 당겨서 팽팽하게 한다. 너무 세게 당기면 봉에서 트랩이 빠질 수 있다.

[봉안에 트랩을 조인다]

○ 시스템 상태가 샘플을 운용 준비가 되었음 (Ready to Sample)을 표시하는지 확인한다. 샘플 봉이 샘플링을 위해 사용할 준비가 되었다며, 분석하기 위하여 샘플 봉 헤드를 열고 샘플트랩을 제거하여 QS-B220에 삽입한다.

○ 메시지가 뜨면 샘플트랩을 제거한다.

○ 샘플링이 끝나면 QS-B220는 알람 또는 비 알람 메시지를 표시할 것이다.

4-14) 샘플트랩의 재사용

장비의 샘플트랩은 최대 25번까지 사용할 수 있다. 그러나 반복되는 사용에 오염될 수 있으므로 샘플링을 하기 전에 샘플트랩을 육안으로 살펴 변색된 부분이 있는지 확인한다.

다음의 경우에 샘플트랩이 재사용될 수 있다.

① 샘플트랩이 물리적으로 찢어지지 않았다

② 샘플트랩 오염되지 않았다

③ 샘플트랩이 알람을 일으키지 않았다

④ 샘플트랩의 표면이 여전히 샘플을 수집하기에 충분히 거칠다.

상당히 깨끗한 환경에서는 트랩을 재사용하는 것은 특이한 케이스가 아니다. 하지만 화물환경에서 또는 샘플수집 장소가 기름에 오염될 가능성이 매우 큰 경우에는, 단지 1-2회의 사용이 권장된다.

4-15) 클리어 다운(Clear Down)

클리어 다운 버튼은 사용자가 클리어 다운 크리닝을 시작하게 해준다. 클리어 다운 버튼은 또한 무음 알람모드일 때 알람을 알려주기 위한 수단이기도 하다. 클리어 다운은 각 탐지 분석 및 교정/검증 후에 IMS 탐지 셀에서 남아 있는 물질을 제거하기 위하여 자동으로 수행된다.
소프트웨어는 시스템이 오염되고 있다고 확인되면 미리 설정된 클리어 다운 사이클을 시도할 것이다. 이러한 클리어 다운이 성공적이면 "운용 준비(Ready to Sample)"가 표시될 것이다. 기기가 클리어 다운에 실패하면 사용자가 수동 클리어 다운 사이클을 이행하는 것을 선택할 수 있을 것인데, 이것은 메인 메뉴에서 클리어 다운(Clear Down)을 선택함으로 시작된다. 모든 사용자가 이것에 접근할 수 있으므로 대부분의 상황에서 권장되는 방법이다.
보다 강력한 크리닝 절차는 유지보수 메뉴에서 크리닝을 이행하는 것이다. 이 크리닝 과정은 완료하는데 30분이 소요되며 샘플 경로에 있는 어떠한 오염에도 제거하는데 일반적으로 성공적이다.

※ 수동 클리어 다운 설명
메인 메뉴에서 클리어 다운(Clear Down) 버튼을 누른다.

4-16) 알람 해결(Resolve Alarms)

알람이 발생하면 시스템은 알람 정보를 표시할 것이다. 청각 알람이 활성화되었다면 알람소리를 낼 것이다. 알람 상태를 해결하기 위하여 사용자는 반드시 먼저 해당 지역의 당국이 수립한 알람을 위한 시뮬레이션에 따라야 한다.

시뮬레이션 절차를 따른 뒤에 사용자는 알람 인지(Acknowledge Alarm) 버튼을 눌러서 알람을 제거한다.

알람파일이 시스템 저장장치에 저장될 것이다. 모든 알람파일은 알람 당시의 모든 관련된 시스템 상황과 함께 저장된다.

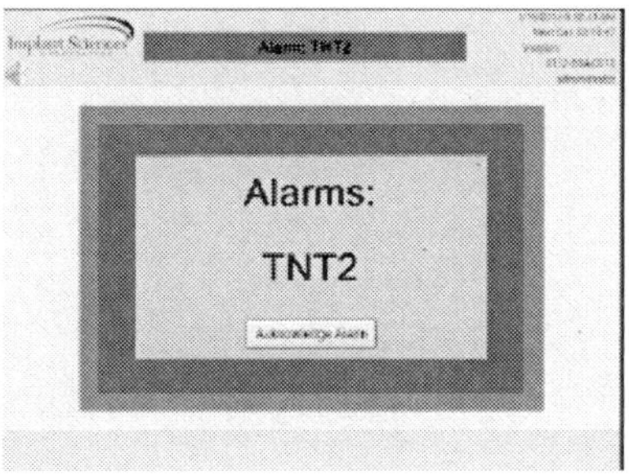

[알람 팝업 해결]

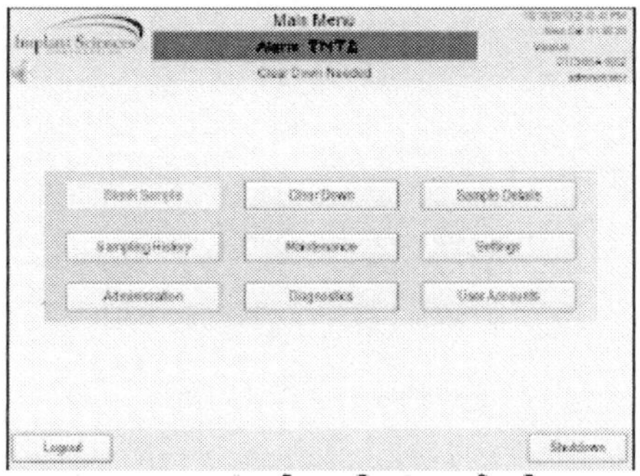

[알람 메시지 해결]

※ 알람 상태의 경우에 사용자는 실제 위협을 다루는 방법에 대한 현장 프로토콜을 반드시 숙지하고 있어야 한다. 신변의 안전이 가장 중요하다.

※ 시각 알람 표시기가 꺼져 있다면 사용자는 반드시 클리어 다운(Clear Down) 버튼을 눌러서 알람을 인지하고 추가 샘플링을 이행할 수 있도록 클리어 다운을 시작해야 한다.

4-17) 코멘트 추가

사용자는 탐지 분석된 대상에 대한 설명을 기록하기 위하여 알람 및 비 알람 샘플 둘 다에 대한 선택적 코멘트를 추가 할 수 있다.

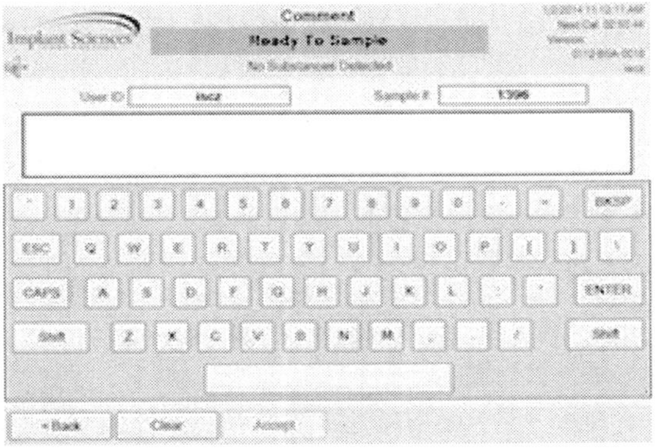

[코멘트 추가]

① 코멘트 추가 설명

○ 가장 최근 샘플로부터의 결과를 보이기 위하여 메인 메뉴에서 샘플 세부내용(Sample Details) 화면을 열거나 샘플링 이력(Sampling History)화면을 열어 특정 샘플을 하이라이트한 후 선택(Select)을 누른다.

○ 코멘트 필드에 있는 추가(Add) 버튼을 누른다.

○ 코멘트를 입력하기 위하여 터치스크린 키보드를 사용한다.

○ 수용(Accept) 버튼을 누른다.

② 코멘트 보기 설명

○ 가장 최근 샘플로 부터의 결과를 보이기 위하여 메인 메뉴에서 샘플세부내용(Sample Details) 화면을 열거나 샘플링 이력(Sampling History)화면을 열어 특정 샘플을 하이라이트한 후 선택(Select)을 누른다.

○ 코멘트 필드에 있는 보기(View) 버튼을 누른다.

○ 코멘트 텍스트를 보기 위하여 날짜 리스트에 있는 코멘트를 선택한다.

○ 닫기(Close) 버튼을 누른다.

※ 코멘트는 샘플에 대하여만 가능하다 (교정 및 검증에 대하여는 아님).

※ 이전에 입력된 코멘트는 삭제 또는 편집되지 않을 수 있다.

4-18) 샘플링 이력(Sampling History)

샘플링 이력은 적합한 레벨의 사용자가 샘플번호, 일자, 시간, 사용자명, 피크 정보 및 사용자 추가코멘트와 같은 선택된 샘플로부터의 데이터를 검토하게 해준다.

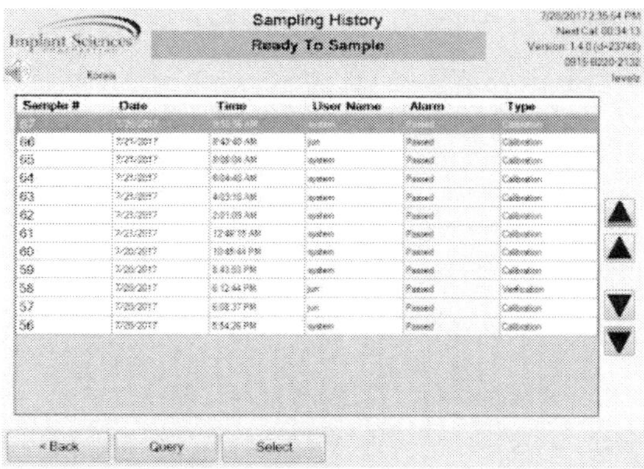

[샘플링이력]

① 샘플선택 설명

○ 메인 메뉴에서 샘플링 이력(Sampling History)버튼을 누른다.

○ 샘플에 하이라이트하고 선택(Select) 버튼을 눌러서 특정 샘플에 대한 세부내용을 표시한다.

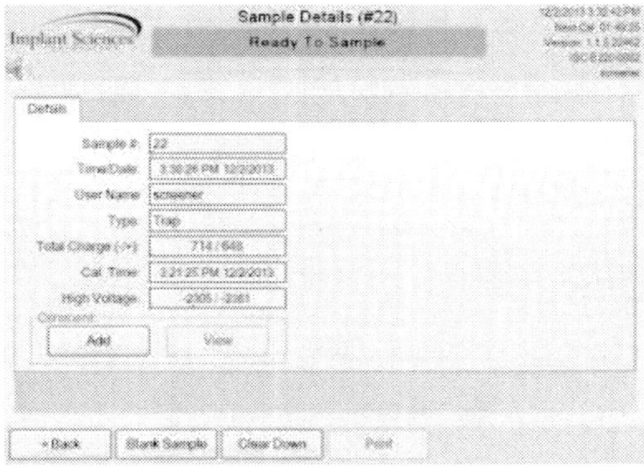

[샘플링 이력, 샘플 세부내용]

○ 뒤로 가기(〈Back) 버튼을 눌러서 샘플링 이력 화면으로 돌아간다.

4-19) 캐빈필터 교체

정상적인 사용 동안에 필터는 일주일에 한번 청소 또는 교체되어야 한다. 보다 더러운 환경에서는 필터를 자주 청소 또는 교체해야 한다.

① 캐빈필터 교체 설명

○ 콘솔 측면에 있는 필터 가드를 제거함으로 필터에 접근한다.

○ 캐빈필터를 표면이나 안에 쌓인 먼지를 얌전히 흔들어서 청소할 수 있다.

[캐빈필터]

4-20) 프린터 용지 장착하기

① 프린터 외부커버를 연다.

② 프린터 하우징의 양 측면에 "Push"라는 라벨이 있는 2개의 탭을 살며시 민다. 이러한 방식으로 프린터 내부에 접근할 수 있다.

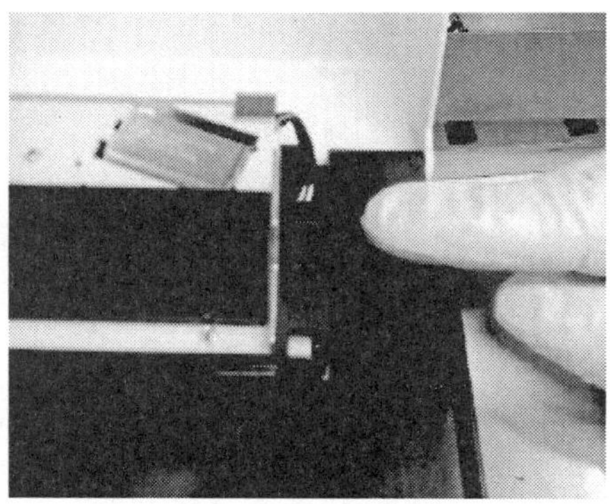

[프린터 하우징 열기]

③ "용지 장착을 위해 이 레버를 들어 올릴 것"이라는 라벨이 있는 레버를 얌전히 들어 올린다.

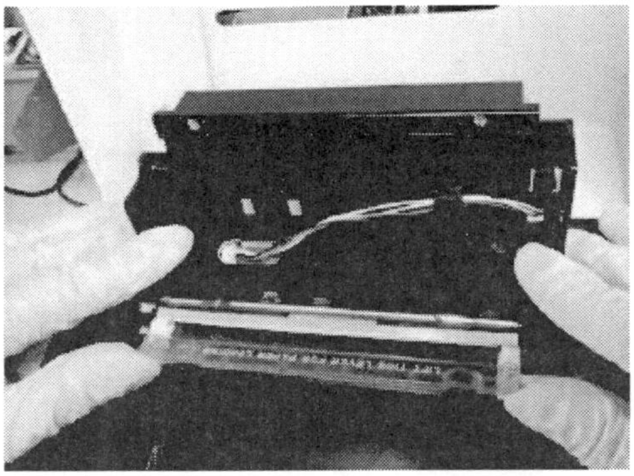

[용지 장착을 위해 레버 들어올리기]

④ 롤의 앞 가장자리를 바닥에서부터 들어가게 하여 새로운 용지 롤을 용지 트레이에 놓는다. 용지 롤의 앞 가장자리를 45도 각도로 자른다.

[용지 롤 삽입]

⑤ 집어넣으면서 앞 가장자리가 구겨지거나 끼어서 막히지 않도록 주의해서 용지를 프린터 롤러 아래에 조심스럽게 넣는다. 롤러 상부의 구멍을 통하여 몇 인치가 들어갈 때까지 롤을 집어넣는다.

[용지를 프린터 사이에 넣기]

⑥ 앞 가장자리를 프린터 구멍의 바닥 면을 통과하여 넣기 위해 충분히 느슨하게 잡아당긴다. 일단 롤이 프린터 구멍을 완전히 통과하면 프린터 외부 커버 구멍을 직접 통과하여 용지를 계속해서 넣는다.

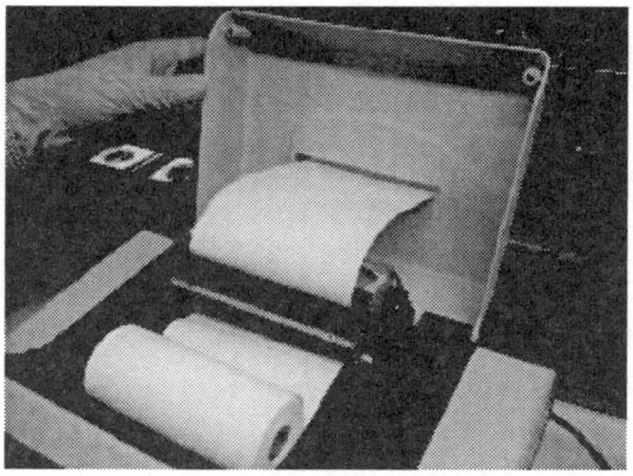

[프린터 커버를 통과해서 용지 넣기]

⑦ "용지 장착을 위해 이 레버를 들어 올릴 것"이라는 라벨이 있는 레버를 닫는다.

[프린터 장착 레버 닫기]

⑧ 프린터 하우징을 얌전히 닫으면서 용지 롤의 앞 가장자리를 잡는다. 하우징은 제자리에 잠겨야 한다. 프린터 외부 커버를 닫는다.

[프린터 외부 하우징 닫기]

4-21) 봉(Wand) 유지보수

오염을 방지하기 위해 아이소프로필 알코올(IPA)이 함유된 걸레 등으로 고무판 부분을 청소해야 한다. 주마다 이 청소를 권장한다. 이 주기는 환경상태에 따라 다소 다르다. 패드는 다음 사용 전에 최소 5분을 건조시켜야 한다. 봉의 다른 부분에 부스러기가 쌓이는 경우, 아이소프로필 알코올(IPA)이 함유된 걸레 등을 사용하여 샘플 봉에서 부스러기를 제거할 수 있다.

[샘플봉(Sample Wand)]

4. 이동식 폭발물 흔적 탐지기

이동식 폭발물 흔적 탐지기는 장비를 운영자가 장비를 직접 휴대하여 직접 흡입하여 사용하는 장비로써 배터리를 주전원으로 사용하여 검색한다.

NO	장비사진	Model 및 제원	탐지방식
1		SABRE-4000 130(H)*110(W)*363(L) 장비무게 : 3.2Kg 무게 : 3.2Kg 제작국 : 독일	단일 IMS 튜브 사용 방식
2		QS H-150 188(H)*127(W)*493(L) 장비무게 : 5.4Kg 제작국 : 미국	단일 IMS 튜브 사용 방식
3		Vaper Trace 200(H)*120(W)*470(L) 장비무게 : 3.3Kg 제작국 : 미국	단일 IMS 튜브 사용 방식이중 IMS 튜브 사용방식

제2절 전신검색장비

1. 전신검색장비의 정의

문형금속탐지기는 금속성분 만을 탐지할 수 있으며, 플라스틱류, 비금속류, 액체류, 분말 등 위해물품 탐지가 불가능하다. 전신검색장비(Full Body Scanner)는 이러한 단점을 보완하기 위해 미약한 X-ray 또는 전자파 등을 이용하여 다양한 은익물품을 탐지할 수 있으며, 항공보안에서는 전심검색기라는 명칭을 사용하였으나, 일부 언론 등에서 "알몸투시기"라는 부정적인 용어로 사용함에 따라 부정적인 이미지를 해소하기 위해 항공보안법을 개정하고 "원형(原形)검색장비"로 용어를 변경하여 사용하고 있다.

2. 전신검색장비사용 근거 및 세부운영기준

1) 전신검색장비 사용 법적근거

> 항공보안법 시행령 제10조(승객 및 휴대물품의 보안검색방법 등)
> ① 공항운영자는 법 제15조에 따라 항공기 탑승 전에 모든 승객 및 휴대물품에 대하여 법 제27조에 따라 국토교통부장관이 고시하는 항공보안장비(이하 "검색장비등"이라 한다)를 사용하여 보안검색을 하여야 한다. 이 경우 **승객에 대해서는** 문형금속탐지기 또는 **원형검색장비를**, 휴대물품에 대해서는 엑스선 검색장비를 사용하여 보안검색을 하여야 하며, 폭발물이나 위해물품이 있다고 의심되는 경우에는 폭발물 탐지장비 등 필요한 검색장비 등을 추가하여 보안검색을 하여야 한다. 〈개정 2017. 5. 8.〉

2) 원형검색장비 세부운영기준

(1) 개요

국토교통부 고시 "항공보안장비 종류, 운영 및 유지관리 등에 관한 기준" 용어 정의 6의3에는 "원형(原形)검색장비"란 금속탐지장비에 의하여 탐지하기 어려운 무기 또는 폭발물 등 위험성이 있는 물건을 신체에 대한 접촉없이 탐지하여 그 내용을 모니터에 영상으로 표시하는 검색장비를 말한다.

그리고 검색장비 운영에 관한 세부 기준2 에는

가. 원형검색장비를 이용해 보안검색이 어려운 승객(유아, 노약자 및 장애인 등)에 대해서는 문형금속탐지장비로 보안검색을 실시할 수 있다.

나. 원형검색장비를 사용해야 하는 경우 이미지 분석과정 없이 고정된 인체 형태의 가상 이미지 상에 위험부위를 자동으로 표출하는 장비를 설치하여 사용하여야 한다.

(2) 성능 인증 기준

항공보안장비 성능 인증 및 성능 검사 기준 제정(국토교통부고시 제2019-52호)[별표1]에

가. 성능

가) 인체에 은닉한 무기, 폭발물 등의 위해물품 또는 물질을 비접촉 방식으로 탐지할 수 있어야 한다.

나) 원형검색장비의 시간당 처리량은 최소 60명 이상이어야 한다.

나. 기능

가) 위해물품 또는 물질의 탐지시, 운영자가 그 위치를 확인할 수 있도록 인체를 모사한 이미지 상에 시각화하여 자동 표출하여야 한다.

나) 원형검색장비는 자가진단기능이 내장되어야 하고, 이상 발생 시 자동정지하는 기능이 있어야 한다.

다) 승객의 이미지 스캔이 완료되기 전 다음 승객에 대한 검색을 방지하도록 시스템이 설계되어야 한다.

다. 운용성

가) 원형검색장비는 고장 모듈을 쉽게 제거 및 교체 가능하도록 모듈식으로 설계 되어야 한다.

나) 원형검색장비는 (0~40) ℃의 온도 범위에서 원활한 운용이 가능하여야 한다.

다) 원형검색장비는 최대 90 %RH의 습도 조건에서 원활한 운용이 가능하여야 한다.

라. 안전성

가) 인체 안전 적합성을 입증하는 자료가 제출되어야 한다.

(3) 성능확인 · 점검

가. 성능

가) 인체에 은닉한 무기, 폭발물 등의 위해물품 또는 물질을 비접촉 방식으로 탐지할 수 있어야 한다.

나) 원형검색장비의 시간당 처리량은 최소 60명 이상이어야 한다.

나. 기능

가) 위해물품 또는 물질의 탐지시, 운영자가 그 위치를 확인할 수 있도록 인체를 모사한 이미지 상에 시각화하여 자동 표출하여야 한다.

나) 원형검색장비는 자가진단기능이 내장되어야 하고, 이상 발생 시 자동정지하는 기능이 있어야 한다.

(4) 성능 검사기준

항공보안장비 성능 인증 및 성능 검사 기준 제정(국토교통부고시 제 2019-52호)[별표2]에는

가. 성능

가) 인체에 은닉한 무기, 폭발물 등의 위해물품 또는 물질을 비접촉 방식으로 탐지할 수 있어야 한다.

나) 원형검색장비의 시간당 처리량은 최소 60명 이상이어야 한다.

나. 기능

가) 위해물품 또는 물질의 탐지시, 운영자가 그 위치를 확인할 수 있도록 인체를 모사한 이미지 상에 시각화하여 자동 표출하여야 한다.

나) 원형검색장비는 자가진단기능이 내장되어야 하고, 이상 발생 시 자동정지하는 기능이 있어야 한다.

3. 전신검색장비의 원리

산란식(Back Scatter)방식은 X-Ray가 검색물품의 표면에 반사/산란되어 검출기에 도달한 산란의 양에 따라 영상을 표현하는 방식이며, 관통식(Transmisson) 방식은 검색물품을 관통후 검출기에 도달하는 X-Ray의 양을 이용하여 영상을 검출하는 방식이다.

Millimeter Wave 방식은 산란식(Back Scatter)방식을 채택하여 은닉한 물체를 검색하지만 인체를 투과하지 않기 때문에 X-Ray 산란방식과는 상이하다고 할 수 있다. 1회 검색시 발생되는 파형은 휴대폰 1회 통화시 발생하는 전자파의 1/10,000이하로서 인체에 무해한 밀리터리 방식을 적용하였으며, 신체 무접촉 감지와 검색이미지를 아바타로 변환 표출한다.

1) 산란식(Back Scatter) 방식

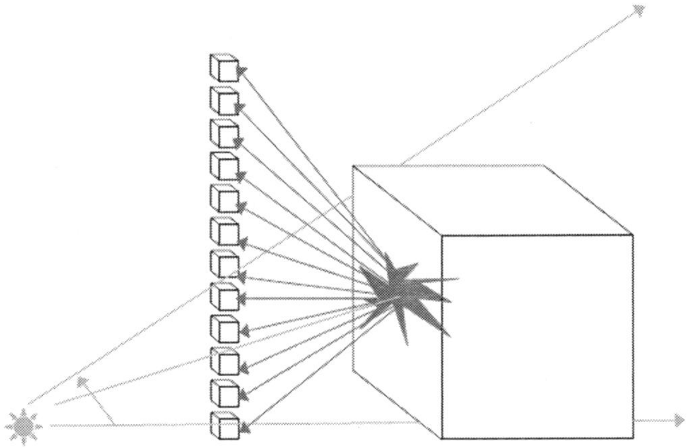

[X-Ray Beam이 검색물체를 산란 또는 반사하여 영상을 표출하는 원리]

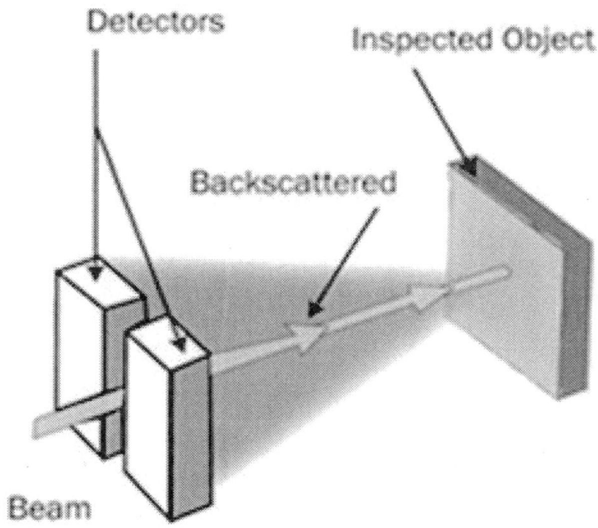

2) 관통식 (Transmisson) 방식

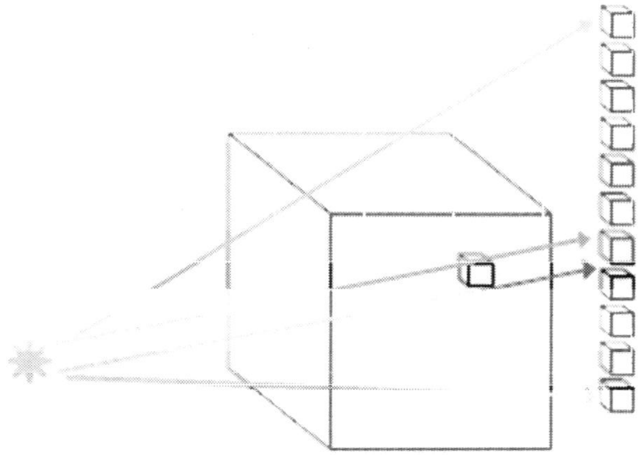

[X-Ray Beam이 검색물체를 투과하여 영상을 표출하는 원리]

3) Millimeter Wave 방식

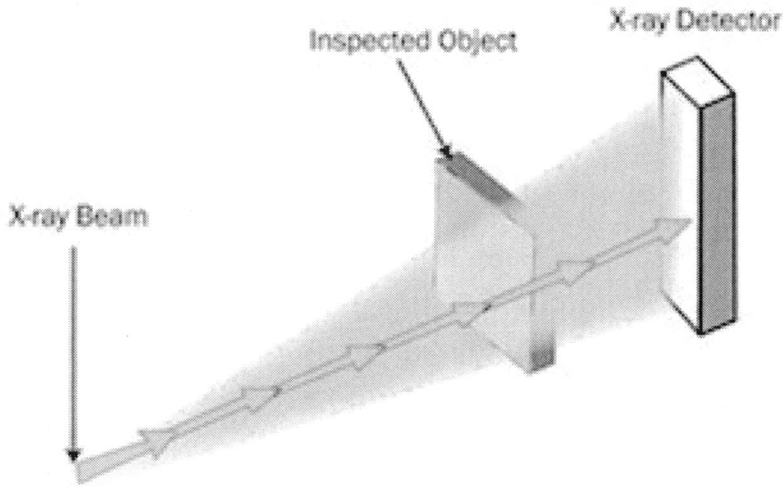

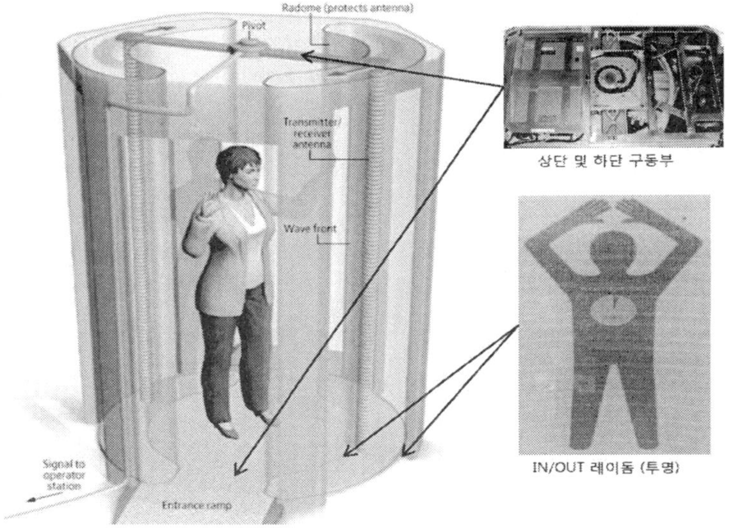

[Millimeter Wave의 산란선을 이용하여 물체의 위치를 인식하는 방식]

3. 전신검색장비의 이미지 표현방식

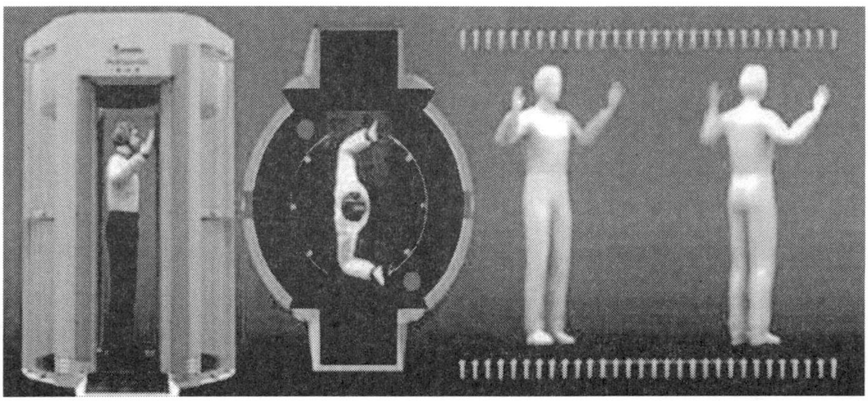

NO	탐지원리	Source 제원	이미지
1	 Backscatter	X-ray(50Kev 5mA)	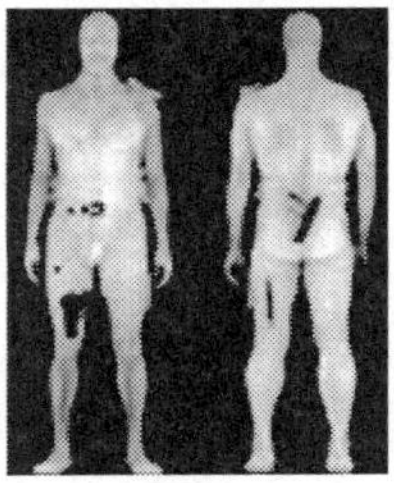
2	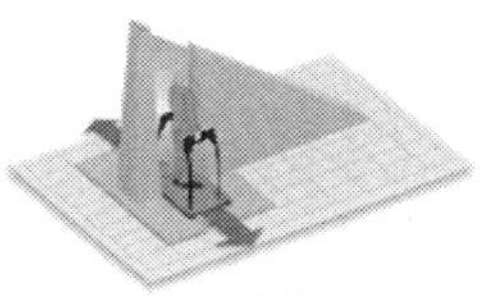 Transmission	X-ray(100~160Kev 2.4~ 35mA)	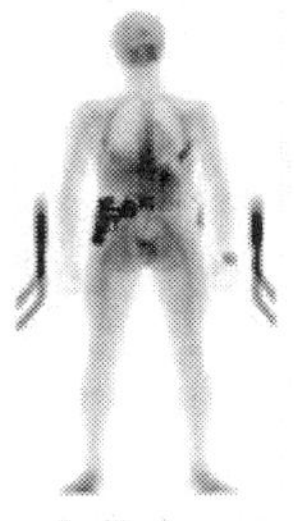
3	 Millimeter Wave	Active Millimeter	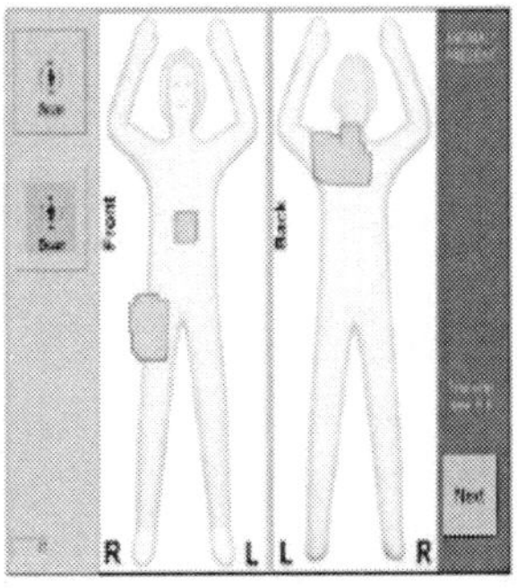

4. 전신검색장비의 종류

1) 장비 개요

금속탐지장비로 탐지가 어려운 무기 또는 폭발물 등 위험성이 있는 물건을 피검색자의 신체에 대한 접촉 없이 탐지하여 그 내용을 모니터에 영상으로 표시하는 검색장비로써, 탐지방식에 따라 X-ray 방식(Backscatter 방식)과 전자파(밀리미터파) 방식으로 구분된다.

2) 장비 종류

(1) X-ray 방식(Backscatter 방식)

미량의 X-ray를 피검색자에게 조사하고, 조사된 X-ray를 검출하고 이미지화하여 피검색자가 소지(은닉)하고 있는 물질을 탐지하는 방식

(Rapiscan)

(2) 전자파(밀리미터파) 방식

전자파(밀리미터파)를 피검색자에게 조사하고, 인체에서 반사된 밀리미터파를 검출하고 이미지화하여 피검색자가 소지(은닉)하고 있는 인체 외부의 부착물질을 탐지하는 방식

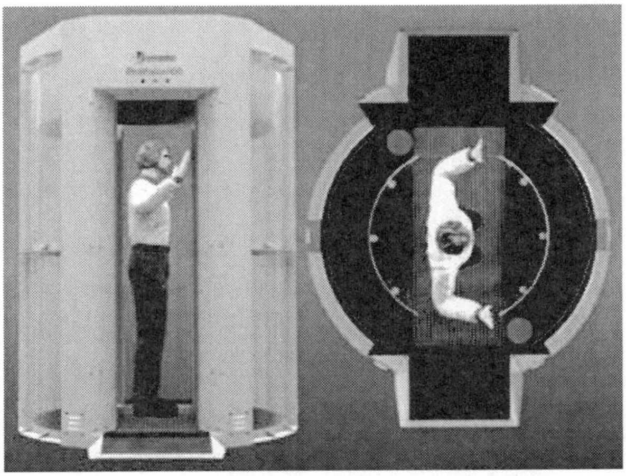

(L-3 Communications)

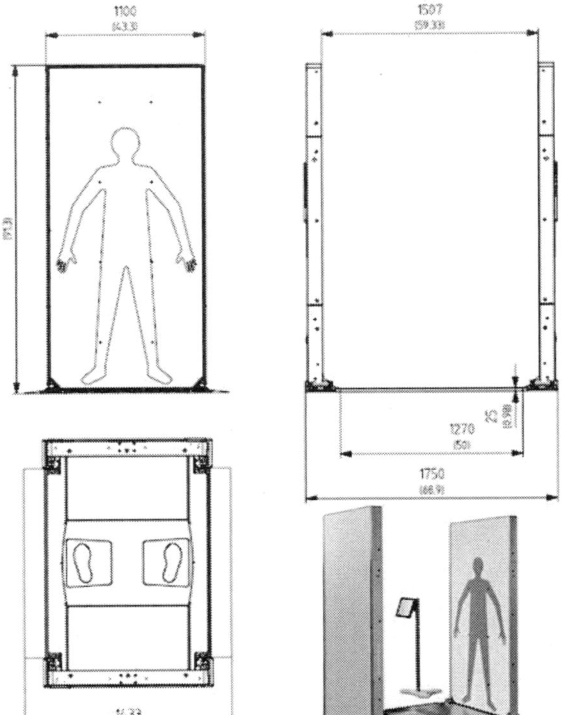

(RODHE & SCHWARZ)

3) 장비 특징

1) 전신검색 결과에 대한 이미지분석과정 없이 고정된 인체형태의 가상 이미지 상(앞면, 뒷면)에 탐지된 부분을 자동으로 표출한다.
2) 검색대상자의 사생활보호를 위하여 전신검색이미지의 보관·출현 전송·저장이 불가하다

NO	장비사진	Model 및 제원	탐지방식
1		Secure 1000 장비폭 : 2665(W) 장비무게 : 3.2Kg 무게 : 1000Kg 제작국 : 미국	Backscatter방식
2	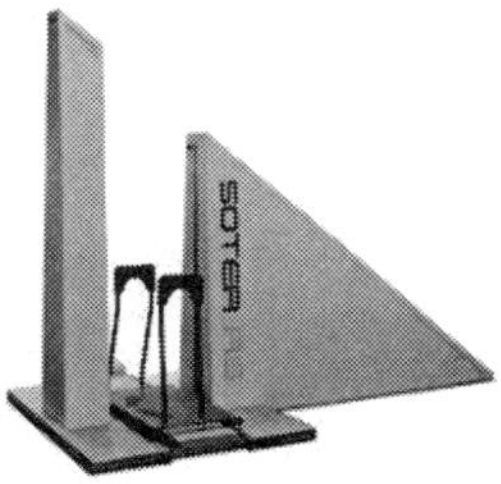	QS H-150 장비폭 : 2950(W) 장비무게 : 918Kg 제작국 : 네덜란드	Transmission방식
3		Provision 2 장비폭 : 1500(W) 무게 : 698Kg 제작국 : 미국	Millimeter Wave

NO	장비사진	Model 및 제원	탐지방식
3		QPS 201 장비폭 : 1600(W) 무게 : 170Kg 제작국 : 독일	Millimeter Wave

5. 안전수칙과 유지보수 절차

안전예방조치는 SYSTEM의 판독과 유지보수의 실행 또는 장비의 설치 시 매우 중요하며 흐름을 이해하여야 한다.

SYSTEM은 안전하고, 효과적인 동작을 제공하기 위해 설계되어져 있으나 전자적인 장비의 일부분은 취급에 따라 위험할 수 있으므로 주의해야 한다. SYSTEM의 유지보수 수행과 설치를 할 때 아래 사항을 준수하여야 한다.

1) 작업 실시 전에는 작업의 특성에 맞는 안전교육을 실시하여야 한다.
2) 작업자는 작업에 적합한 복장을 착용하고 필요한 안전장구를 사용하여야 한다.
3) 공구 및 계측기의 사용법을 숙지하고 이를 준수하여야 한다.
4) 작업자는 안전도구의 사용법을 숙지하여야 하고 사용 전 안전성 여부를 점검하여야 한다.
5) 작업자는 안전사고를 대비한 응급 구호법을 숙지하고 응급처치는 침착하고 신속하게 실시하여야 한다.
6) 인화물질은 지정된 장소에만 보관하고 어두운 장소에서는 취급을 하지 말아야 한다.

7) 소화기는 정 위치에 비치하고 사용법을 숙지하여야 한다.
8) 모든 작업은 각 개인의 건강상태를 고려하여 심적, 육체적 불안요소를 제거 후 실시하여야 한다.
9) 설치와 유지보수는 적합한 서비스 기술자에 의해서 수행되어져야 한다.
10) 무선 헤드셋을 사용할 경우에는 무선헤드셋 수신음성신호가 너무 크지 않고 적정한 음성이 되도록 운영 전에 조정하여야 한다.
11) 돌출된 장애물로 때문에 피검색자가 넘어지는 것을 방지하기 위하여 입구아치쪽 바닥에는 돌출된 장애물이 없어야 한다.

제3절 액체폭발물 탐지기

1. 액체폭발물 탐지기 정의

액체폭발물 탐지기란 액체폭탄과 폭발물 원료, 폭발성 및 휘발성이 있는 물질 검색, 일정 용기 이상의 화학제품 등 위험성을 사전에 탐지하는 장비이다. 특히, 항공기의 압력으로 인한 과도한 압력으로 규정 이상의 액체류, 젤류, 에어로졸 등의 용기는 반입에 제한된다.

※ 기내반입조건 : 아래 사진과 같이 100ml 이하의 용기
이상일 경우 별도 지퍼락(Zepper Lock)에 보관

1) 반입가능

* 반입가능

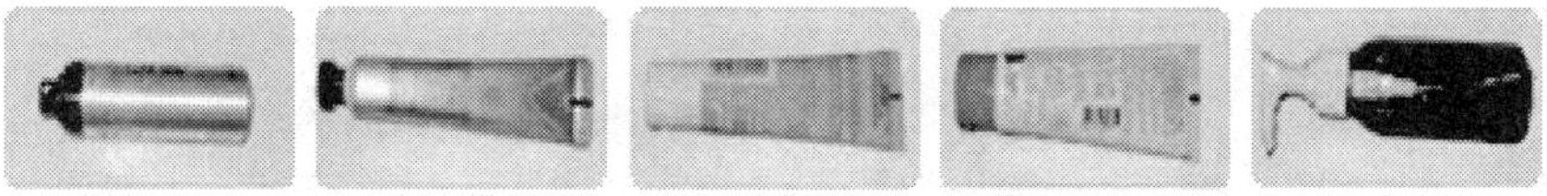

45㎖ 용기의 헤어 스프레이 | 50㎖ 용기의 구강청정제 | 75㎖ 용기의 핸드크림 | 100㎖ 용기의 치약 | 100㎖ 용기의 젤류 음료

2) 반입불가

* 반입불가

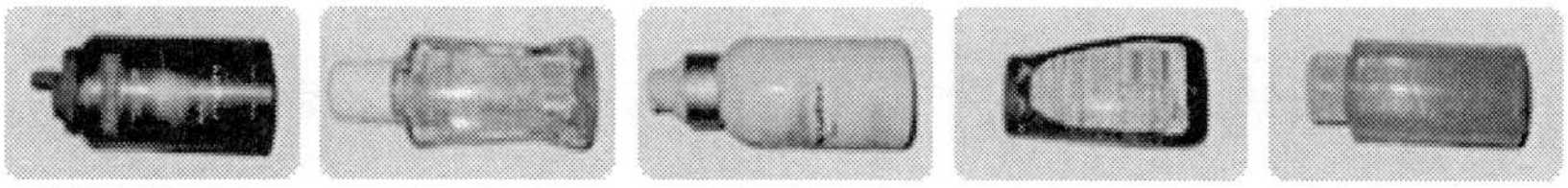

142㎖ 용기의 헤어 스프레이 | 250㎖ 용기의 구강청정제 | 125㎖ 용기의 베이비 로션 | 130㎖ 용기의 치약 | 120㎖ 용기의 음료

2. 액체폭발물 탐지기 종류

1) 휴대용 액체폭발물 탐지기의 종류

이미지 / 구분			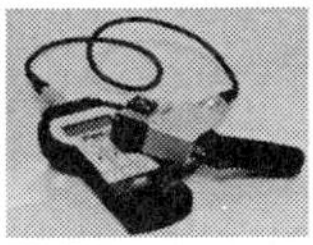	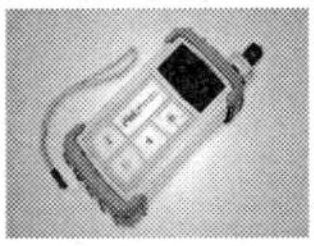
무 게	555g	1.82kg	6.58kg	430g
반응시간	2초	10초~1분	실시간	10~30초
탐지물질	액체 폭발물 및 인화물질, 금속	액체, 고체 폭발물 및 인화물질	액체/인화물	액체, 마약, 화학물질
전원	무선	무선	무선	무선
연속운용	약 12시간	3시간	-	-
검색방식	마이크로파	레이저	미립자 검출	레이저

2) 고정형 액체폭발물 탐지기의 종류

이미지 / 구분				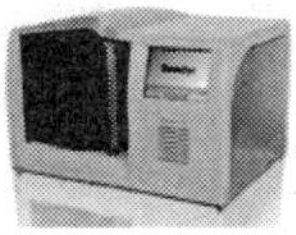
크기(cm)	71x36x29	54x31x33	78x30x48	82x56x61
탐지속도	20초 미만	5초 미만	1초	5~8초
탐지물질	물질분석	액체 폭발물 및 인화물질	액체 폭발/인화물/화장품/액상형태의 마약류	액체, aerosol, 젤
용 기	투명, 반투명 / 유리, 플라스틱	투명, 불투명 / 유리, 플라스틱, 금속, 도자기	투명, 불투명 / 유리, 플라스틱, 세라믹(도기)	투명, 불투명 / 유리, 플라스틱
검색방식 (적용기술)	레이저(789nm) 라만 분광기법	Wideband RF, 적외선, 자기유도	RF 140MHz : 액체의 전도도 2.4GHz : 절연체	레이저 라만 분광기법

제4절 폭발물탐지장비

1. 폭발물탐지장비(EDS) 정의

기본형 X-ray 검색장비에 폭발물탐지 기능을 탑재한 장비로써 위탁 수하물 지역에 설치되며, 수하물처리 컨베이어(BHS)와 연동하여 폭발물과 위해물품을 탐지하는 역할을 한다.

2. 폭발물탐지장비(EDS) 종류

NO	장비사진	Model 및 제원	탐지방식
1		터널크기 : 750(H)x625(W) Source : 160 ~ 180 KV 1.0 ~ 10mA Belt : 약12cm/sec	Transmission방식
2	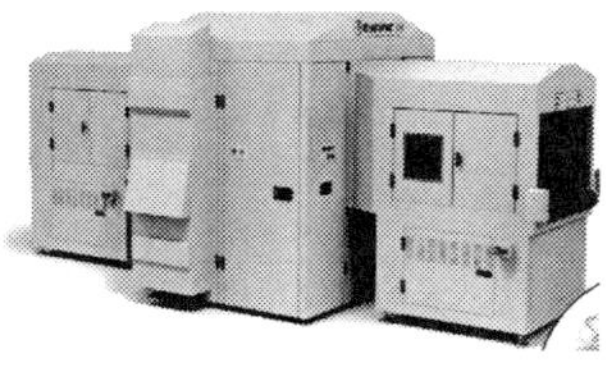	터널크기 : 800(H)x630(W) Source : 160 ~ 180 KV 1.0 ~ 10mA Belt:약15Cm/sec	Transmission방식

3. 폭발물탐지장비(EDS) 탐지방식

NO	장비사진	탐지방식	탐지영상
1	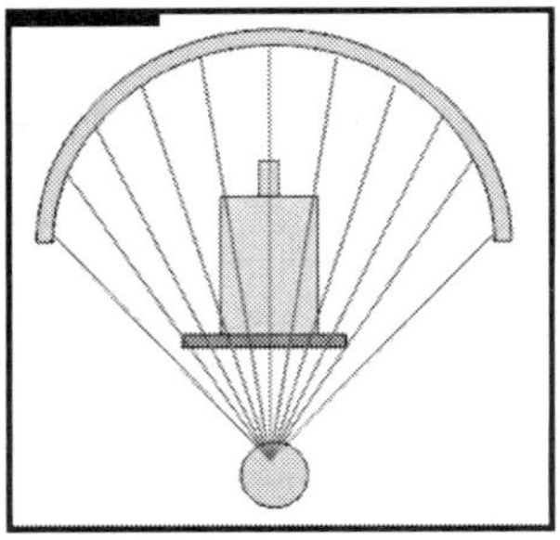	검출기와 발생장치가 동시에 회전 하면서 각각의 각도에서 영상획득	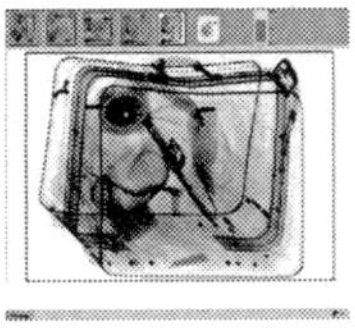
2	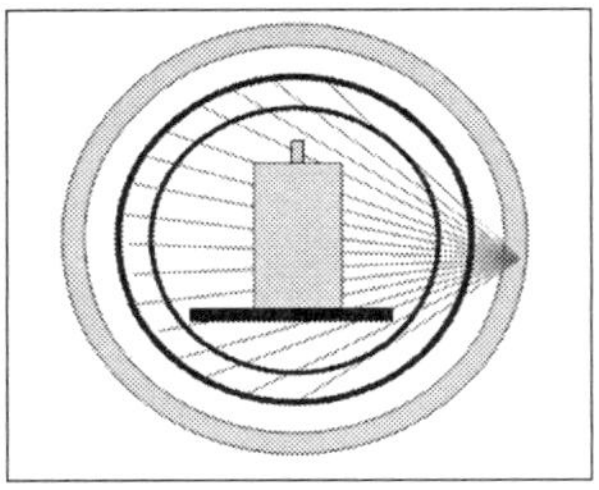	검출기는 고정, 발생장치만 회전 하면서 영상획득	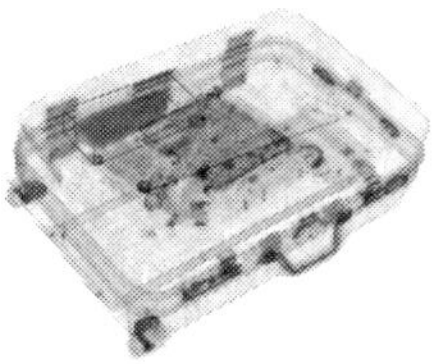

제5절 컨테이너 화물검색장비

1. 컨테이너 화물 검색장비의 정의

컨테이너 화물 검색장비(Container Cargo Inspection system)란 항만을 통하여 수출입 되는 컨테이너 금속상자를 트레일러와 함께 일체검색을 하는 장비로써 고정식과 이동식이 있으며, 국내에는 인천항, 부산신항 등에서 15기정도 설치되어 운영 중에 있다.

2. 컨테이너 화물 검색장비의 구성

1) 고정식 컨테이너 검색장비

고정식 컨테이너검색장비란 지정한 장소에 고정적으로 설치하여 이송장치를 이용하여 검색하는 방식을 말하며 주로 양방향의 구조를 가지고 있으며 지하 2층, 지상 4층의 구조로 설계된다.

2) 이동식 컨테이너 검색장비

이동식 컨테이너검색장비란 이동이 가능한 차량이나 장비자체에 구동부를 설치하여 장비가 움직이면서 검색하는 방식을 말한다.
주로 단방향의 구조를 가지고 있으며, 제작에 용이하다.

3) 컨테이너검색장비의 구성

CIS Technology

- **Container Inspection System**의 기술은 **Information Technology**와 **Engineering** 기술을 통합한 응용 기술
- CIS 기술은 **방사선원 및 검출기 기술, 이송시스템 기술, 건축 기술, 방사선 안전 및 방호 기술, 영상 시스템 기술, 기타** IT 및 N/W 등 6가지로 구분되며 유기적으로 통합되어 응용되는 기술임
- 방사선원 및 검출기 기술, 영상시스템(일부)를 외국기술 활용하고 **이송시스템 기술은 국산화하고** 있으며, 건축, 방사선 안전 및 방호 기술, 장비제어 S/W, 기타 IT 및 N/W 기술은 국내 기술을 적용하고 있음

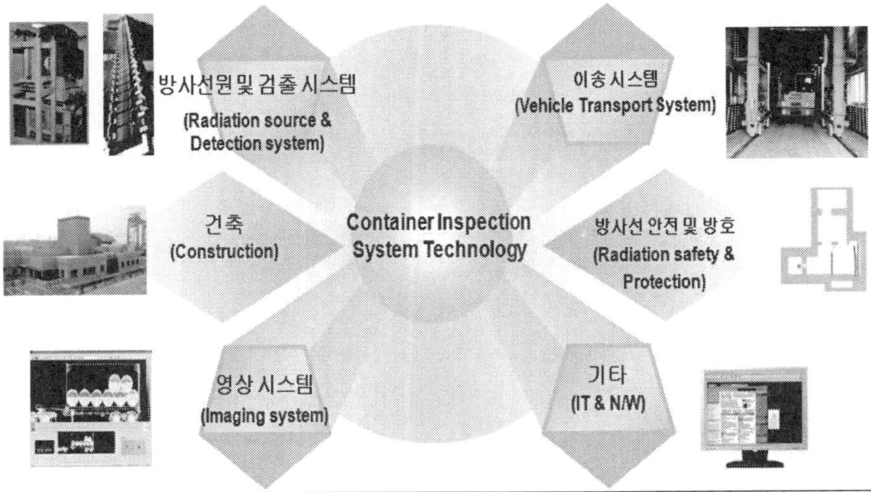

① **방사선원 시스템검출시스템**

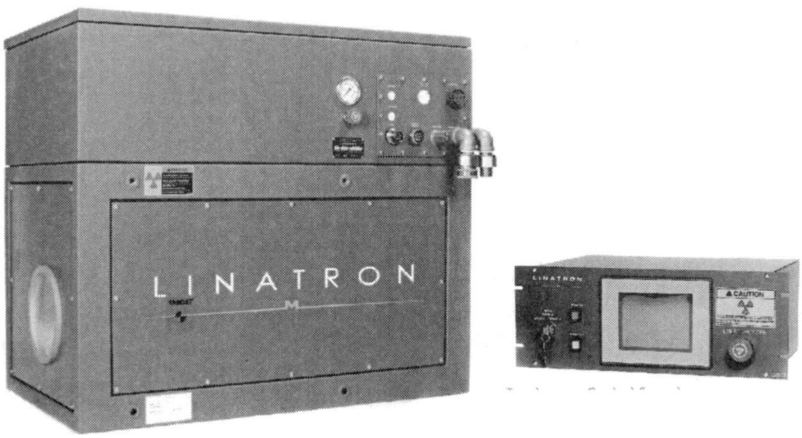

[Head / RF Unit 및 Control Pannel]

컨테이너검색장비의 방사선을 발생시켜 영상을 획득하는 시스템으로써 Operation energy는 9Mev 이다 총 에너지 30Gy/min 으로써 철판 400mm 이상의 투과력을 가지고 있다

② 검출시스템

영상을 획득하는 검출기는 총 40개 이상의 디텍터 어레이로 구성되며, 총 65525 Gray의 영상 및 칼라영상을 처리한다.

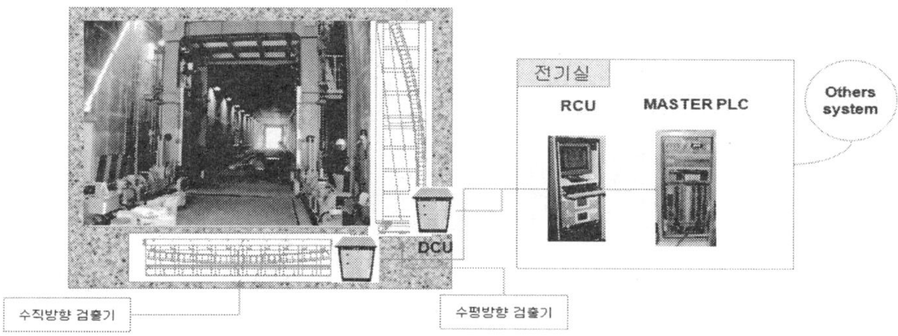

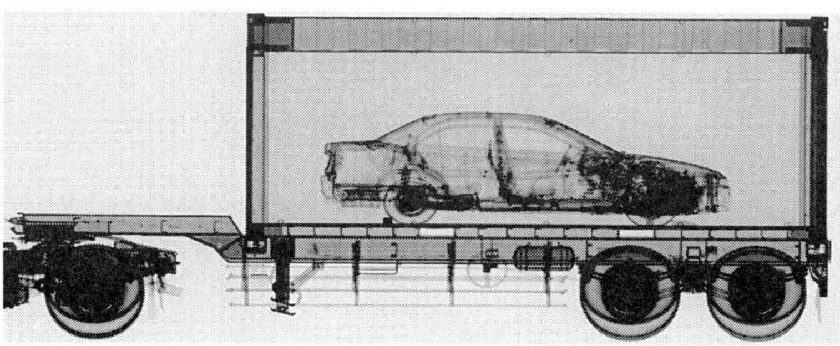

[수평영상]

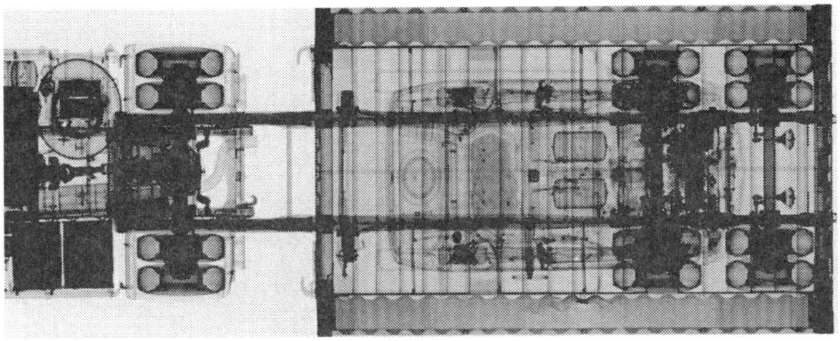

[수직영상]

③ **고압발생기(변조기)**

컨테이너 검색장비의 방사선 발생장치의 Control 역할을 하며, 방사선의 고주파를 발생시켜 가속을 시킬 수 있도록 조정하는 장치이다.

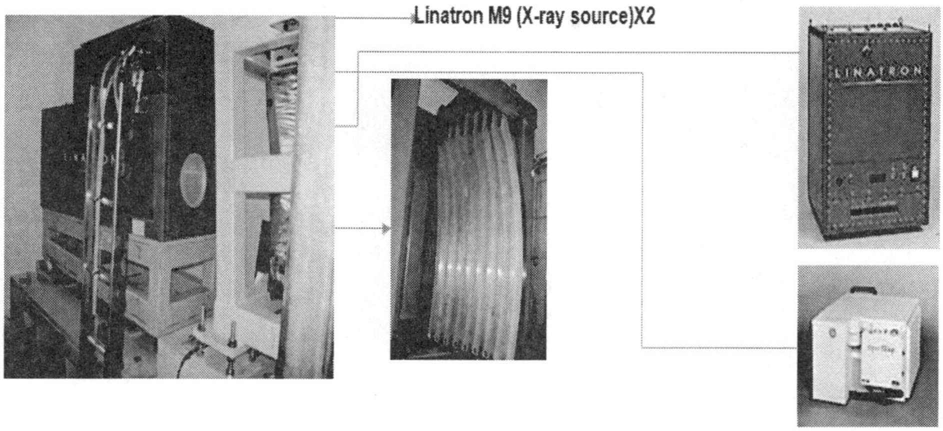

제작사	Varex Imaging System
모델명	Mi9
투과력	420mm Steelplate
최대에너지	9Mev
누설선량	0.002% 이하
Collimator	내부/FAN(W포함)Pre-object Collimator 배치
Mudulator	전원공급 및 PLC 제어
Chiller	가속기 냉각 및 온도 조절

④ 이송시스템

컨테이너 차량을 검색장비 터널로 이송하는 장치이다. 컨테이너 차량의 총무게 70톤을 견인할 수 있도록 설계되었으며, 방사선 발생장치와 연동하여 이동한다.

1시간당 20대 이상의 처리속도를 가지고 있으며, 지상 레일 방식을 채택하여 안전성이 높다.

구 분	SPEC
제작사	Varexing
이송방식	지상 견인형 레일 주행식(8 Wheel drive)
최대 허용 중량(축하중)	고정식:70톤(16톤)
2대 연동	스캔 이동 1, 견인 이동 1
최대 작업량	20대/시간(2'.58''/1대)
스캔속도	370mm/sec
이송속도	무부하 속도 : 800mm/sec 부하속도 : 550mm/sec
통신방식	무선 LAN 방식

⑤ 영상시스템

컨테이너검색장비의 영상시스템은 아래 도표와 같이 각종 IT 시스템으로 구성되어 있다. 검출기로부터 획득한 영상은 메인서버에 1차 저장이 된다, 이때 저장 파일은 고유형식 및 JPG, TIFF 형태로 저장된다. 저장된 고유형식의 영상은 판독자에게 전송이 되고 판독자는 영상 판독결과를 장비 운영자에게 전송하는 시스템으로 되어 있다

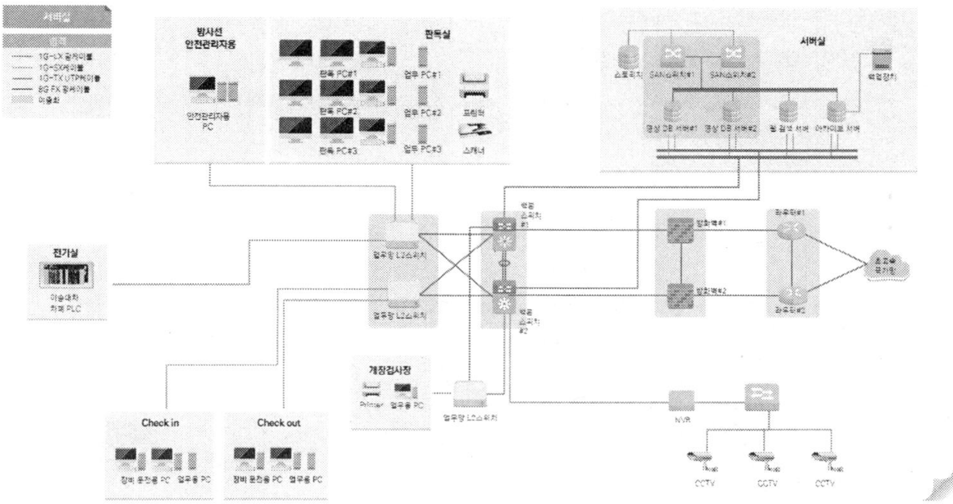

컨테이너검색장비의 운용 HMI는 총 3가지로 크게 구성된다. 입/출구 통제 관리 프로그램, 판독프로그램으로써 입/출구 통제프로그램에서는 차량의 진/출입 및 파일생성을 주 업무로 하고 방사선 안전관리 규정에 따라 처리한다.

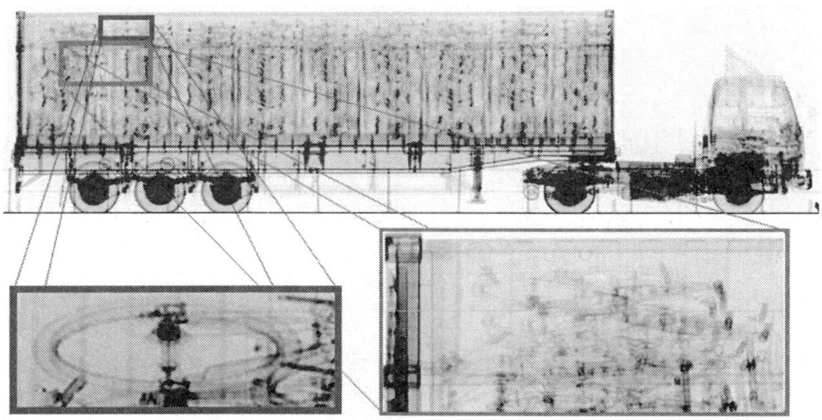

정밀검색 부분확대 영상

※ 각 프로그램은 제작사별로 조금씩 차이가 있을 수 있다

① **입/출구 통제프로그램**

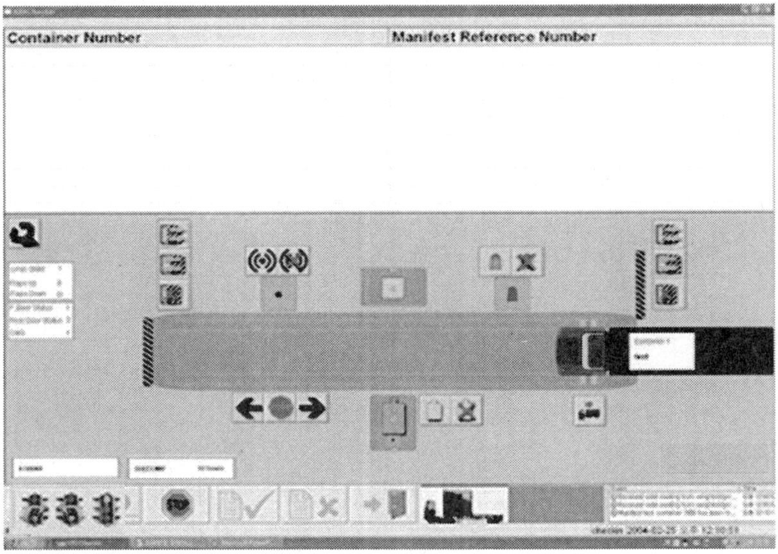

화면 표시	주요기능	비고
	사용자가 정방향 스캔을 시작할 수 있도록 한다.	
	사용자가 역방향 스캔을 시작할 수 있도록 한다.	
	사용자가 스캔작업을 멈출 수 있도록 한다.	
	EDI 상의 적하 목록 세부사항을 Import하여 저장하고 화면에 컨테이너 정보를 나타낸다.	
	Check In 적하 목록 뷰어에서 세부사항을 삭제한다.	

② 판독 프로그램

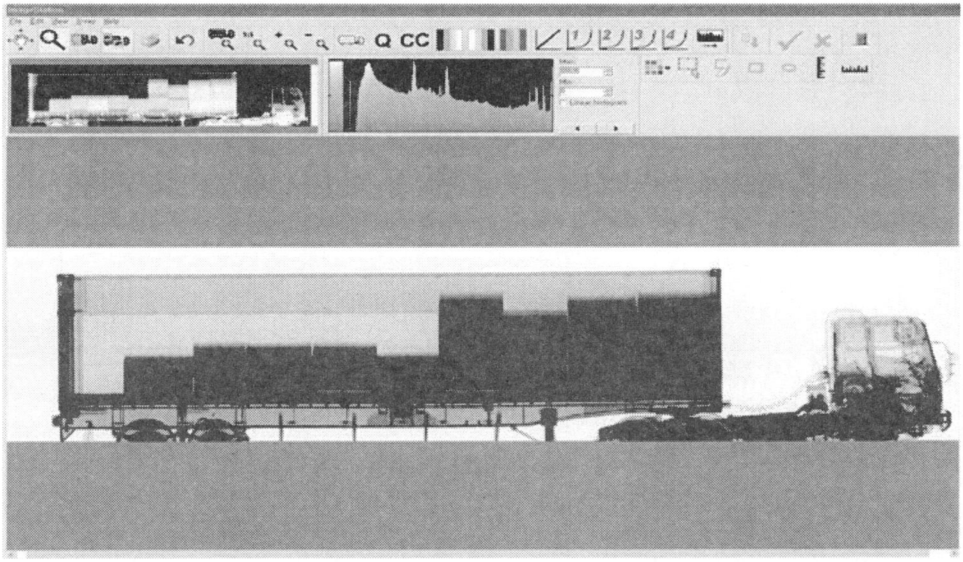

버튼이미지	기능설명
	영상의 개선을 위하여 국부 영역을 선택하는데 활용된다. 이 기능이 활성화 되면 마우스, 커서를 관찰창의 한 지점으로 옮기고 마우스 왼쪽 버튼을 누른 채 이동함으로써, 관찰 창에서 한 영역을 선택 할 수 있다. 마우스 버튼을 놓으면 8개의 컨트롤 포인트를 가진 선택용 사각형이 화면에 보이게 될 것이다. ROI(Region of Interest) 박스는 이러한 컨트롤 포인트를 이용하여 늘릴 수 있다. 영역이 선택되면, Rotate, Edge Enhance, Quick Optimize, Crystal Clear등 각종 기능이 선택된 영역에서만 제한적으로 적용된다.
	마커 박스를 토글하는데 사용된다. 활성화 되면 마커 박스가 화면에 표시된다. 비활성화 되면 마커박스는 보이지 않는다. 마커박스 툴바 내의 아무 툴이나 클릭하면 마커가 보이게 된다
	X-ray 영상과 MDR(Master Data Record) 정보를 선택적으로 출력하는데 사용되어진다.

버튼이미지	기능설명
	영상의 수정되지 않은 최초의 모습으로 전환하는 기능이다.
	줌 레벨을 설정하여, 전체 영상이 관찰창 디스플레이 되도록 하여 준다.
	줌 레벨을 설정하여 스크린상의 픽셀 하나가 Diode Array element하나에 매치되도록 한다.
	주 관찰창의 영상을 단계적으로 16배까지 1레벨 단위로 확대한다.
	주 관찰창의 영상을 단계적으로 16배까지 1레벨 단위로 축소한다.
	영상의 경계선이 더 잘 보이도록 윤곽선 개선 알고리즘(Edge enhancing)을 적용한다.
	밀도가 높은 물질을 어둡게 표시하는 greyscale 맵을 사용하여 영상을 표현한다.
	밀도가 높은 물질을 밝게 표시하는 역 greyscale 맵을 사용하여 표현한다. (어두운 회색흰색 순)
	영상의 어느 특정부분의 높이를 측정하기 위한 기능이다. 수직 줄자를 사용하려면, 이 버튼을 클릭하여, 아래방향으로 마우스를 드래그한다.

4) 컨테이너 검색장비의 종류

CIP300 (Smiths Detection)	HCVM L (화물차타입) (Smiths Detection)	HCVT 60(열차검색용) (Smiths Detection)

CX-*Gantry* (L3)	CX-*Mobile G3* (L3)	CX-*Portal* (L3)

Eagle P60 (Rapiscan)	Z portal (Rapiscan)	Eagle M25 (Rapiscan)

5) 컨테이너 검색장비의 성능테스트

컨테이너검색장비의 성능테스트는 국제규격인 Ansi 42.46 규정에 따라 장비의 성능을 검측한다.

(1) ANSI 42.46의 정의

ANSI 42.46(American National Standard for Determination of the Imaging Performance of X-ray and Gamma-Ray Systems for Cargo and Vehicle

Security Screening) / IEEE 이 표준은 화물 적재 차량이나 화물이 적재되지 않은 차량을 검사하는데 사용되는 X-ray와 Gamma ray 시스템의 영상성능을 결정하는데 사용하는 목적이 있다. 고정형/ 이동형 또는 기타 대형 검색장비의 단면 터널이 1m X 1m 보다 큰 화물, 차량 등을 검색하는 장비는 본 Kit에 적용한다.

(2) 투과력

이 테스트의 목적은 X-ray나 gamma-ray 이미지로 특정 테스트 대상의 orientation을 통해서 steel의 최고 두께를 측정한다.
마름모 형태의 네 개의 모서리가 잘 보이는지 확인한다. 이때 철판의 두께는 장비 성능상 최고의 두께를 설정한다.

(3) 공간분해능

이 테스트의 대상은 X-ray나 Gamma-ray 영상에서 구별되어질 수 있는 테스트 대상의 형상과 최소한의 오차(차이)로 측정되어
져야만 한다. 특히, 그 테스트 대상은 세 개의 가는 홈이나 세 개의 막

대기를 가지고 있고, 공간분해적인 해결은 영상에서 함께 전체적으로 나타나는 그 홈들이나 막대기들 사이의 최소한의 차이로 측정 한다. 굵기별 철판과 구리동선에 유의하여 측정한다. 구리동선의 50% 이상이 보여야 한다.

제6절 차량하부 검색장비

1. 차량하부 검색장비 정의

UVSS(Under Vehicle Surveillance System)은 보안이 필요한 항만, 공항 등 주요 국가시설물에 출입하는 차량의 하부검색을 차량이 진행과 동시에 스캔 된 한 장의 이미지로 확인 할 수 있는 시스템이다.
반사거울을 통한 검사요원의 육안에 의존하는 것이 아니라 고휘도 조명과 컬러스캔 카메라를 통해 데이터를 취합하기 때문에 보다 정밀하고 빠르고 효율적인 검색이 가능하며, 차량이 고속 진행하는 중에도 검색이 가능하다.

1) **적용사례 :** 법무기관, 군사시설, 공항 해군, 출입국사무소, 궁전, 대사관, 핵발전소, 은행, 호텔 등

2. 장비의 특징

○ 여러 장의 검색이미지 조합이 아니라 한 장의 고해상도 검색이미지를 얻을 수 있다.
○ 검사시간을 3초 이내로 단축할 수 있습니다.
○ 차량진입 시 최대 60Km까지 하부 검색이 가능하다.
○ 이미지 확대 기능
○ 화질 보정 기능
○ 비교 이미지 기능
○ 차량 인증을 위해 차량번호 입력기능
○ 차량 출입 일시 검색장비기능
○ 차량 출입 데이터베이스 / 레포트 기능
○ 차량 검색장비기능
○ 패스워드보안 기능

3. 장비의 추가기능

○ 자동차량번호인식기시스템 (다국적 차량번호 지원)
○ 차량 외관 보안카메라
○ 운전자 안면인식 기능
○ 출입관리시스템과 통합, 차단기, 차종 판별기, 차량내부검색시스템 등과 연동

4. 차량하부검색장비 종류

1) 매립형 하부검색장비

컬러 하부검색장비는 지면에 매립되어 수신 장비와 검색장비로 구성되며 고해상도 디지털컬러이미지를 단말(GUI)로 수초 이내에 전송하며, 조명과 첨단검색모듈을 사용하여 이미지를 캡처하여 전송, 배수구 마운트와 함께 설치되며 번호인식기 등과 연동이 가능하다.

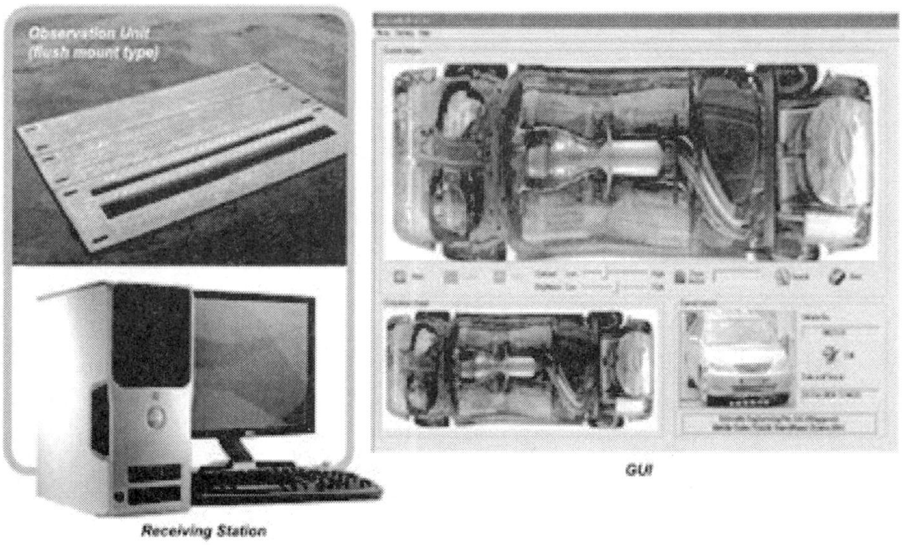

2) 이동형 하부검색장비

이동형 하부검색장비는 이동이 간편한 경량으로 설계되어 10분 이내로 빠른 설치가 가능하고 이동형 검색장비이다.

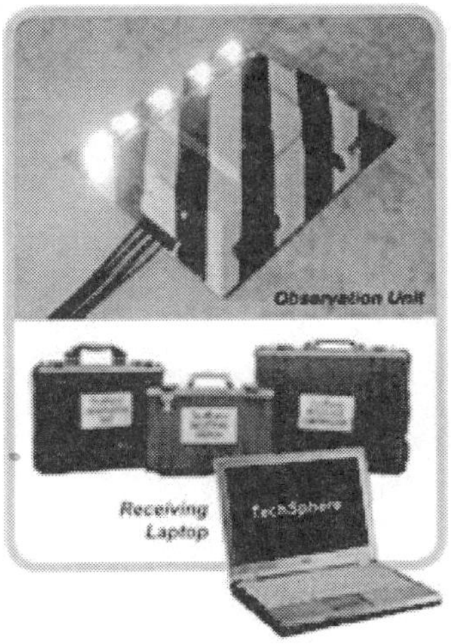

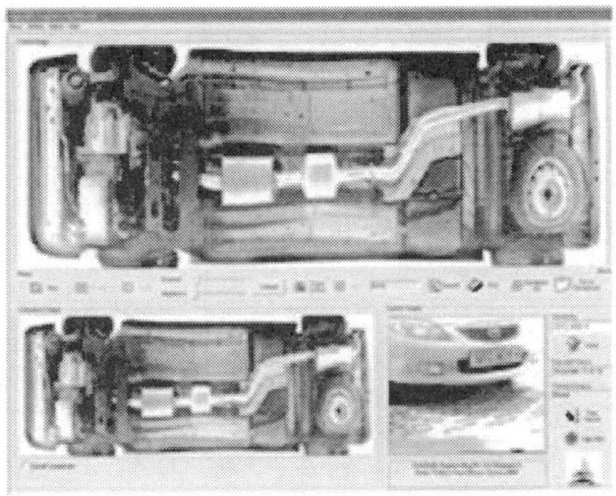

GUI

3) 무선형 하부검색장비

하부검색장비는 수신 장비와 검색장비로 구성되며 검색장비에 바퀴가 부착되어 차량하부를 스캔하고 검색된 이미지는 무선으로 수신 장비로 전송하는 장비로써 주차된 차량이나 정지되어 있는 차량의 검사에 적합하다.

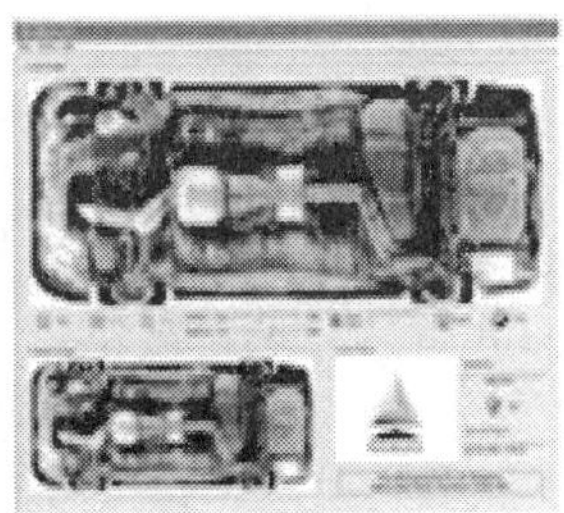

GUI

4) 덮개형 하부검색장비

덮개형 하부검색장비는 수신 장비와 검색장비로 구성되며 고해상도 디지털 흑백이미지를 사용하기 쉬운 GUI화면에 수초 이내에 표시한다. 이미지는 검색장비에서 조명장치와 카메라를 사용하여 캡쳐되어 전송됩니다. 덮개 또는 배수 마운트와 함께 설치한다.

GUI

5) 동영상 하부검색장비

동영상하부검색장비는 기본 4개의 CCTV 카메라에서 영상을 캡처하여 정상적인 이미지 캡처가 어려운 커브형 도로에 적합하도록 설계되었고 7km/h 이내의 속도에서 사용 할 수 있다.
검사결과는 4분할 모니터에서 실시간으로 볼 수 있으며 DVR에 결과를 저장한다.

Digital Video Recorder & Monitor

5. 차량하부검색장비 성능

1) 성 능

Observation Unit (OU)						
Model		UV Colour	Portable UV Colour	UV3	UV2	UV1
Camera	Sensor Type	Colour Linear CCD 16 x Zoom	Colour Linear CCD	Monochrome Linear CCD	Monochrome Linear CCD	Colour CCD
	Pixel Size	10 μm x 10 μm with a 10 μm pitch	10 μm x 10 μm with a 10 μm pitch	10 μm x 10 μm with a 10 μm pitch	10 μm x 10 μm with a 10 μm pitch	470 lines
	Resolution	4096 pixels	2048 pixels	1024 pixels	1024 pixels	470 TVL
	Power Consumption	800 mA	800 mA	800 mA	800 mA	200 mA
	Lens	12.5 mm	12.5 mm	12.5 mm	12.5 mm	2-6mm
	Field of View	100°	100°	100°	100°	70°
Lights	Type	Halogen Lights	Halogen Lights	Halogen Lights	Halogen Lights	Halogen Lights
Dimension	Observation Unit	250 x 250 x 72mm	280 x 280 x 72mm	495 x 520 x 90mm	250 x 250 x 82mm	1000 x 500 x 100mm
	Lighting Unit	900 x 70 x 100mm	Built-in	Built In	900 x 70 x 100mm	Built In
Material		galvanized steel (Robust, rugged)	Stainless Steel	Stainless Steel	Stainless Steel	Stainless Steel
Environmental		IP65	IP65	IP65	IP65	IP65
Power Requirements		12VDC	12VDC	12VDC	12VDC	12VDC

2) 차량하부검색경과의 비교

차량하부 검색경	iVACS
부분적으로만 차량하부를 볼 수 있음	완성된 차량하부 검색영상을 나타내기 위해 영상들을 붙여서 표현
차량이 교통하고 있을 경우에는 검색 불가	고정식 또는 이동형 설치 가능
차량하부의 세부사항이 기록되지 않음	모든 영상의 데이터 저장
많은 인력이 요청됨	장비작동에 필요한 오직 한 사람만 필요
처리시간이 느림	차량을 더욱 신속하게 처리 가능
탐지율이 낮음	라이센스번호를 바탕으로 기록된 하부영상과 비교, 영상에서 비정상적인 부분을 표시
	고해상도 사진을 제공 (자세하게 볼 수 있도록 확대 가능)

3) 외부물체의 자동탐지

완전 자동으로 외부물체를 탐지하는 유일한 지능형 시스템이다.
영상에 비정상적인 부분이 있으면 자동으로 식별한다(외부물체, 차량 하부 변경)화면에 비정상적인 부분을 추적하여 조작자에 표시한다.

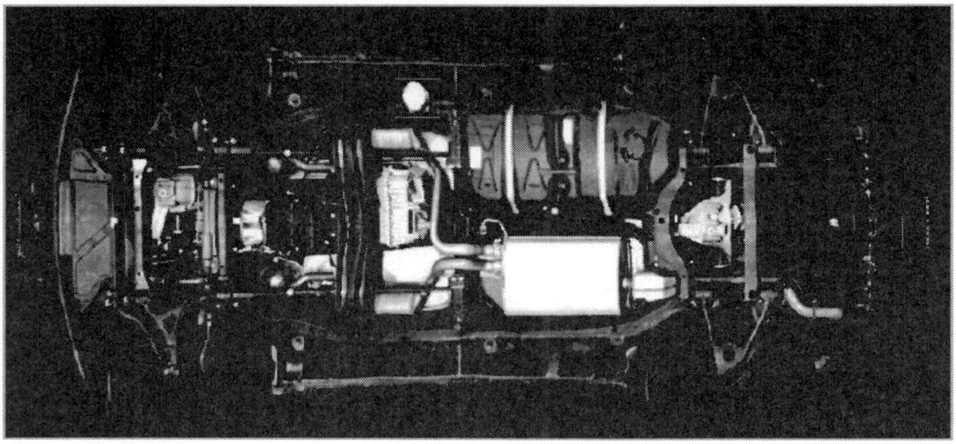

6. 차량 하부검색장비의 응용

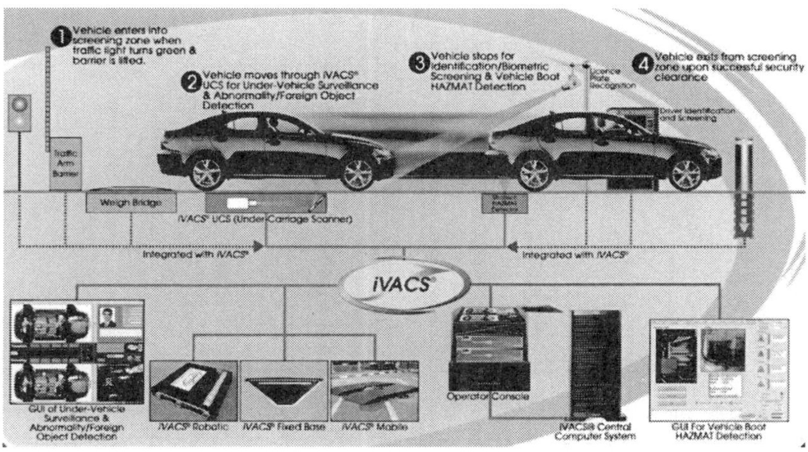

○ 번호인식기, 전광판, 차단기, 관리 소프트웨어 등과 연계되어 사용할 수 있다.

7. 설치사례

Chapter. 5

보안검색장비 운영절차

제5장 보안검색장비 운영절차

제1절 X-ray 검색장비

1) X-ray 검색장비 일일 점검준비를 한다.

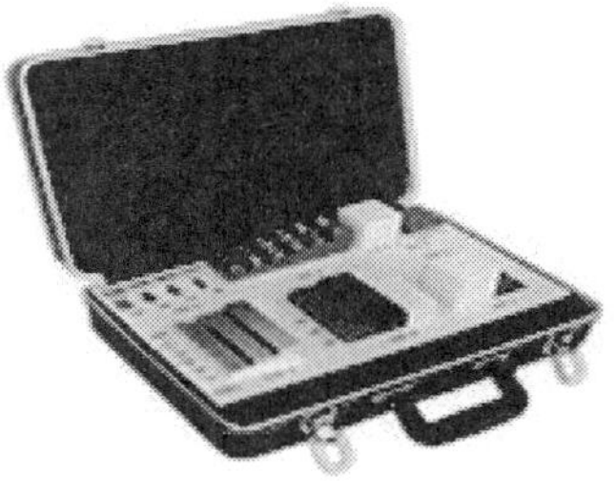
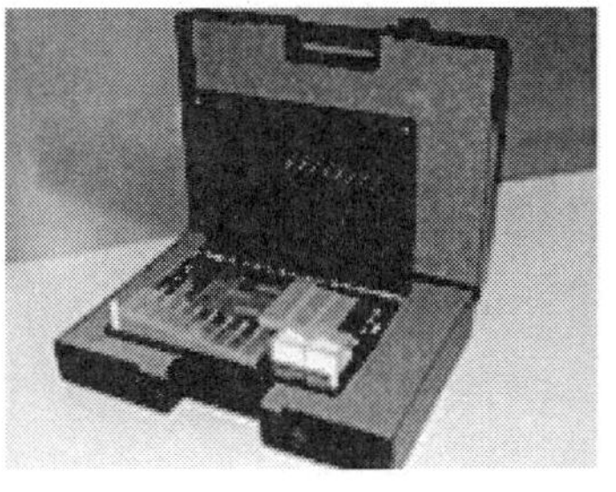

[X-ray 점검용 시편(STP) X-ray 점검용시편(ASTM)]

- 시험용물품(STP 또는 ASTM) 준비
- X-ray 컨베이어 위에 가방 등이 없앤다.
- X-ray 모니터 ON 상태로 한다.

2) 시험용물품을 컨베이어 벨트 상의 중앙에 눕혀 놓는다.
3) 모니터의 시험용물품 이미지를 확인한다.
- 모니터의 이미지 상태 최적 유지
- 필요시 조작반 기능사용(색상, zoom, 가장자리강화)

4) 시험용물품을 2-3회 반복한다.(필요시)
5) 점검결과(TEST 1 - TEST 5)는 아래의 기준에 만족하여야 한다.

① TEST 1: X-ray장비가 한 가닥의 wire를 표현할 수 있는 능력이며, 24AWG 또는 25SWG를 식별할 수 있어야 한다.
② TEST 2: 유기물과 무기물의 구분 표시
③ TEST 3: 최소 24mm까지의 철판 아래의 납띠를 인식하여야 한다.
④ TEST 4: 공간 해상력으로 텔레비전의 테스트 패턴과 같은 역할로 근접된 공간이 선명해야 한다.
⑤ TEST 5: 얇은 강판을 영상화할 수 있는지 여부를 테스트하여 0.1mm 이하가 인식되어야 한다.

6) 상기 최소조건을 만족하지 못할 경우 해당 장비는 유지보수 업체에 통보하여 수리되도록 한다.

제2절 문형금속탐지기

1) 점검용 시편(OTP)을 준비한다.
2) 문형금속탐지기 통과자는(점검자) 모든 소지품을 꺼내 놓는다.
3) 점검자는 OTP 총열을 아래의 신체 각 위치에서 아래를 향하게 하고 문형금속탐지기를 통과한다.
   ① 오른쪽 겨드랑이
   ② 등쪽의 허리부분
   ③ 오른쪽 엉덩이
   ④ 오른쪽 발목 안쪽
4) 신체 각 부분에 OTP를 넣고 문형금속탐지기를 총 10번(전면 : 5번, 후면 : 5번) 통과한다.
5) 문형금속탐지기 통과를 10번 시도한 것 중 9번 이상 경보음이 발생하여야 한다.
6) 문형금속탐지기 점검 종료 후 그 결과를 기록하여야 한다.

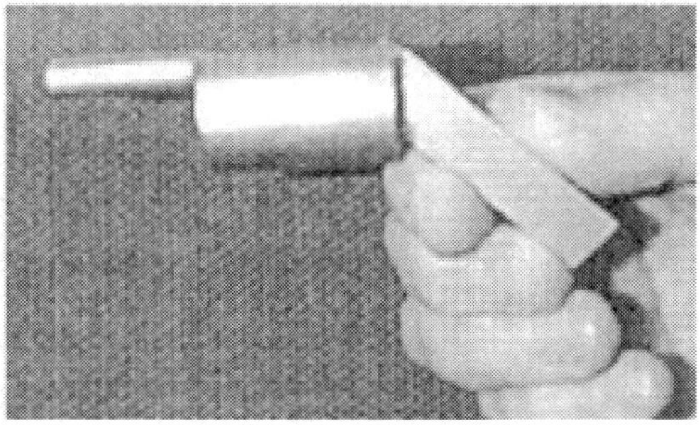

문형금속탐지기 점검용 시편(OTP)

제3절 휴대용 금속탐지기

1) 점검용 물질 규격: 중량 5.5g, 직경 25mm의 원형 금속물질
2) 휴대용 금속탐지기를 원형 금속물질(중량 5.5g, 직경 25mm)에 접근(5㎝이격) 하였을 때 경보 및 진동 발생하면 정상작동 상태임
 - 경보 및 진동 없으면 점검요청
 - 경보 및 진동이 작으면 배터리 충전 등 필요한 조치

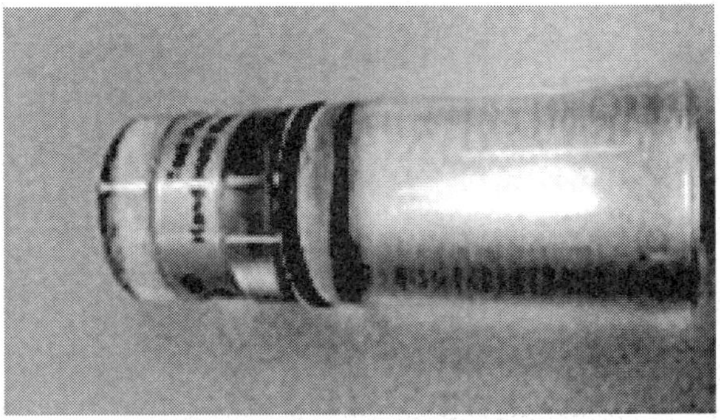

[휴대용 금속탐지기 점검용 시편]

제4절 폭발물흔적탐지기

1. Ionscan 500DT

1) Verification 샘플을 스왑에 묻혀 분석을 실시한다.
2) 디스플레이 결과를 확인한다.
 - 성공한 경우 -'검증 경보 리셋 (Verific Alarm Reset)' 버튼을 누른다.
 - 실패한 경우 -Verification 샘플을 다시 바르고 검증 절차를 반복한다.
3) Cleardown 화면이 뜨면 명령버튼을 눌러 화면 지시대로 따라 실행한다.
4) 깨끗한 샘플 스왑을 2번 연속 삽입하여 검증절차를 마무리한다.

2. QS-B220

1) 메뉴에서 유지관리(Maintenance) 버튼을 누른다.
2) 유지관리(Maintenance) 메뉴에서 검증(Verification)을 누른다.
3) 양성 및/또는 음성 IMS 체크박스가 활성화 되었는지 확인한다. 시스템이 요청된 검증 (양성/음성)상태에 있다면 검증화면에 들어가면서 체크박스가 자동으로 활성화된다.
4) 시작(START) 버튼을 누른다. 가장 최근의 교정 후 10분 이상 경과하고 검증을 시작한다면 검증을 진행하기 전에 시스템은 교정을 위한 메시지를 나타낼 것이다.
5) 샘플 트랩을 사용하여 검증 캔(can) "A" 안에 있는 메쉬(mesh)를 한번 닦아낸다.
6) 화면에 "음성검증샘플을 삽입하세요."라는 메시지가 나오면 desorber에 트랩의 체취면을 위로해서 삽입한다.
7) 시스템이 "계속하기 전에 트랩을 제거하세요."라는 메시지를 띄우면 desorber에서 트랩을 제거한다.
8) "음성검증 성공"이라는 메시지가 표시되면 OK를 누른다. 검증이 성공

적이지 않으면 시스템이 검증실패 메시지를 표시할 것이며 사용자에게 5-7단계를 반복하라는 메시지를 보낸다. 검증이 반복적으로 실패하면 수동으로 교정을 시작시키고 검증을 재시도 한다. 검증이 계속해서 실패하면 사용자 매뉴얼의 문제해결 항목을 참조한다.

9) 샘플 트랩을 사용하여 검증 캔(can) “B” 안에 있는 메쉬(mesh)를 한 번 닦아낸다.
10) 화면에 “양성검증샘플을 삽입하세요."라는 메시지가 나오면 desorber에 트랩을 샘플 옆을 위로해서 삽입한다.
11) 시스템이 “계속하기 전에 트랩을 제거하세요.”라는 메시지를 띄우면 desorber에서 트랩을 제거한다.
12) “양성검증 성공”이라는 메시지가 표시되면 OK를 누른다.
13) 뒤로 가기(〈Back) 버튼을 두 번 눌러서 메인 메뉴로 간다.

[QS-B220 점검용시편]

3. Itemiser3

1) Verification Trap을 분석을 실시한다.
2) 스플레이 결과를 확인한다.

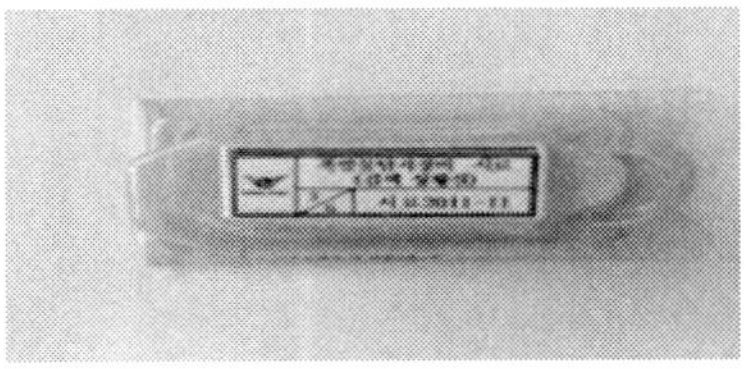

[Iemiser3 점검용시편]

제5절 액체폭발물 탐지기

1. EMA3

1) 테스트는 각각의 테스트 샘플의 간단한 분석으로 구성된다. 테스트는 다음과 같은 경우 성공적으로 통과된다.
   - PASS 테스트 샘플이 “allowed product”라고 인식한 경우

   - No PASS 테스트 샘플이 “not allowed product”라고 인식한 경우 (알람)

2. Insight 100

1) 용기 스캔 챔버 안 검색 콘에 흰색 플라스틱 면을 맞대도록 테스트 시료를 배치합니다.
   (테스트 시료 위에 빨간색으로 "Test Piece" 라벨로 표시 된 부분)

2) 스캔을 시작하기 위해 도어를 닫습니다.
3) 테스트 시료가 정확하게 검출되면 알람이 발생되고 터치스크린이 녹색으로 표시되며 'Test Piece Detected : system PASS) 안내문이 표시됩니다.

제6절 폭발물탐지장비

1. eXaminer 3DX 6500

1) Conveyor Belt centering 및 상태 확인
   - Scanner 컨베이어 벨트의 상태를 눈으로 확인한다.
   - 수하물에서 나온 파편, 쓰레기 등을 치운다.
   - Scanner 컨베이어를 작동 시 물리적 손상(찢어진 곳, 틈, 가장자리 찢어짐)이 있는지 확인한다.
2) EDAC (Explosive Detection Algorism Computer) Booting 상태 확인
   - EDAC Computer의 부팅 후 System On-Line 상태를 확인한다.
   - Hard Disk 상태표시 LED 램프를 확인한다.
3) IQTK (Image Quality Test Kit) 테스트 실시
   - 준비물: IQTK Test Bag
   - 점검절차

     ① 테스트 전 IQTK Mode 전환한다.

     ② IQTK Bag을 eXaminer6500장비에 투입한다.

     ③ IQTK Bag을 eXaminer6500장비에 투입한다.

     ④ MCSC 화면에 나타나는 테스트 결과(Successful/Fail)를 확인한다.

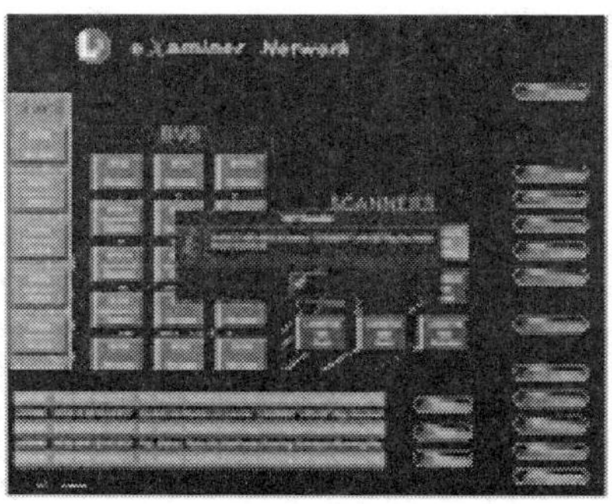

⑤ Message창에 "Image Quality Test: "Successful"일 때 Test종료한다.

⑥ Message창에 "Image Quality Test: "Fail" 일 때, IQTK Bag을 회수하여 재투입 하고 상기와 같은 방법으로 IQTK Bag Test 시 Fail 메시지가 5회 이상 반복될 경우 IQTK Fail 복구절차를 실시한다.

4) 장비 Status 표시 Lamp 작동상태와 내부 및 터널 이음, 이취 상태 확인

- Scanner 터널 내부 이물질 등의 오염 여부 확인한다.
- 분쇄 또는 금속 삐걱거리는 소리가 나는지 확인한다.
- 이음이 심할 경우 야간에 베어링을 확인한다.

5) Air conditioner 작동확인 및 배수 Drain 확인

- Air conditioner 의 작동 상태 및 내부 온도를 확인한다.

6) FCC Parameter spec값 확인

- FCC 모니터 상에서 2번 Monitor Disk Sub-system을 선택한다.
- FCC 모니터 상의 Parameter 값이 아래 표 상의 각각의 항목의 기준값 범위 내에 있는지 확인한다.

[표-1] FCC Parameter 측정시 기준값

양극 HVPS온도	10 에서 45oC
양극 IGBT 온도	10 ~45oC
스파인 T1 온도	10 ~ 45oC
HV 모듈레이션	-1500 ~0 V
-140V 전원	-135 에서-150V
냉각제 인렛온도	10 에서 45oC
냉각제 아웃렛 온도	10 에서 45oC
+2.5V 기준	2.450 에서2.550V
+24V 전원	23.5 에서 24.5V
+6.5V 전원	6.1 에서 6.3V
X레이 고압	160,000 ~170,000V
+140V 전원	135 에서 150V
냉각제 인렛압력	60 에서 100psi
냉각제 아우트렛 압력	0 에서 20psi
X레이 빔 전류	9.6 에서 10.1 mA
X레이 튜브필라멘트	2.5 에서 4.2A
-12V 전원	-11.5 에서-12.5V
+12V 전원	11.5

(7) BHS Data 통신상태 확인(BCS Log 확인)

- BCS에서 /opt/eds/log/BCS.log 에서 Log를 확인을 한다.

(8) 판독성능 유지 및 24시간 연속작동 상태 확인

- Scan Mode일 경우 Test Bag을 투입하여 장비의 이미지 표출 상태를 확인한다.

- 자동 경보(위험물질 서클) 기능이 정상적으로 작동하는지 확인한다.
- Stand-by Mode 일 경우 Scan Mode로 전환하여 위의 내용을 확인한다.

(9) 수하물 검색상태 확인
- Searching WS를 이용하여 당일 검색된 수하물의 검색상태(판독값, 위험물질알람)를 확인한다.

(10) 장애진단 기능 확인 (설치 장소)
- Error 나 장애 발생 시 관련 error message 가 서비스 모니터 상에 표출되는지 확인한다.

(11) 자가진단 기능 확인 (1회 /24시간)
- Scan mode로 전환하여 자가 진단 기능이 정상적으로 작동하는지 확인한다.
- Scan mode일 때는 Standby Mode로 변경 후 Scan Mode로 전환하여 확인한다.

(12) SWS (Searching Workstation) 상에 이미지 저장 및 확인기능 확인
- Searching WS를 이용하여 당일 및 전일 검색된 수하물 Image가 정상적으로 저장되는지를 확인한다.

(13) 안전장치 정상작동 확인
- 비상경보장치 : E-stop작동 시 비상경보램프가 정상적으로 점등하는지 확인한다.
- 전원표시기 : eXaminer 작동시 전원표시 램프가 정상적으로 점등하는지 확인한다.
- 비상정지 버튼
  a. 장비에 위치한 E-Stop Switch를 작동 후 장비의 작동이 정상적으로 중지되는지 확인한다.
  b. E-Stop Switch 해제 후 장비가 정상적으로 가동되는지 확인한다.

(14) 판독실 및 서버실 일일점검

- 일일점검의 IQTK 항목 점검시판독실 BVS 이미지 표출 상태 확인한다.
- MCSS, MCSS computer 프로세스 및 프로그램 구동 상태를 확인한다.
- 판독실 BVS 작동상태 및 기능의 이상 유무를 확인한다.

2. CTX-9000Dsi

1) 일정한 성능을 유지하고 24시간 연속적으로 작동되며, 수하물 검색을 할 수 있는지 확인한다.
2) 검색장비는 설치된 장소에서 장애를 진단할 수 있는 기능 포함여부를 확인한다.(Service Monitor를 통하여 확인)
3) 매 24시간 마다 최소 1회 자가 진단기능이 있는지를 확인한다.(X-ray Warm Up Test 유무 확인)
4) 검색된 특정 이미지를 저장할 수 있어야 하며, 필요 시 반복하여 확인할 수 있는 기능이 있는지를 확인한다. (PTRI를 통한 Replay Bag 확인)
5) 안전장치에는 아래의 기기가 포함되어야 하며, 정상적으로 작동여부를 확인한다.
   - 비상경보장치
   - 전원표시기
   - 비상정지버튼
6) 각 Side에 위치한 Power signal의 on/off를 통해 Main power공급 및 Light bulb (전원, Fault, X-ray on) 이상 유무육안으로 확인한다.
7) Service Door와 Security panel 개폐 유무 육안으로 확인한다.
8) Conveyor Belt 사이 이물질 제거와 작동상태 및 손상유무를 육안으로 확인한다.
9) Curtain 손상 및 작동상태 육안으로 확인한다.

10) 시스템 정상 작동 시 Image(CT, PSX) 정상 판독 유무를 육안으로 확인한다.

11) Air Conditioner 정상 작동 유무를 육안으로 확인한다.

12) UPS Panel상의 Status LED의 이상 유무를 육안으로 확인 한다.

13) 작업장 내 유해요소 유무 육안으로 확인한다.

14) IQ Test 실시

- 점검용 물품: IQT Bag
- 점검절차
  a) 테스트 전 X-ray warming up 실시 여부를 확인 한다. (필요 시 테스트 실시)
  b) IQ Bag을 CTX장비에 투입할 준비를 한다.
  c) CI화면에서 점검할 CTX를 선택한 후, Menu에서 CERT를 누른다.

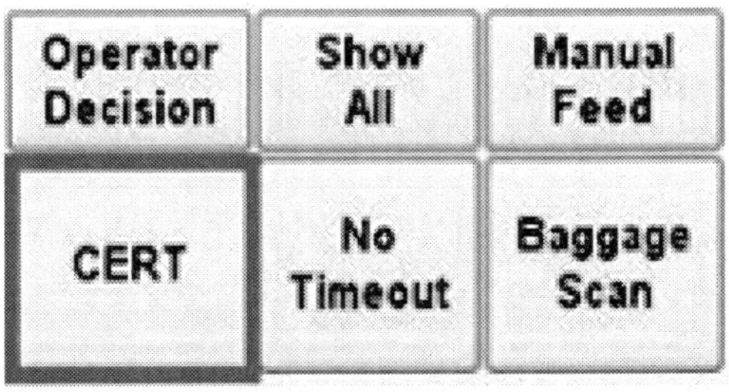

  d) Operating Menu의 Inspection mode에서 IQ를 선택하고 OK를 누른다.

e) 준비된 IQ Bag을 해당 CTX장비로 투입한다.

f) CI화면의 Message에 나타나는 결과(Successful/Fail/Try again)를 확인한다.

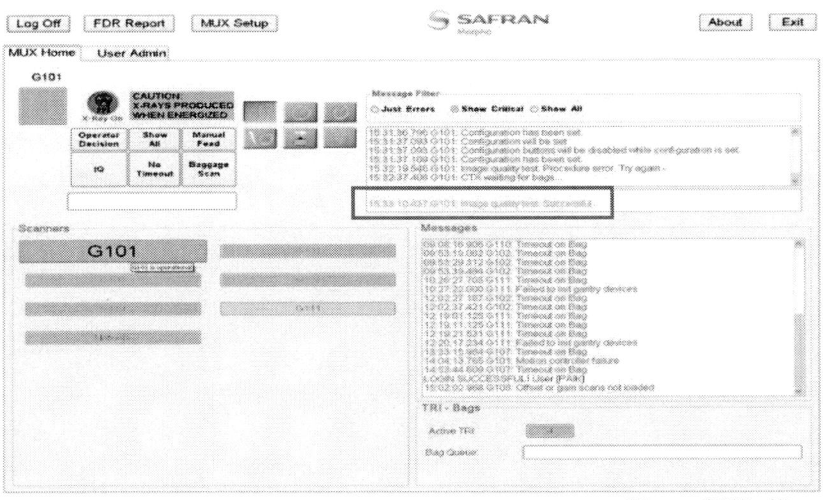

- Message창에 “Image Quality test: “Successful”일 때 IQ Bag을 회수하여 재투입한다.
- Message창에 “Image Quality Test: “Fail” 혹은 “Try again”일 때, IQ Bag을 회수하여 재투입 한다.

상기와 같은 방법으로 IQ Bag Test 시 Fail 혹은 Try again 메시지가 5회 이상 반복될 경우 유지보수업체를 통한 해당 장비에 대한 점검을 요청한다.

(15) Test 종료 후 Menu에서 IQ를 눌러, Inspection mode의 CERT를 선택하고 OK를 누른다.

(16) 검색모드로 전환하여 운영을 시작한다.

Chapter. 6

보안검색장비 성능점검

제6장 보안검색장비 성능점검

제1절 개요

1. 보안검색장비 성능점검이란?

보안검색장비란 불법행위에 사용되는 무기, 폭발물 등 위협물품을 탐지하고 수색하는데 사용되는 장비를 말하며 보안검색장비의 성능점검은 보안검색장비의 정상작동 여부를 점검하거나 검사(檢査)하는 것을 말한다.

2. 보안검색장비 성능점검시기

1) 보안검색장비는 운용 전 장비의 정상작동 여부를 "점검용 시험물품"으로 반드시 점검하고 사용하여야 한다.

※ 점검용 시험물품 : 보안검색장비의 정상작동 여부를 점검하거나 검사하기 위하여 인증을 받았거나 장비 제작사에서 해당 장비의 성능점검 등을 목적으로 제작한 물품을 말한다.

2) 장비점검은 보안검색장비의 효율성 유지를 위하여 검색 업무 개시 전, 장비 고장 수리 후, 장비의 신규 설치 및 이설시 점검하여야 하며, 특히, 장비를 운용하는 자는 장비 상태를 수시로 확인하여야 한다.

3. 보안검색장비별 점검용 시험물품

1) 점검용 시험물품

보안검색장비의 정상작동 여부를 점검하거나 검사(檢査)하기 위하여 인증을 받았거나 장비 제작사에서 해당 장비의 성능검사를 목적으로 제작 또는 권고한 시험물품을 말한다.

2) 보안검색장비별 사용할 시험물품 종류

(1) 엑스선검색장비 :

① 터널규격 1m x 1m 이하 : ASTM 또는 CTP, STP

② 터널규격 1m x 1m 초과 : 제작사의 검사장비 또는 제작사 권고 시험물품

(2) 문형금속탐지장비 : OTP, 제작사의 검사장비 또는 제작사 권고 시험물품

(3) 폭발물탐지장비 : 제작사의 검사장비 또는 제작사 권고 시험물품

(4) 폭발물흔적탐지장비 : 제작사의 검사 장비 또는 제작사 권고 시험물품

(5) 휴대용 금속탐지장비 : 무게 5.5g, 직경 25㎜크기의 원형 금속물질 또는 제작사 권고 시험물품

(6) 액체폭발물탐지장비 : 제작사의 검사 장비 또는 제작사 권고 시험물품

(7) 전신검색장비 : 제작사의 검사장비 또는 제작사 권고 시험물품

(8) 신발검색장비 : 제작사의 검사장비 또는 제작사 권고 시험물품

4. 보안검색장비 운영 시 유의사항

1) 보안검색장비는 업무개시 이전에 반드시 장비점검을 통하여 성능을 확인하여야 한다.
2) 보안검색장비의 성능점검은 장비 전원투입 후 작동상태(동작상태 표시등, Error 메시지 등)를 확인하여야 하며, 정상으로 표시된 경우 장비별 점검용 시험물품으로 장비의 성능을 점검하여야 한다.
3) 보안검색장비는 외부충격에 의한 오류가 발생할 수 있으므로 사용 시 주의하여야하고 비정상 동작 시 필요한 조치하여야 한다.

제2절 보안검색장비의 최소기능

1. 엑스선 검색장비 최소기능

1) 엑스선 검색장비 모니터는 19형 이상으로 제작사가 보증하는 제품으로 사용하여야 한다.
2) 화면의 확대 기능은 2배, 4배 또는 그 이상 조정 가능하여야 하고, 확대비율은 고정하여 사용 할 수 있어야 한다.
3) 이미지는 최소 10개 이상 가장 최근에 저장된 순서대로 다시 검색할 수 있어야 한다.
4) 유기물질과 무기물질 제거 기능이 있어야 하며, 유기물질, 무기물질과 혼합물질은 색상으로 서로 구분되어야 한다.
5) 최소 4색 이상의 물질과 밀도의 차를 표시할 수 있는 기능이 있어야 한다.
6) 색 농도 조정기능이 있어야 한다.
7) 고장 발생 시 고장내용(에러코드)을 모니터에 표출해 주어야 한다.
8) 엑스선 검색장비는 대상물을 검색하는데 사각이 발생하지 않아야 한다.
9) 휴대물품 검색용 엑스선 검색장비는 재검사가 용이하도록 컨베이어 벨트를 전진과 후진시킬 수 있어야 한다. 위탁 수하물 검색에 사용되는 엑스선 검색장비는 수하물 처리시스템과 연계하여 운용할 수 있어야 한다.
10) 검색장비는 허가받지 아니한 자가 운용할 수 없도록 잠금장치를 장착하여야 한다.
11) 검색장비의 운용 중 엑스선발생장치 등에서 비정상적인 상태가 발생할 경우 즉시 장비운용을 중단시킬 수 있는 비상 차단장치가 있어야 한다.

12) 엑스선검색장비는 일정한 성능을 유지하고 24시간 연속적으로 작동되어야 한다.
13) 엑스선검색장비는 위협 이미지 표출기능(TIP)을 보유하여야 한다.
14) SWG25(0.508㎜) 또는 AWG24(0.5105㎜) 이상의 구리선을 식별할 수 있는 해상도를 유지하여야 한다.
15) 엑스선검색장비는 양방향 장비의 경우 최소 28mm이상(단방향의 경우 최소 24㎜이상)의 강철을 투사하여 영상으로 표시할 수 있는 투과성능을 유지하여야 한다.
16) 검색장비는 원자력안전법에서 정한 방사선 발생장치기술기준에서 정하는 방사능 노출 요건 등을 충족하여야 하며, 기기 표면 방사선 누출량은 0.5mR/h (5uSv/h) 이하로 관리하여야 한다.
17) 유기물질과 무기물질 구분이 되어야 한다.
18) 엑스선 발생장치의 정렬상태 표시와 검출기 상태를 모니터에 표출해주어야 한다.
19) 최소 24시간 이상 디지털 방식으로 자동으로 이미지가 저장되어야 하며, 저장된 이미지는 재생할 수 있어야 한다. 저장된 이미지는 검색시간 및 날짜 등이 확인 가능하여야 한다.
20) 컴퓨터 단층촬영 방식에 의한 폭발물 탐지성능이 있는 장비는 폭발물 탐지장비 기능 및 성능을 갖추어야 한다.

2. 문형 금속탐지 장비 최소기능

1) 탐지장비의 모든 위치에서 동일한 성능을 유지하고 24시간 연속적으로 작동되어야 한다.
2) 장비에 내장된 자체고장 진단기능과 회로 보호 장치 기능이 있어야 한다.

3) 탐색된 위치와 경고위치가 동일하게 표시될 수 있는 기능이 있어야 한다.
4) 탐지장비에 감도의 수준을 조정할 수 있는 기능과 그 상태를 장비외부에 나타낼 수 있는 표시기능이 있어야 한다.
5) 탐색물의 재질과 크기, 위치, 통과 속도 등에 따라서 필요한 경우 감도를 적절히 조정하여 탐색물을 탐지할 수 있어야 한다.
6) 장비는 설치장소 주변에 금속구조물 또는 강철 등이 포함되어 있더라도 정상적으로 작동되어야 한다. 또한 탐지장비의 측면으로부터 제작사 권고 지점에 설치된 다른 문형금속탐지장비의 영향을 받지 않고 정상적으로 작동되어야 한다.
7) 장비는 허가받지 아니한 자가 운용할 수 없도록 잠금장치를 설치하여야 하며, 또한 접근할 수 없도록 조치하여야 한다.
8) 피검사가 2개 또는 그 이상의 금속을 서로 다른 위치에 은닉한 채 문형 틀 통과 시에는 해당위치를 동시에 표시할 수 있어야 한다.
9) 금속물질 탐지 정보는 시각 및 청각으로 동시에 표출하여야 한다.
10) 통과 승객에 대한 Random 검색을 위하여 모든(알람, 미알람 포함) 통과 승객 비율 또는 수를 지정할 경우 자동으로 시각 및 청각으로 동시에 표시하여야 한다.
11) 통과 승객 수를 확인할 수 있는 카운터 표시 기능이 있어야 한다.
12) 장비는 심장박동 조절장치 같은 의학 장비에 방해가 되지 않는다는 인증을 받은 제품이어야 한다.
13) 문형금속탐지장비는 신체의 4가지 위치에서(오른쪽 팔, 오른쪽 엉덩이, 허리부분, 오른쪽 발목) OTP를 탐지할 수 있어야 한다. 검사자는 알람이 울리지 않는 상태여야 한다.
14) 문형금속탐지장비를 신체의 4가지 위치에서 10번을 통과하되 5번은 한쪽 방향으로, 5번은 반대방향으로 통과하여 각 신체 해당 부위별로 10회 중 9회 이상 알람이 울려야 한다.

3. 휴대용 금속탐지장비 최소기능

1) 탐지 시 청각 및 진동으로 동시 표시되어야 한다.
2) 철금속물과 비철금속물을 모두 탐지할 수 있어야 한다.
3) 충전이 필요한 경우 경보음을 발생하여야 한다.
4) 장비는 감지감도를 조정할 수 있는 기능이 있어야 한다.
5) 탐지능력은 탐지물체와 직접적인 접촉을 하지 않고 5㎝ 떨어진 거리에서 무게 5.5g, 직경 25㎜의 원형 금속물질을 탐지할 수 있어야 하며 탐지된 위치에서 즉시 경고음 등이 발생되어야 한다.

4. 폭발물탐지장비 최소기능

1) 컨베이어가 설치되어 일정한 간격으로 수하물이 이동되도록 설계되어져야 한다. 다만, 단독으로 운영되는 폭발물탐지장비의 경우 예외로 한다.
2) 일정한 성능을 유지하고 24시간 연속적으로 작동하며, 수하물 검색을 할 수 있어야 한다.
3) 검색장비는 설치된 장소에서 장애를 진단할 수 있는 기능이 포함되어져야 한다.
4) 매 24시간 마다 최소 1회 자가 진단기능이 있어야 한다.
5) 검색된 특정 이미지를 저장할 수 있어야 하며, 필요 시 반복하여 확인할 수 있는 기능이 있어야 한다.
6) 안전장치에는 비상경보장치, 전원표시기, 비상정지 버튼 기기가 포함되어야 하며, 정상적으로 작동하여야 한다.
7) 폭발물탐지장비는 원자력안전법에서 정한 방사선 발생장치기술기준에서 정하는 방사능 노출 요건 등을 충족하여야 하며, 기기 표면 방사선 누출량은 0.5mR/h (5uSv/h) 이하로 관리하여야 한다.

5. 폭발물 흔적탐지장비 최소기능

1) 자체적으로 교정할 수 있는 자동교정기능이 있어야 한다.
2) 탐지된 폭발물에 대한 폭약 종류를 표시할 수 있는 기능이 있어야 한다.
3) 새로운 폭발물 또는 폭약에 관련된 자료를 입력하여 운영할 수 있는 기능이 있어야 한다.
4) 자료의 상태표시와 경보음을 나타내는 기능이 있어야 한다.
5) 탐지 가능한 폭발물의 종류는 최소 10가지 이상이 되어야 한다.
6) 폭발물흔적탐지장비는 최소 0.5 나노그램의 폭약을 감지할 수 있는 감응도를 유지하여야 한다.
7) 폭발물 탐지 시 오경보율은 최소 1% 이내임을 제작사로부터 보증 받은 장비여야 한다.
8) 폭발물 탐지 분석결과를 저장하거나 재생할 수 있는 기능이 있어야 한다.
9) 폭발물 탐색의 자동분석 시간은 최대 10초 이내여야 한다.

6. 액체 폭발물탐지장비 최소기능

1) 탐지 가능한 액체류 폭발물질은 10가지 이상 되어야 한다.
2) 검색대상물이 들어 있는 용기의 마개를 개봉하지 아니한 상태에서 위험성을 분석할 수 있어야 한다. 다만, 불가피하게 개봉하는 경우 내용물의 일부를 가지고 위험성을 분석할 수 있어야 한다.
3) 검색대상물이 위험물질인 경우 즉시 영상으로 표시하거나 경고음을 발생할 수 있어야 한다.
4) 액체폭발물 탐색의 자동분석 시간은 최대 20초 이내여야 한다.

7. 전신검색장비 최소기능

1) 금속탐지장비에 의하여 탐지하기 어려운 무기 또는 폭발물 등 위험성이 있는 물건을 신체에 대한 접촉 없이 신속하게 탐지할 수 있어야 한다.
2) 위해물품을 자동 분석 후 시각 및 청각으로 위험 위치를 자동 표출하여야 한다.
3) 장비가 위해물품을 탐지하여 위험 위치를 자동으로 표출 시 마네킹 형상 등 인체 모형 이미지 상에 앞면과 뒷면이 표출되어야 한다.
4) 검색대상자의 사생활이 최대한 보호될 수 있도록 신체 이미지를 보관 · 출력 · 전송 및 저장할 수 없어야 한다.
5) 장비가 정상적인 상태인지를 스스로 확인하는 자가 진단기능이 있어야 하며, 장비에 이상이 발생한 경우 자동 정지하는 기능이 있어야 한다.
6) 공인기관으로부터 인체 안전 적합성 인증을 받은 장비여야 한다.

8. 신발검색장비 최소기능

1) 신발 밑창, 발목부위 등에 숨겨진 칼, 총기 등 위험물을 탐지할 수 있어야 한다.
2) 위험물을 인식한 경우 즉시 청각 또는 시각으로 표시되어야 한다.
3) 신발 한 면당 5초 이내에 검색이 완료되어야 한다.

제3절 주요 보안검색장비 성능점검

1. X-ray검색장비 성능점검(CTP)

1) 점검용물품(CTP) 사용방법 및 요구조건

X-ray검색장비가 정상적인 성능을 유지하고 있는지를 확인하기 위하여 CTP (Combined Test Piece)를 이용하여 정기적으로 일상점검을 실시하여야 한다.

CTP는 플라스틱 판 위에 유기물질과 무기물질을 종합적으로 배열하여 X-ray검색장비가 정상적인 성능을 유지하고 있는지를 이미지 분석 및 투과테스트를 통해 확인할 수 있도록 제작된 것이다. CTP는 X-ray이미지를 판독하여 CTP 점검표에 따라 항목별로 기록하며 이미지 판독결과 성능저하가 발견되면 즉시 운영을 중단하고 유지보수를 통해 정상적인 성능이 나올 수 있도록 조치하여야 한다.

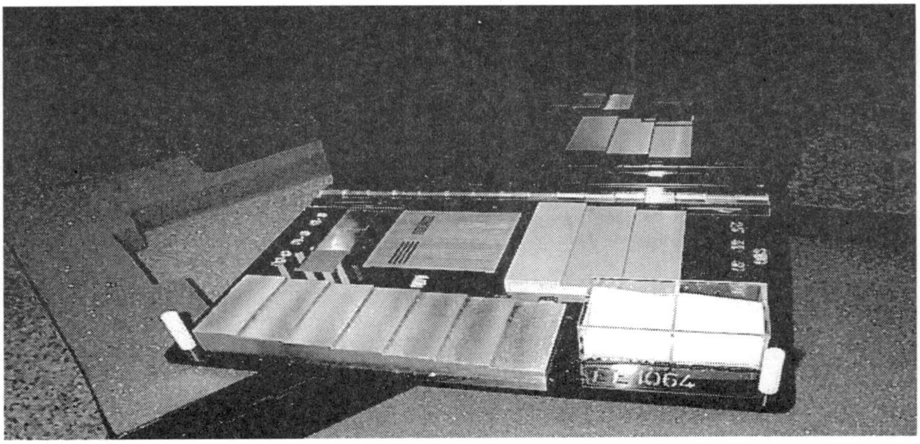

CTP (Combined Test Piece)

(1) 사용방법

CTP는 정상적인 영상을 얻어서 장비가 정상적으로 동작하고 있음을 증명하기 위해 매일 신속한 일상점검을 수행하는데 사용된다. 테스트

항목에 대한 상세한 관찰내용을 기록할 필요가 없다 하더라도 점검결과는 기록 유지하여야 한다.

점검 시에는 CTP점검표를 참조하여 사용하여 X-ray이미지를 분석하여 운영자들이 본 것을 있는 그대로 기록하여야 한다. CTP를 사용하고 시험내용을 기록할 필요가 있는 직원들은 관련되는 교육을 받아야 한다. X-ray검색 장비성능 점검업무를 수행하는 보안담당자 또는 운영자들은 정기적인 교육을 받아야 한다.

CTP는 X-ray검색장비 컨베이어 벨트위에 올려놓고 점검하여야 하며 X-ray검색장비를 사용하기 전에 또는 장비를 작동을 종료한 때에 1일에 최소한 한번정도 X-ray검색장비에 투입하여 장비가 정상적으로 동작하고 있음을 확인해야 한다. 이미지가 정상적으로 표출되면 해당 장비는 사용가능한 상태인 것이다. 주간점검을 실시하는 동안 CTP는 X-ray검색 장비에서 사용가능한 이미지 향상장치를 이용하여 이미지가 표출 될 것이며 운영자 판단에 따라 여러 번 X-ray검색장비에 투입하여 점검하게 될 것이다.

CTP 점검표를 통해 운영자는 어떤 이미지 향상 장치가 사용되었으며 어떤 이미지가 표출되는지를 기록하게 된다. 흑색과 백색 또는 칼라표시가 시험물질을 표시하는데 사용된다. 최적의 CTP 투입위치는 X-ray 검색 발생기 및 탐지기의 배열에 따라 달라질 수 있다.

X-ray검색장비 운영자들은 CTP 영상뿐 만 아니라 검색 물체에 대한 최상의 X-ray검색 이미지를 얻기 위한 정확한 투입위치를 인지하고 있어야 하며 이는 가능한 최상의 이미지를 얻기 위한 것이다. CTP를 어느 위치에 놓아야 할지 잘 모를 경우에는 장비 제작사 또는 유지보수 담당자에게 문의하여야 한다.

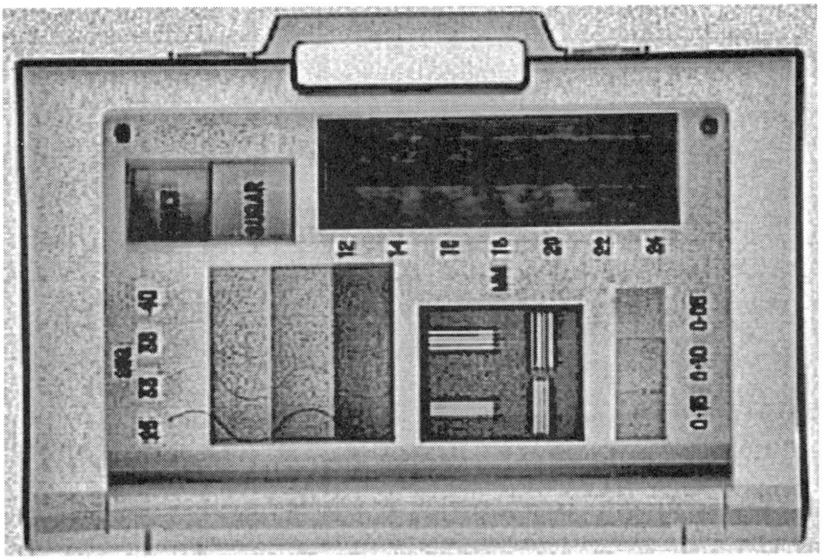

〈 CTP X-ray이미지 (칼라) 〉

(2) 점검결과

흑·백과 칼라 이미지에 대한 점검결과는 해당되는 X-ray검색장비별로 기록하여야 한다. CTP의 최적의 투입위치도 기록하어야 한다. 감독자는 일일점검, 주간점검 결과를 CTP점검표에 정확하게 기록하여야 하며 날짜, 시간, 장비종류, 장비 시리얼 번호, 점검자 및 확인자 등을 포함하여야 한다. 항목별 점검에 대한 의견도 상세하게 기록하여야 한다.

점검을 받는 X-ray검색장비는 CTP의 모든 점검항목별로 충족 요건을 만족하여야 한다. 일부 또는 모든 점검항목에서 문제가 발생될 경우에는 모니터, 신호 또는 X-ray검색장치 등의 고장이 원인일 수도 있다. 점검결과 문제가 도출될 경우에는 장비유지보수요원을 불러야 하며 만약 관리자가 장비의 성능에 문제가 많다고 판단될 경우에는 해당 X-ray검색장비의 사용을 즉시 중단하여야 한다.

기존에 작성된 CTP 점검표에 기록된 점검결과를 비교하여 장비성능이 더욱 저하되었거나 항목별 필요요건들이 충족되고 있지 않다고 판단될 경우에는 생각되면 즉시 장비유지보수요원 불러야 한다. 이런 사항들은 장비성능 향상을 위해 취해야할 조치들과 함께 CTP 점검표에 기록하여야 한다. 만약 관리자가 장비의 성능에 문제가 없다고 판단할 경우에는 해당 X-ray검색장비 사용을 사용 할 수 있다. 장비운영자는 모든 CTP 점검표 작성 자료를 최소 2년간 보관하여야 한다. 이런 점검결과 자료는 제작사 또는 유지보수요원, 관련기관 등에서 요구할 수 있다.

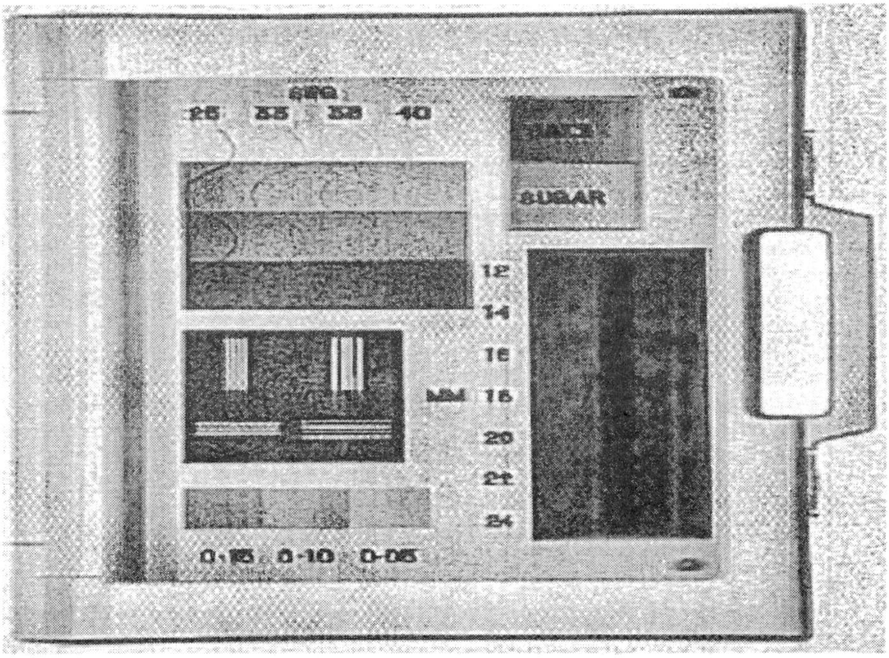

〈 CTP X-ray 이미지 (흑백) 〉

(3) CTP 요구조건 충족장비

X-ray검색장비 제작사는 장비성능점검을 위한 CTP를 장비설치위치 및 장비수량 등을 감안하여 적증수량을 제공해야 한다. X-ray검색장비를 구매할 때 CTP을 공급하야 한다는 내용도 옵션을 포함해야 한다. 점검 종류는 장비종류 및 장비 시리얼 번호와 함께 표시되어야 한다. 장비 제작사는 구매 전에 특정 장비가 각종 요구조건들을 충족하고 있는지 여부를 문서로 증명해주어야 하며 장비인수는 설치시 각종 요구조건 충족여부에 따라 결정될 것이다.

검색장비 투입구 크기에 따라 큰 대형 X-ray검색장비일부 모델은 소형 X-ray검색장비에 비해 이미지 품질이 낮게 나타날 가능성도 있음을 인지하여야 하며 컨베이어 벨트속도가 증가될 경우에도 X-ray검색 이미지가 저하될 수 있다. 검색장비는 가능한 최상의 이미지를 얻기 위하여 X-ray검색을 하는 물품의 크기 및 물품 형태에 가장 적합한 종류의 장비를 설치해야 한다. 시간당 검색비율을 높이기 위해 컨베이어 벨트 속도를 증가시키는 문제도 함께 고려해야 한다. X-ray검색장비를 구입할 때에는 사용하고자 하는 목적, 물품 크기, 물품종류, 검색속도, 기타 고려해야 할 사항들을 감안하여야 하고 관련기관의 요구사항 등을 충족하는지 또는 어떻게 사용하여야 하는지 등에 대해 자문을 받는 것도 좋은 방법일 것이다.

2) X-ray검색장비 CTP 요건

CTP를 이용하여 X-ray검색장비 성능 점검한 결과는 CTP 점검표에 정확하게 기록하여야 하며 점검 항목별로 표출된 X-ray 이미지를 분석하여 작성하며 테스트3과 테스트 5는 장비의 작동범위를 나타내는데 사용될 것이다.

GENERAL DETAILS　　Supervisor____________

Date____________　Time________　Operator____________

Machine Make & Model____________________

Machine Identity No.____________　Machine Location____________

Test Number	Imaging Options Used
1	
2	
3	
4	
5	

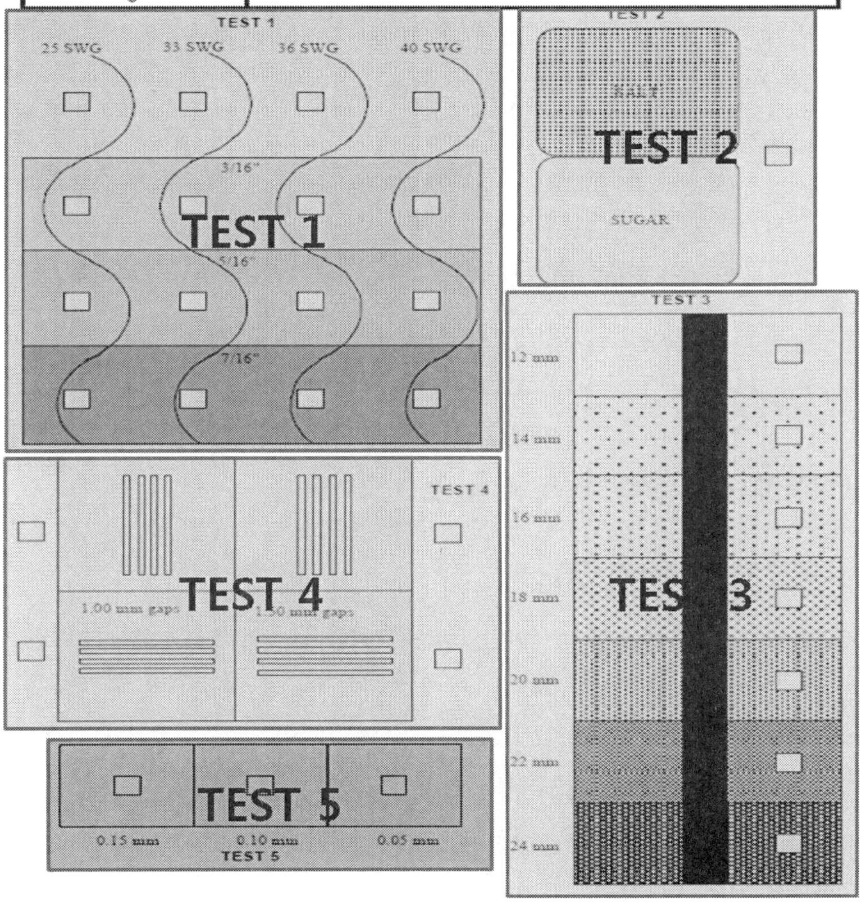

〈 CTP 점검표 (TEST 점검항목별) 〉

(1) 테스트 1A : 단일 철선(wire) 분석

요건은 CTP Step wedge단계에서 처리할 수 없는 33Gauge 철선(wire)를 표시하여야 한다는 것이다. 이 테스트는 한 가닥 가는 선, 즉 33SWG (표준 와이어게이지, 0.254mm)를 표시할 수 있는 성능을 테스트하는 것이다. 철선(wire) 성분은 절연이 되지 않은 가는 구리선이어야 한다. X-ray검색장비 단일 철선 분석능력이 요구조건을 초과하는지 확인하거나 장비성능이 시간이 경과함에 따라 저하되는지를 테스트하기 위해 25SWG(0.508mm) 철선, 33SWG(0.254mm) 철선, 36SWG(0.193mm) 철선, 40SWG(0.122mm) 철선은 CTP내에 포함되어 있으며 S자 모양의 곡선형태이다.

(2) 테스트 1B : 통과 허용범위

요건은 CTP 25SWG 철선이 제2단계 WEDGE (5/16")에서도 식별이 가능한지를 확인하는 것이다. CTP는 두께가 여러가지로 다른 알루미늄 후면에 서로 다른 wire게이지를 내장하고 있다. 이것은 각 단계 다음에 wire들을 갖는 ASTM step wedge와 비슷하다.

(3) 테스트 2 : 물질 구분

요건은 X-ray검색장비가 유기물과 무기물 샘플에 대해 서로 다른 색상으로 표출하는지를 확인하는 것이다. 이것은 유기물과 무기물을 분류할 수 있음을 의미한다. CTP에 사용되는 다양한 물질뿐 아니라 테스트 물품에 캡슐로 들어 있는 설탕과 소금샘플은 물질구분기능을 체크하는데 사용된다. 이 요건은 서로 다른 물질에 서로 다른 색상을 할당하는 것이다. 이 테스트는 이런 기능을 갖춘 장비에 한정되며 체크표시는 두 개의 샘플이 서로 다른 색상을 보여주고 있음을 의미한다.

(4) 테스트 3 : 샘플 투과

요건은 14mm 강판 하부에 있는 납을 확인하는 테스트이다. 이 테스트의 목적은 X-ray검색장비가 어느 정도의 두께까지 투과할 수 있는지를 알아보기 위한 것이다. CTP에 있는 강철 step wedge는 12mm 깊이부터 단계 당 2mm씩 증가하고 24mm까지 설치되어 있다. 납띠(lead strip)는 장비의 성능 점검을 위해 wedge의 길이방향으로 들어간다. 체크표시는 납띠(lead strip)가 보이는 것을 의미한다.

(5) 테스트 4 : 근접 해상도

요건은 수직 및 수평 격자가 정밀하게 표출되는 지를 테스트하는 것이다. 이 테스트는 아주 가까이 있는 물체를 표시하고 구별하는 X-ray검색장비의 성능을 테스트하는 것이다. CTP내 서로 직각을 이루는 16 구리막대 격자를 사용하여 해당 성능을 테스트하며 점검표 상의 체크표시는 격자 내에서 틈이 보인다는 것을 의미한다.

(6) 테스트 5 : 가는 금속 이미지

요건은 0.1mm강철 두께를 이미지로 표시하는 것이다. 이 테스트는 가는 강판을 이미지로 만들 수 있는 성능을 테스트하는 것이다.

3) X-ray검색장비 성능요건

(1) 개 요

기존 X-ray검색장비는 촉수검사와 더불어 승객 및 휴대물품, 위탁수하물, 화물 등을 검색하는데 사용되고 있다. 다양한 최첨단 기술을 적용한 X-ray검색장비는 가까운 미래에 보안검색장비의 기본으로 자리 잡을 것이다. X-ray검색장비를 이용한 폭발물 탐지의 어려움과 향후에 있을 수 있는 비금속 총기류에 대한 탐지가 어렵기 때문에 X-ray검색장비의 성능개선이 필요하다. 본 내용은 보안검색과 관련한 기관들이 현재의 기술 중에 장점들을 고려하고 있는 X-ray검색 검색장비의 요건과 향후 개발되어야 할 부분들을 기술하고 있다.

(2) 탐지 요건

X-ray검색장비는 금속 및 비금속물체의 탐지에 사용할 수 있도록 하여야 한다. 이런 물체들은 은닉되어 보안검색대를 통과할 수 있다. 탐지되어야 할 물품 목록은 다음과 같다.

① 금속 및 비금속 총기류
② 총기류 부품
③ 모든 구경의 탄약
④ 수류탄 및 기타 파편/폭발무기
⑤ 고무탄알, 곤봉, 소형칼 등 도검류
⑥ 군용 및 상업용 폭발물
⑦ 기폭제 및 시한장치
⑧ 전기 및 전자부품
⑨ 전원

(3) 성능요건

기존 X-ray검색장비 성능은 CTP를 이용하여 점검하여야 한다. 이런 테스트를 통하여 X-ray 이미지 품질을 확보하기 위한 관련기관들이 요구하는 사항들을 충족시키는지의 여부를 결정할 수 있다.

(4) 표시(Display)요건

대부분의 기계들을 다음 사항들을 통합하고 있다.

① 탐지기 위치

검색대상 물체의 수직과 수평이 나타낼 수 있도록 탐지기가 위치해야 한다. 이런 배열을 일반적으로 "folded array(접힌 배열)"라고 부른다.

② 흑백 이미지표시

물체들은 다른 회색의 밝기를 다르게 표시하여야 한다. 이런 그림자들은 목표물체를 투과하는 X-ray 양의 변화에 의해 생기게 된다. 관련기관은 흑·백 이미지로만 표시되는 모든 장비들은 성능조건들을 충족시키지 못한다고 간주한다.

③ 칼라 이미지

다중 에너지파장을 이용한 멀티 X-ray이미지를 사용할 때 서로 다른 칼라들을 금속물질과 유기물질 표시에 사용하여야 한다. 제3의 색깔을 이용하여 투과할 수 없는 물체를 표시하여야 한다. 다음과 같은 칼라들이 사용되고 있다. [오렌지] 낮은 원자번호를 갖는 금속물질(예, 유기물질), [청색] 금속, [적색] X-ray검색이 투과할 수 없는 부분. 이런 이미지형성 방법으로 폭발물과 같은 고농도의 유기물질을 찾아내는 것이 가능하다. (이러한 칼라들은 하나의 예로서 제시한 것이며, 상업적으로 사용되고 있는 장비에 이러한 색깔이 사용되고 있다.)

④ 유기물질 칼라표시

유기물질만을 단일 칼라 이미지로 표시할 수 있어야 한다. 이런 단순화된 이미지는 폭발물을 보다 쉽게 탐지할 수 있다.

⑤ 이미지 확대

운영자는 이미지의 일부분을 선택하여 확대할 수 있어야 한다. 완성된 이미지 내에서 최소한 9군데의 확대가능 영역이 존재해야 한다.

⑥ 명암 식별

사람의 눈은 밝기 변화에 있어서 12가지 이상을 구별할 수 없지만 컴퓨터는 이런 한계가 없다. X-ray검색 이미지는 최소 256 밝기를 구분하여 표시하여야 한다. 이런 256개의 밝기는 모든 영역에 대해 인접영역의 밝기와 연결하여 하나의 영역으로서 차례로 표시하여야 한다. 분류되어진 부분들은 시각적으로 구별이 가능하도록 하여야 한다. 이런 방식으로 보다 상세하게 표시가 가능하다.

⑦ 모서리 향상

물체의 이미지 중에서 모서리 부분을 조정하여 화면상에서 물체가 좀 더 잘 보이도록 한다.

⑧ 표시 시간

모든 검색물품은 5초 이상 표출되어야 한다. 장비를 사용하지 않을 경우에 마지막 X-ray이미지가 제거되거나 화면보호기가 사용되어야 한다.

⑨ 운영자 확인

표시된 이미지가 운영자의 고유 식별번호, 날짜 및 시간을 표시하는 것이 가능해야 한다.

⑩ 자동탐지

자동으로 폭발물질이나 폭발물 장치 부품을 탐지할 수 있는 X-ray검색장비가 있으며 이런 장비들은 완전 자동모드로 작동될 경우에는 이미지를 제공할 필요가 없다. 만약 이런 장비들이 운영자가 표시된 이미지를 보고 결정을 내려야하는 방법(지시 모드)으로 사용된다면 이런 이미지들은 현재의 X-ray검색장비와 같이 동일한 기준을 적용받아야 한다. 이런 장비를 사용하고자 하는 운영자들은 관련기관과 함께 적용범위에 대한 협의를 해야 한다.

(5) 하드웨어와 소프트웨어

① 확장성

이미지처리분야 및 패턴인식분야의 신기술은 적용이 가능하게 될 것이다. X-ray검색장비들은 소프트웨어 업그레이드가 쉽게 될 수 있거나 별도의 모듈이 쉽게 추가될 수 있도록 설계되어야 한다. 입력포트를 통해 장비를 프로그램하는 것이 가능하여야 한다. 이를 위한 프로토콜은 문서화되어 유지보수 인원이 쉽게 사용할 수 있도록 해야 한다.

② 소프트웨어

이미지 처리 및 제어 소프트웨어는 업데이트를 쉽게 할 수 있도록 문서화되어야 한다.

③ 운영속도

탐지 또는 선택 표시모드는 1초 이내에 가능하도록 해야 한다. 이런 제한시간은 패턴인식과 같은 미래의 이미지 처리 기술에 적용될 수 없을 것이다. 그러나 최대 허용가능한 지연시간은 6초이다.

④ 비디오 연결

운영자가 보는 이미지를 쉽게 녹화하는 것이 가능해야 한다. 녹화기록장치나 외부 블랙박스와 연결되도록 외부입력단자(output)가 있어야 한다. 외부입력단자는 각 국가에서 비디오시스템에 사용할 수 있는 RGB 신호 및 합성 비디오(composite video)신호를 제공해야 한다. 비디오 내부입력단자(input)를 통하여 테스트 이미지를 입력할 수 있어야 한다.

⑤ 건강과 안전

장비들은 국내 안전 및 보건법규, 특히 기계, 전기, 방사능 위험과 관련된 요건들을 준수해야 한다.

⑥ 향후 개발

이런 요건들은 지속적인 검토가 될 것이며 향후 개선이 될 것이다. 그러나 이전 버전을 향후 요건에 포함할 것인가 여부는 관련기관이 결정하여야 한다. 이런 사항들은 X-ray검색장비의 체계적인 발전에 기여하도록 하여야 한다.

2. X-ray검색장비 성능점검

1) 점검용물품(ASTM) 사용방법 및 요구조건

X-ray 검색장비의 종류는 전 세계적으로 많은 종류의 장비가 설치되어 있다. 국내공항 및 산업계에서는 그 사용 용도에 맞게 장비를 구매하고 설치하였다. 따라서 운영자는 현재 사용하는 장비의 성능을 사전에 인식하고 사용 전에 반드시 성능을 체크를 하여야 한다.

NO	항 목	성능기준	일반적장비 성능	비고
1	투과력	ICAO:AWG 25 FAA:AWG 24	통상 24AWG 최대 35AWG	
2	해상도	ICAO:14mm FAA:15mm	통상 24mm 최대 30mm	
3	Source	통상 140KV 최대 160KV	통상 140KV 최대 160KV	

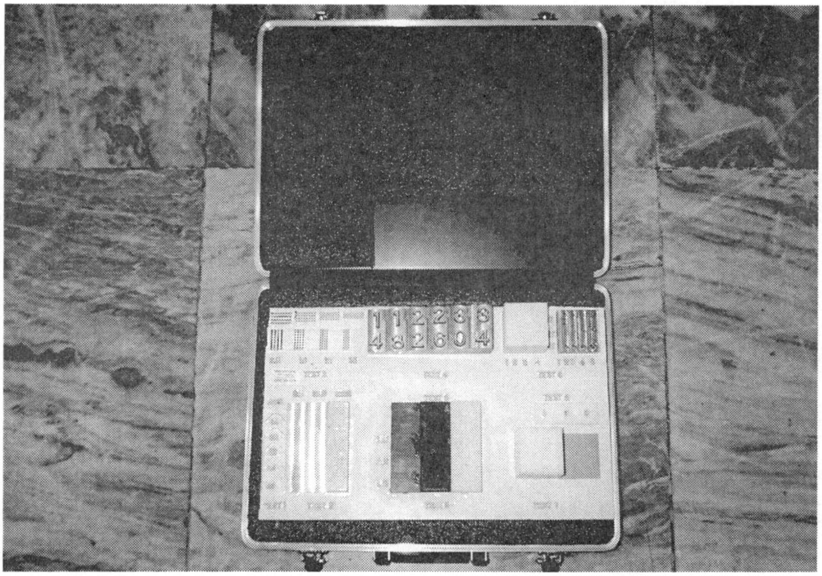
1 1 2 2 3 3
4 8 2 6 0 4

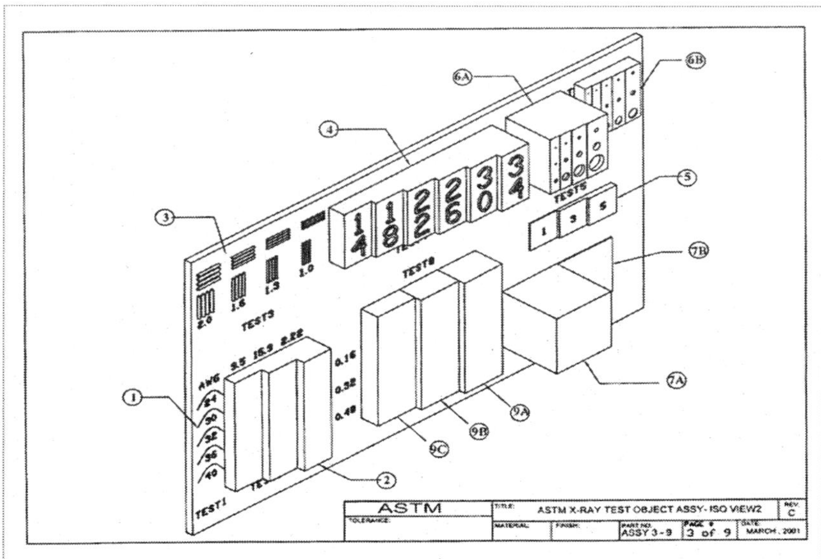
6A
6B
4
5
3
7B
7A
1
2
9A
9B
9C
1
4
1
8
2
2
2
6
3
0
3
4
TEST5
1 3 5
TEST3
TEST8
TEST1
2.0
1.6
1.3
1.0
AWG
24
30
32
36
40
9.5 15.9 2.22
0.16
0.32
0.48
ASTM
TITLE: ASTM X-RAY TEST OBJECT ASSY- ISO VIEW2
REV: C
TOLERANCE:
MATERIAL:
FINISH:
PART NO. ASSY 3-9
PAGE # 3 of 9
DATE: MARCH, 2001

○ ASTM F792 Kit 의 실제 투과력 사진

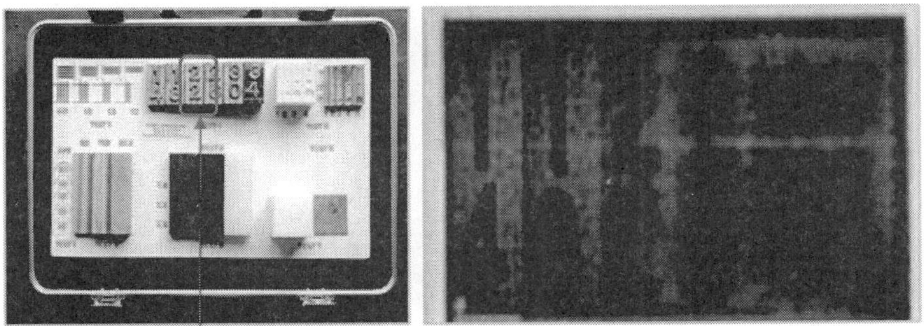

ASTM F792에서 투과력 측정 부분

최대 26m이상을 투과함

X-ray의 에너지나 검출기 시스템의 동적 범위(dynamic range)를 비롯한 몇몇 요소, 그 중에서도 각 검출기 엘리먼트가 받는 X-ray양과 각 검출기 엘리먼트의 물리적 크기, 검출기 시스템에서 디지털화 과정의 데이터 값의 함수들이다.

○ ASTM F792 Kit 의 실제 분해능 사진

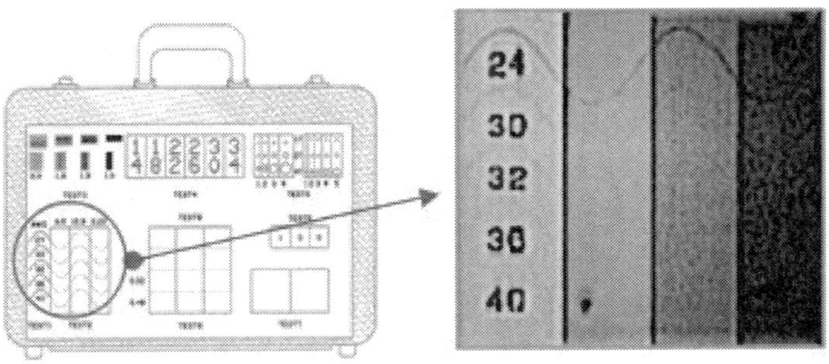

해상도는 X-ray 검색장비의 영상 성능을 평가하는 매우 중요한 항목이며 성능평가의 중요한 척도로서 본 제안 장비는 뛰어난 해상도를 제공합니다.

○ ASTM F792 Kit 의 공간분해능 사진

공간 분해능 시험결과 확대기능을 이용하여 1mm의 수직/수평선을 모두 확인할 수 있다. 즉 공간 분해능은 ASTM F792 시험세트로 검사 시, 1mm 임을 알 수 있다.

수직조사 : 1.0mm

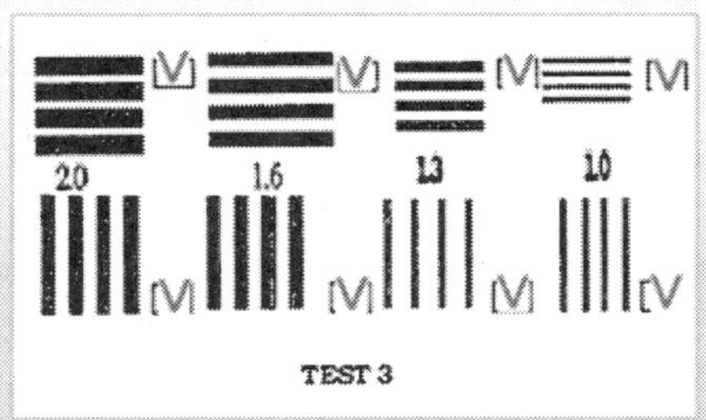

수평조사 : 1.0mm

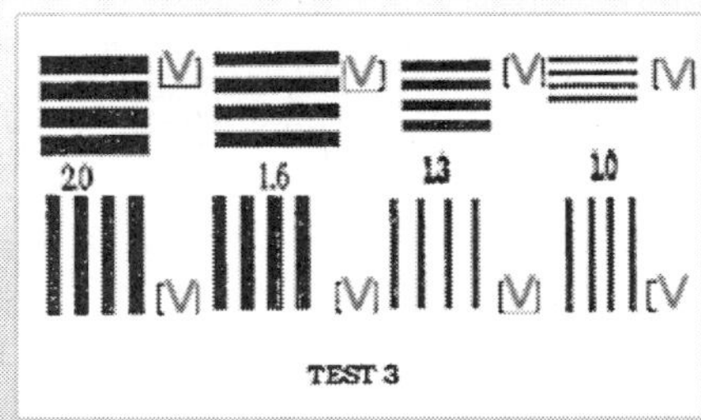

시험결과

2) ASTM – F792 테스트 Kit 사용 설명

(1) ASTM – F792 테스트 Kit

• 시험물체 1번

[해상도] X-ray 검색장비가 동선을 잘 나타내느냐를 결정하기 위하여 본 시험 대상 물체는 여러 개의 동선이 1개 조로 되어 있어야 한다. 이들 동선의 두께 (직경)은 동선을 나타내기 위하여 그 시스템의 능력을 나타내기 위하여 충분한 한계 (범위)를 제공해야 한다. 이들 동선들은 싸인 커브(sin curve)모양으로 꾸불꾸불하게 시험 대상 물체 위에 펴 놓아야 한다. 동선의 type, 수량 및 규격(굵기) 또는 각 동선간의 간격에 관한 상세한 사항은 부록 "A"를 참조한다.

• 시험 물체 2번

[유용한 투과력] X-ray 검색장비의 투과력을 결정하기 위하여 본 시험 물체는 여러 가지 두께의 알루미늄 밑에 놓인 한조의 동선들로 되어 있어야 한다. 이들 동선들의 굵기와 그 알루미늄의 두께는 모두다 장비의 투과력의 특성을 나타내도록 그 한계(범위)가 충분해야 한다. 그 철선들은 싸인 커브(sin curve) 모양으로 꾸불꾸불하게 알루미늄으로 된 step wedge 밑에 그 시험 대상 물체에 펴 놓아야 한다. 동선 type, 수량 및 굵기(표준)와 동선 간의 간격 또는 알루미늄의 두께에 관해서는 부록 "A"를 참조한다.

• 시험 물체 3번

[공간 분해능] X-ray 검색장비의 공간 분해능을 결정하기 위하여 본 시험 물체는 좁은 간격의 동선의 세트로 되어 있어야 한다. 이들 동선들의 굵기와 그들의 간격은 그 범위가 충분해야 한다. 그리고 이들 동선들은 그 장비의 특성을 나타내기 위하여 범위가 충분해야 한다. 그 동선의 type, 수량 및 굵기(표준)과 그 동선들의 간격 또는 그 알루미늄의 두께에 관한 상세한 사항은 부록 "A"를 참조한다.

• 시험 물체 4번

[단순 투과력] X-ray 검색장비의 단순 투과력을 결정하기 위하여 본 시험 물체는 여러 가지 두께로 된 강철판 위에 납으로 만든 숫자가 놓여 있어야 한다. 그 강철의 두께는 그 장비의 단순한 투과력의 특성을 나타내기 위하여 범위가 충분해야 한다. 본 시험 물체에 관한 상세한 사항은 부록 "A"를 참조한다.

• 시험 물체 5번

[얇은 유기물의 영상] X-ray 검색장비의 얇은 유기물 영상의 능력을 결정하기 위하여 본 시험 물체는 여러 가지 두께의 플라스틱으로 구성되어 있어야 한다. 그 플라스틱의 두께는 얇은 유기물질의 영상을 나타내기 위한 그 장비의 능력에 대한 특성을 나타내기 위하여 범위가 충분해야 한다. 그 플라스틱 Sample에 관한 상세한 사항에 대해서는 부록 "A"를 참조한다.

• 시험 물체 6번

[IQI (영상품질지시계)감도] X-ray 검색장비의 IQI 감도를 결정하기 위하여 본 시험 물체는 여러 가지 두께로 된 강철과 플라스틱 Sample판 안으로 뚫린 납작한 구멍들로 이루어져 있어야 한다. 이들 구멍의 직경과 깊이 그리고 강철과 플라스틱 Sample의 두께는 그 장비의 IQI 감도에 대한 특성을 나타내기 위하여 범위가 충분해야 한다. 이들 구멍의 직경 및 깊이 또는 그 강철판과 플라스틱판의 두께에 관한 상세한 사항은 부록 "A"를 참조한다.

• 시험 물체 7번

[유기물/무기물 구분] X-ray 검색장비의 유기물/무기물 구분 능력을 결정하기 위하여 본 시험 물체는 강철판과 플라스틱 Sample로 되어 있다. 그 강철판과 플라스틱 Sample에 관한 상세한 사항에 대해서는 부록 "A"를 참조한다.

• 시험 물체 8번

[유기물 구분] X-ray 검색장비의 유기물 구분 능력을 결정하기 위하여 본 시험 물체는 여러 종류의 플라스틱 샘플로 되어 있다. 선택된 플라스틱들은 각기 다른 유효 원자번호를 갖고 있지만 명목상으로는 동일하다. 플라스틱 샘플의 상세한 사항은 부록 “A”를 참조한다.

• 시험 물체 9번

[유용한 유기물 구분] X-Ray 검색장비의 유용한 유기물 구분을 결정하기 위하여 본 시험물체는 두께가 다른 철판 위에 여러 종류의 플라스틱 샘플들이 놓여 있다. 본 시험에서 사용되는 철판과 플라스틱 Sample에 관한 상세한 사항에 대해서는 부록 “A”를 참조 한다.

(2) ASTM – F792 테스트 Kit의 기록

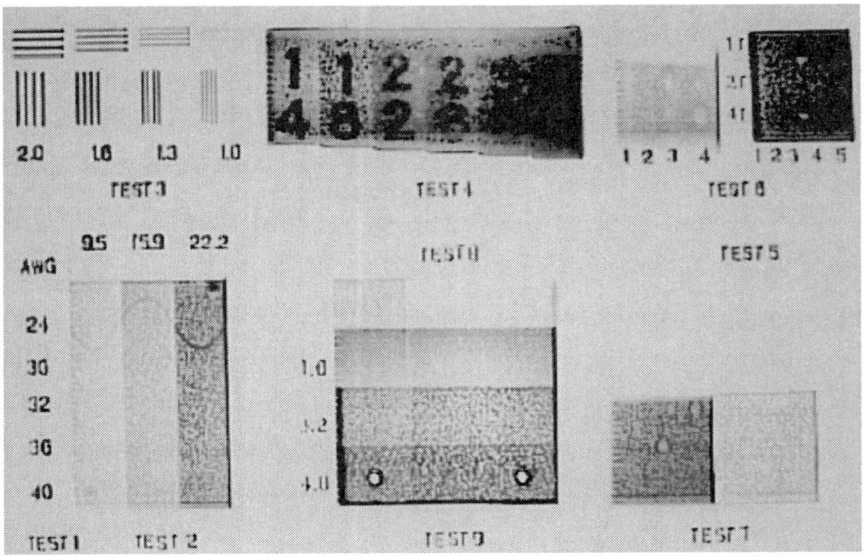

Test 1 - 알루미늄 밑에 있지 않는 동선은 그 모양의 절반 이상이 나타나면 보이는 것으로 한다.

Test 2 - 동선 모양의 대부분이 나타나면 동선은 알루미늄 계단(Step)을 통하여 보이는 것으로 한다.

Test 3 - 수직과 수평의 철선들은 모든 4개의 전선이 식별될 수 있을 때 동선 모양의 대부분이 나타나면 동선은 알루미늄 계단(Step)을 통하여 보이는 것으로 한다.

Test 4 - 납으로 된 숫자는 철판 계단(Step)을 통해 절반이상이 보여야 한다.

Test 5 - 플라스틱 샘플은 그것이 인접해 있는 샘플과 구별 되어야 한다.

Test 6 - 강철 혹은 플라스틱 계단(Step)을 통해 구명이 절반이상 보여야 한다.

Test 7 - 강철과 플라스틱 샘플은 그들이 명확한 명암농도 혹은 색상으로 나타나야 한다.

Test 8 - 플라스틱 샘플은 각자의 명확한 명암농도 혹은 색상으로 나타나며, 인접한 샘플과 구별되어야 한다.

Test 9 - 플라스틱 샘플은 그들이 명확한 명암농도의 색상으로 강철 계단(Step)을 통하여 나타나야 한다.

3. 문형금속탐지기 성능점검

1) 점검용물품(OTP) 사용법

문형금속탐지기의 성능점검 방법 및 성능요건은 중요한 부분이다. 본 자료는 모든 금속문형탐지기 설치 및 테스트와 관련된 기준을 기술하고 있다. 관련기관은 특정장소에 특정 조건 때문에 각각의 금속문형탐지기에 사용되어야만 하는 특정한 셋팅에 어려움이 있을 수 있음을 인식해야한다. 관련기관은 권고된 셋팅값이 오차범위를 벗어나는 검색거절 비율을 발생하는 장소에 사용하기 위한 최소한의 권고 셋팅값을 설정하고 있다.

(1) 시운전

운영자는 금속문형탐지기가 최초 설치가 되었을 때 또는 금속문형탐지기가 재배치되었을 때 시운전을 실시해야 하며 운영자, 제작사 및 유지보수요원이 참여하여야 한다. 결과를 기록 · 유지하여야 하며 관계기관의 요구가 있을 때 자료를 제출하여야 한다. 시운전 결과는 금속문형탐지기가 사용되는 기간 동안에 유지해야 한다.

금속문형탐지기에 적용되는 감지도는 적용 가능한 경우가 발생할 때마다 사용되어야 한다. 검색거절 비율이 너무 높은 경우 최소값 이하 보다 낮지 않도록 하여 최저 감도 셋팅값을 정할 수 있다. 운영자가 필요하다고 판단할 경우 고감도로 셋팅값을 정할 수 있다. 금속문형탐지기는 사용되어야 할 위치에 설치되어야 한다. 해당 지역이 금속문형탐지기의 감도에 영향을 줄 수 있는 간섭사항이 발생하는 지역인지 확인하기 위해 정밀조사를 실시해야 한다. 이런 간섭사항은 주로 X-ray검색장비 근처에 설치된 TV모니터에서 발생하는 전자파 간섭일 수 있다.

금속문형탐지기가 공급자가 만족하는 수준으로 설치되었다면 테스트를 반드시 실시해야 한다. 금속문형탐지기는 공급자가 제공하는 점검용물품(OTP)을 탐지할 수 있도록 권고 셋팅값으로 설정하여야 한다.

금속문형탐지기의 감도 셋팅방법은 신체 4개소 부분에서 OTP를 탐지할 수 있어야 한다. OTP 총열은 각 위치에서 아래로 향하도록 신체부위에 넣어야 한다. 신체 4개 부분은 다음과 같다.

가. 오른쪽 팔

나. 등쪽의 허리부분

다. 오른쪽 엉덩이

라. 오른쪽 발목 안쪽

신체의 각 부분에 테스트 물품을 넣고 금속문형탐지기를 10번 정도 통과해야 하는데 5번은 전면 방향으로, 5번은 반대방향으로 통과해야 한다. 테스트를 하는 사람은 테스트물품 이외에 다른 금속물질을 지니고 있어서는 아니된다. 이런 테스트는 장비의 셋팅을 변경하고자 할 때 반복하여 실시하여야 한다. 셋팅은 테스트를 하는 동안에는 변경해서는 아니된다.

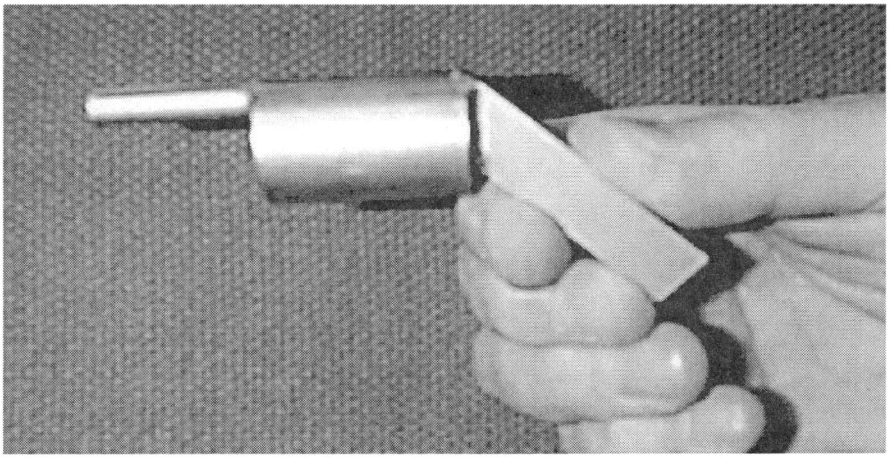

〈 금속문형탐지기 점검용 물품(OTP) 〉

OTP를 각 신체부위에 넣고 금속문형탐지기를 10번 통과하여 최소 8번 이상 감지되도록 해야 한다. OTP 탐지가 적정하게 탐지하지 못할 경우에는 감도를 적정하다고 판단될 때까지 감도를 올려야 한다. 이것이 완료되어야 검색거절 비율이 결정될 수 있다. 만약 시운전기간 중 검색거절 비율이 권고 셋팅값에서 수용할 수 없을 정도로 높게 나타날 경우 감도를 점차 줄여서 검색거절비율을 재설정해야 한다. 금속문형탐지기의 탐지성능은 감도를 줄일 때 마다 OTP를 사용하여 점검해야 한다.

감도는 금속문형탐지기에 설정된 최소값 이하로 줄여서는 아니된다.

만약 재설정된 검색거절 비율이 권고된 셋팅값에서도 수용할 수 없을 정도로 높게 나타나면 금속문형탐지기 공급자 및 관계기관에게 통보해야한다. 만약 OTP 탐지를 정확하게 하기 위해 감도를 권고치보다 높여야 한다면 감도는 검색거절 비율이 오차범위를 벗어나도 줄일 수 없게 된다. 이러한 내용을 금속문형탐지기 공급자 및 관계기관에 통보해야 한다.

특정 금속문형탐지기에 대해 시운전시 모든 내용이 기록되어야 한다. 시도된 셋팅값과 얻어진 검색거절 비율에 대한 기록은 관계기관이 참고할 수 있다. 여기에는 각 위치에서 OTP의 탐지 비율을 포함시켜야 한다. 운영자가 필요하다고 판단되어 감도를 권고치보다 낮게 할 필요가 있을 경우에는 이러한 자료를 관계기관이 요구하게 된다. 검색거절 비율 기록은 금속문형탐지기의 성능을 나타내는 유용한 자료이다. 운영자들은 정기적으로 이런 비율을 기록여부를 기록하고 고려하여야 한다. 특정위치에 특정 금속문형탐지기의 셋팅값은 장비 시리얼 번호와 함께 기록하여야 하며, 해당 금속문형탐지기에 일반인들이 볼 수 없는 곳에 보관하여야 한다.

(2) 일상점검

일상점검은 운영자들에게 금속문형탐지기 전원이 동작된 후 또는 사용되지 않은 기간 이후 잘 동작하고 있음을 증명하기 위한 것이다. 이 점검은 모든 금속문형탐지기에 동일하게 실시하는 시험이다. 만약 금속문형탐지기를 한번도 끄지 않고 계속해서 사용하고 있다고 해도 최소 하루에 한번 점검을 하여야 한다. 스위치를 동작시킨 후 검색에 사용되기 전에도 점검을 받아야 한다.

운영자는 라디오, 열쇠, 동전처럼 금속문형탐지기에 영향을 줄 수 있는 모든 물품을 제거해야 한다. 금속이 부착된 신발(toecap)도 점검 시에는 착용하여서는 아니된다. 그리고 몸에 많은 금속물질을 소지하고 있지 않음을 증명하기 위하여 문형금속탐지기를 통과해야 한다. 그리고 나서 OTP 몸통을 아래로 향하게 하고 손잡이를 오른쪽으로 향하도록 하여 허리 뒷부분에 차고 검색을 받는 방향으로 최소 5번 정도 금속문형탐지기를 통과해야 한다. 때때로 OTP가 금속문형탐지기에서 경보가 울리지 않을 가능성이 있다. 만약 금속문형탐지기가 이전 점검보다 성능이 저하되었거나 OTP를 전혀 탐지하지 못하는 경우에는 문제가 있다. 만약 감독자가 테스트 결과에 만족할 경우 금속문형탐지기를 검색에 사용할 수 있다.

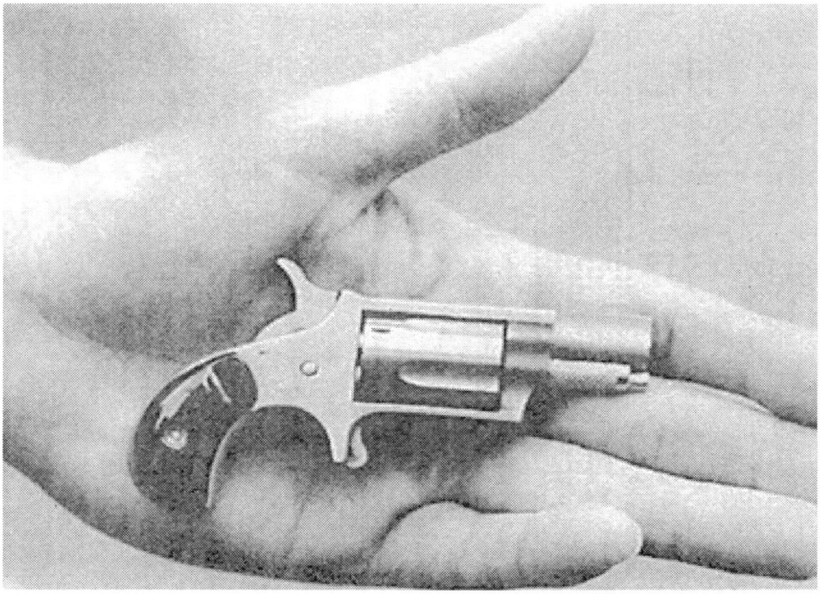

〈 금속문형탐지기 점검용 물품(권총모형) 〉

감독자는 일상점검 결과를 매일 기록하여야 하며 일상점검 결과는 최소 6개월간 보관하여야 한다. 금속문형탐지기가 이전 점검에서 나타난 성능보다 OTP를 감지하지 못하는 것으로 판단될 경우에는 감독자가 적절한 성능이 될 때까지 감도를 증가시켜야 한다. 모든 시험결과는 감독자가 기록하여야 한다. 만약 문제가 해결되지 않으면 유지보수요원이 도착할 때까지 금속문형탐지기를 사용하여서는 아니된다. 공급자 및 유지보수요원에게 문제점을 알려야하고 금속문형탐지기에 고장이 발생하면 금속문형탐지기 작동을 중단시켜야 한다.
보다 상세한 테스트를 오른쪽 팔 아래, 오른쪽 엉덩이, 허리 뒷부분, 오른쪽 발목안의 신체 4개소 부위에 시운전할 때와 동일하게 OTP를 이용하여 일주일에 1번 정도 상세한 점검을 실시해야 한다. 이런 테스트들은 각 위치에서 5번씩 실시해야 하고 결과를 기록하여야 한다. 결과를 보면 금속문형탐지기가 일관되게 작동하는지를 알 수 있다. 운영자가 필요하다고 판단되면 이런 테스트를 자주 실시하고 결과를 기록하여야 한다.
발목 부분의 OTP 탐지는 여러가지 방법이 있다. 이것은 발이 금속문형탐지기 내부에 위치하거나 또는 금속문형탐지기를 통과하느냐에 따라 결과가 달라진다. 운영자는 사람의 발 위치를 변하게 해야 하고 이전 점검결과와 비교하여야 한다.
이런 점검결과 기록방법은 모든 금속문형탐지기에 적용되며 OTP 점검표에는 모델명, 장비 시리얼번호, 위치, 셋팅, 측정결과, 날짜 및 감독자 서명을 포함하여야 한다. 공급자가 금속문형탐지기와 함께 공급하는 계량기 및 테스트 판들은 운영자나 유지보수 요원이 유용하다고 생각한 경우에 OTP에 추가하여 사용할 수 있다.

2) 문형금속탐지기 성능요건

(1) 개요

금속문형탐지기는 보안요원에게 검색 받는 사람이 미리 설정된 한계치보다 많은 금속물질을 몸에 지니고 있다는 것을 알려주는데 사용된다.

이러한 금속물질은 합법적인 물품(열쇠, 시계 등)이거나 금지된 물품(칼, 총 등) 일 수 있다. 금속문형탐지기에서 경보가 발생되는 사람은 촉수검색을 실시해야 한다. 금속문형탐지기에 경보를 발생시킨 모든 금속물질을 찾아내는 것이 보안검색요원의 책임이다.

(2) 요건

금속문형탐지기는 다음과 같은 요건을 충족시켜야 한다.

① 특이성(분류성)

금속문형탐지기를 통과하는 금속물질들은 두 가지 부류이다. 합법적인 물품과 금지된 물품이다. 금속문형탐지기는 금속성분이 동일한 경우라 할지라도 두 가지 부류를 구분할 수 있어야 한다. 테스트의 목적상 합법적인 물품은 다음과 같은 것들이다.

- 금속 줄과 손목시계
- 열쇠고리, 열쇠
- 금속 팬
- 동전

금지된 물품은 관련규정에 명시되어 있다. 이 리스트에는 위험물품과 가스통과 같이 안전상의 이유로 금지된 품목들로 구분되어 있다.

② 민감도

금속문형탐지기의 감도에 따라 탐지할 수 있는 가장 작은 물체를 결정된다. 금지물품의 종류가 너무 많아서 하나의 가장 작은 물품을 탐지가 가능한 물품으로 지정하기는 어렵다. 그러나 가능한 것들은 작은 칼, 소형총기 부품 같은 것들이 있다. 사용자는 환경의 변화에 대응하기 위해 금속문형탐지기의 감도를 조정할 줄 알아야 한다. 관계기관은 테스트에 대한 결과분석 이후 필요한 셋팅값을 설정한다.

③ 통일성

금속문형탐지기의 탐지성능은 모든 문형금속탐지기에서 동일하게 작동해야 한다. 특별하게 관심지점은 발목높이부터 허리높이 지점의 성능이며 문형금속탐지기의 기둥 안에 설치된 발신기 및 수신기 코일이 감겨있는 문형 전반에 관한 성능이다.

④ 통과속도

금속문형탐지기의 성능은 장비를 통과하는 속도에 따라 달라진다. 특히 발을 바닥에 밟지 않고 금속문형탐지기를 통과하거나 금속문형탐지기 기둥사이의 바닥을 밟고 통과할 수 있기 때문이다.

⑤ 문형크기

문형의 크기는 최소한 높이 2m, 폭 0.76m는 되어야 한다.

⑥ 오경보률

어떤 금속문형탐지기라도 합법적인 물품과 금지된 물품을 완벽하게 구별하는 장비는 없다. 이것은 탐지개상 물품의 성분과 크기가 유사한 것이 많기 때문이다. 금속문형탐지기경보는 합법적인 물품을 가지고 통과할 때에도 발생할 수 있다. 이런 사람들도 정밀 촉수검색을 실시해야 한다. 이런 불완전성 때문에 분류성과 민감도 간에 선택을 하여야 한다.

⑦ 전파간섭 대응

전력선내 또는 외부 전원에 의해 발생되는 전파간섭으로 부터 금속문형탐지기가 오경보를 발생하게 해서는 아니 된다. 휴대폰, 개인용 무전기, X-ray모니터는 금속문형탐지기로부터 2m정도 이격시켜서 사용해야 오경보가 발생되지 않고 사용이 가능하다.

⑧ 고정된 금속보정

건물 또는 건물의 한 부분으로 고정된 판이나 금속물질 가까이에 금속문형탐지기를 설치할 필요가 있는 경우가 있다. 금속문형탐지기는 이런 금속에 영향을 받지 않아야 하며 장비성능이 저하되지 않도록 하여야 한다.

⑨ 내구성

금속문형탐지기의 설계는 장비의 성능이 장시간동안 일정하게 유지되도록 설계되어야 한다.

⑩ 경보표시

시각적으로 볼 수 있는 경보와 청각으로 인식할 수 있는 경보가 있다. 청각 경보는 볼륨을 조정할 수 있어야 한다. 볼륨을 올릴 경우에는 보안검색대 주변에서 발생하는 소음보다 인지할 수 있을 정도이어야 한다.

⑪ 감도조정 보안

감도조절기는 열쇠로 시건을 하여 보안통제가 되도록 하여야 한다.

⑫ 시운전 및 일상점검

금속문형탐지기는 테스트 점검용 물품을 이용하여 점검하여야 한다. 필요시 OTP는 금속문형탐지기와 함께 구매할 수 있으며 여러 개의 문형금속탐지기에서 사용할 수 있다. 어떠한 다른 테스트 품목도 OTP를 대신하여 사용할 수 없다. 모든 테스트 물품들의 상세내역은 관계기관에서 볼 수 있도록 하여야 한다.

⑬ 안전 및 보건

금속문형탐지기는 적절한 안전 보건규정 및 기타 관련규정을 준수해야 한다. 제작사는 금속문형탐지기가 심장에 영향을 미치지 않으며, 이런 실험결과가 공신력 있는 기관에 의해 인증된 것임을 입증하는 문서를 제출해야 한다.

문형금속탐지기 일상점검표

<table>
<tr><td colspan="2">모델명:</td><td colspan="2">시리얼 번호.</td><td>위치</td></tr>
<tr><td rowspan="3">본 장비에 대한 특정세팅</td><td colspan="2">권고세팅</td><td colspan="2">최소 세팅</td><td rowspan="3">주의
OTP는 등뒤쪽에 총렬이 아래로 향하도록 하며 방아쇠가 오른쪽으로 향하도록 한다. 테스트 실시자는 일반인이 통과하는 방향으로 문형금속탐지기를 5번 통과한다.</td></tr>
<tr><td>한계 값 (THRESHOLD)</td><td>민감도</td><td>한계 값 (THRESHOLD)</td><td>민감도</td></tr>
<tr><td></td><td></td><td></td><td></td></tr>
</table>

일자	문형탐지기 세팅		테스트 결과 □=경보 x= 무경보					의견 시정 조치	감독자 성명	감독자 서명
	한계값	민감도								

문형금속탐지기 주간점검표

모델명 :	시리얼 NO :	위치 :

장비에 대한 특정 셋팅	권고안		최소		테스트 결과	
	한계 값	민감도	한계 값	민감도	한계 값	민감도

위치	방향	OTP 결과 V=경보 X=미경보						의견 – 실시한 시정조치
OTP–오른쪽 팔	□							
	□							
OTP–오른쪽 엉덩이	□							
	□							
OTP–허리	□							
	□							
OPT–오른쪽발목	□							
	□							

감독자 성명 :	감독자 서명 : 일자:

4. 휴대용 금속탐지기 성능점검

1) 장비 동작상태 점검

장비의 전원 스위치를 켜고 금속물체에 근접시킬 때 경보가 정상적으로 울리면 작동상태는 정상이다.

2) 점검시기

휴대용 금속탐지기 성능 점검 시기는 최초 보안검색 시작 전 및 근무교대 시 반드시 점검되어야 하고 필요시 수시로 점검하여야한다.

3) 점검용 시험용품 사용방법

휴대용 금속탐지기 점검방법은 장비의 전원을 켜고 점검용 시험물품(원형금속물질 : 직경 25㎜, 무게 5.5g)에 장비를 5㎝ 근접 시 금속 감지신호(음향)가 표시되면 정상이고 점검회수는 최초 점검 시 3회 이상 성능 검사를 하며 사용 중에는 수시로 확인한다.

4) 점검결과기록

휴대용 금속탐지기 성능점검결과는 일일 성능점검일지에 경보 및 알람상태를 정상, 보통, 없음 등으로 기록하고 사업 장소에 맞게 정해서 사용한다.

※ 휴대용 금속탐지기는 건전지를 사용하므로 금속물체에 가까이하여도 소리가 작거나 정상적으로 작동하지 않을 경우에는 건전지 충전상태를 확인 하거나 건전지를 교체하여야 한다.

5) 유의사항

(1) 휴대용 금속탐지기는 외부 충격에 약하므로 검색 중 떨어뜨리지 않도록 주의하여 검색해야 한다.

(2) 휴대용 금속탐지기 감도는 장비 유지보수자 또는 보안검색감독자의 허락 없이 조정해서는 아니 된다.

〈휴대용 금속탐지기 점검〉

휴대용금속탐지장비 일일점검일지 (A형)

(년 월 일)

□ 점검요령

○ 휴대용금속탐지기 전원을 켜고 점검시험용 물품에서 5Cm 이격하여 경보발생 여부확인

□ 점검결과/조치사항

NO	모델명	S/N	점검결과			
			정상	불량	입고	비고

휴대용금속탐지장비 일일점검일지 (B형)

□ 점검요령

○ 휴대용금속탐지기 전원을 켜고 점검시험용 물품에서 5Cm 이격하여 경보발생 여부확인

○ 점검결과 기재요령

H/D 상태	경보음(삐)	경고등(적색)	수직, 수평 흔들어 경보음발생	경보음 없음
점검결과	정상상태	배터리 교체	정비의뢰	정비의뢰
표 기	○	△	×	×

□ **점검결과 / 조치사항**(S.N :)

일자	시간	장비별 점검결과 기재				고장 및 조치사항	점검자		감독자
		경보음	경고등	수직	수평		반	성명	성명
,	:								
,	:								
,	:								
,	:								
,	:								
,	:								
,	:								
,	:								
,	:								
,	:								

제4절 주요 보안검색장비의 응급 조치방법

1. X-ray 검색장비

장비를 처음 가동 시 장비가 가동이 안 될 때는 아래 내용을 우선 확인 후 조치를 취한다.

1) X-ray 검색장비

증상	원 인	조치사항
전원이 안 들어올 때	1. 전원플러그가 정상적으로 연결되어 있는지 확인 2. 장비의 전원을 인가해주는 전원차단기의 OFF 위치 확인 3 비상스위치(E-Stop)의 동작 여부 확인 4. 장비 커버가 살짝 열려져 있는지 확인 (Interlock 감지)	1. 전원케이블 상태 확인 2. 차단기 ON 으로 전환 3. 비상스위치를 시계방향으로 Turn시킨다. 4. 커버를 완전히 닫아준다.
X-ray Lamp에 계속불이 들어올 때	1. 터널 내에 잔여가방 또는 컨베이어에 이물질이 묻어 있는지 확인	1. 터널 내 이물질 제거
조작패널이 동작 불량일 때	1. 조작패널의 케이블 확인 2. 특정한 버튼이 눌려져 있는지 확인	1. 조작판넬 연결 원케이블 상태 확인 2. 눌려져 있는 버튼을 다시 꾹 누른다.
모니터에 화면이 나타나지 않는다	1. 모니터 전원 케이블 확인 2. 모니터의 영상케이블 확인	1. 모니터 전원 케이블이 연결되어 있는지 확인 후 플러그를 꾹 누른다. 2. 모니터의 영상케이블을 다시 연결시킨다.

2) 문형금속탐지기

증상	원 인	조치사항
전원이 안 들어올 때	1. 전원플러그가 정상적으로 연결되어 있는지 확인 2. 장비 전원을 인가해주는 전원차단기의 OFF 위치 확인	1. 전원케이블 상태 확인 2. 문형탐지기 전면에 있는 차단기 ON 으로 전환
Alarm이 계속발생	1. 장비의 위 아래 간격이 틀릴 경우 발생 2. 주파수가 인접장비와 중복될 경우	1. 문형의 패널을 당겨준다 2. 프로그램 설정의 주파수를 변경한다

3) 휴대용 금속탐지기

증상	원 인	조치사항
전원이 안 들어올 때	1. 건전지의 전원이 부족하다	1. 건전지를 교체한다.
Alarm이 작게 동작 할 경우	1. 스캐너의 배터리 전원이 약할 경우	1. 건전지를 교체한다.
경보음의 크기가 작거나, 자주들릴경우	1. 스캐너의 감지부분의 고정이 부량하다	1. 손잡이 및 감도부분 고정

부 록

용어 정의

부록 용어 정의

ACS	출입통제시스템 (Access Control System)	시스템상의 허가된 자만 출입할 수 있도록 구성한 시스템
AEP	공항비상계획 (Airport Emergency Plan)	각종 비상사태 발생 시 이에 대한 수습 절차 및 관련기관 임무를 명확히 하여 인명과 재산 손실을 최소화하여 최단시간 내 공항운영을 정상화하기 위한 계획
AIT	원형(전신)검색기 (Advanced Imaging Technology)	인체(전신)에 방사선이나 고주파를 쪼여 옷 밑에 감춰진 위해물품 등을 탐지하는 장비
AOC	공항운영센터 (Airport Operation Center)	24시간 이벤트 발생 시 관련부서 전파, 인명피해, 재산피해를 최소화하여 공항운영 정상화시키는 업무를 수행하는 상황실
AOC-I	항공사운영위원회 (Airline Operation Committee)	공항에 취항한 항공사 및 정부와의 항공사 운영에 관련된 업무협조 및 개선 등을 위하여 구성된 협의체
ASC	항공보안상황실 (Aviation Security Center)	공항 전지역의 항공보안을 총괄 지휘하고 관리하는 통제실
ASTC	국제항공보안교육기관 (ICAO Regional Aviation Security Training Center)	ICAO 인증 교육기관으로 항공보안분야 전문가 및 관리자 등을 양성하기 위한 교육기관
ATC	항공교통관제 (Aviation Traffic Controller)	항공기를 안전하게 목적지까지 유도하여 착륙시키고, 하늘의 항공교통 소통을 관리하는 업무
AVSEC	항공보안 (Aviation Security)	불법방해행위로부터 민간항공을 보호하기 위한 인적·물적 요소가 결합된 대책
AVSEC PM	항공보안 국제전문가 (Aviation Security Professional Manager)	ICAO와 캐나다 Concordia 대학교의 경영대학원이 협력하여 개발한 항공보안 국제전문가 양성 프로그램
BDO	행동탐지요원 (Behavior Detection Officer)	행동분석을 통해 특이자 또는 의심자를 찾아내는 업무를 수행하는 요원

BHS	수하물운송시스템 (Baggage Handling System)	수하물을 항공사 카운터에서 수하물이 항공기에 적재되는 곳까지 이동시키기 위해 공항에 설치된 컨베이어 시스템
BLS	액체 폭발물탐지기 (Bottle Liquid Scanner)	폭발성이 높거나 연소성이 높은 액체류 위험물 및 액체상태의 폭약성분을 탐지하는 장비
CAA	민간항공당국 (Civil Aviation Authority)	민간항공의 승인과 규제를 감독하는 각 나라의 법적권한이 있는 정부 당국
CBS	위탁수하물 보안검색 (Checked Baggage Screening)	승객이 위탁하는 수하물을 보안검색장비 등으로 반입금지물품을 탐지하는 업무
CIQ	세관, 출입국, 검역 (Customs, Immigration, Quarantine)	국제공항의 기본 요건인 세관업무, 출입국관리업무, 검역업무를 모두 총칭하는 약어
CTX	위탁수하물 폭발물탐지시스템 (Certified EDS)	위탁수하물에 대한 보안검색을 위해 TSA, ECAC 등으로부터 폭발물탐지 성능을 인증받은 CT(컴퓨터단층촬영) 방식의 검색장비
DG	출발 보안검색 출입구 (Departure Gate)	항공기 탑승을 위해 보안검색지역으로 진입하는 출입문으로 탑승서류와 본인여부 등을 확인하는 지역
ECAC	유럽민간항공위원회 (European Civil Aviation Conference)	유럽항공교통관제 통합조정프로그램 시행을 관리하고 유럽의 항공교통을 향상시키기 위하여 설립한 국제기구
EDS	폭발물탐지시스템 (Explosive Detection System)	위탁수하물에 대한 보안검색을 위해 TSA, ECAC 등으로부터 폭발물탐지 성능을 인증받은 검색장비
EOD	폭발물처리 (Explosive Ordnance Disposal)	각종 폭발물 탐지, 식별, 분석, 안전처리 등을 통해 인적, 물적 피해를 사전에 방지하는 업무
ETD	폭발물 흔적탐지기 (Explosive Trace Detector)	검색대상물에 묻어있는 화학성분을 흡입하여 화학적인 이온분석 방법 등을 이용하여 폭발물 및 폭약성분의 흔적을 탐지하는 장비
FAA	미국 연방항공청 (Federal Aviation Administration)	미국 운수성산하기관으로 항공수송의 전반업무를 담당하는 기관

HMD (HHMD)	휴대용 금속탐지기 (Hand-held Metal Detector)	전기 자기장을 이용하여 금속물체를 탐지하는 휴대 사용하여 장비
IATA	국제항공운송협회 (International Air Transport Association)	국제 민간항공의 안전과 경제적인 발전을 도모하고 항공사와 협력을 통해 결성한 항공운송기업의 국제단체
ICAO	국제민간항공기구 (International Civil Aviation Organization)	국제민간항공조약(시카고협약)을 통해 1947년 4월에 발족된 유엔 전문기구로서 비행안전확보, 항공로/공항 및 항공시설 발달의 촉진 등을 목적으로 설립
IDS	침입감지시스템 (Intrusion Detection System)	보안지역의 건물 내·외부의 불법 또는 무단 침입을 자동으로 감지하는 시스템
IED	급조(사제)폭발물 (Improvised Explosive Device)	정해진 규격없이 인위적으로 만들어진 폭발물로서 사제폭발물 또는 급조폭발물이라고 함
LEDS	액체류검색겸용 X-Ray (Liquid Explosive Detection System X-ray)	기존 X-ray검색장비에 액체성분의 폭발물을 탐지하는 기능이 탑재된 X-ray검색장비
LPOC	보안확인프로그램 (Last Port of Call)	호주 교통부(OTS)의 보안확인프로그램
MANPADS	견착식 미사일 (Man Portable Air Defence System)	어깨에 견착하여 발사하는 휴대용으로 사용되는 로켓발사 무기
OOG	규격초과 수하물 및 대형수하물 (Out of Gauge)	위탁수하물의 기본 규격을 초과하는 크기의 수하물
OTS	호주 교통부 (Office of Transport Security)	호주항공과 해항 부분의 보안 예방 규제 기관
PBB	탑승교 (Passenger Boarding Bridge)	공항과 비행기를 잇는 다리 모양의 통로

PCC	외곽 대테러상황실 (Perimeter Counter-terrorism Center)	공항 외곽지역의 공항보안을 총괄 지휘하고 감시관리하는 통제실
PFMS	여객흐름관리시스템 (Passenger Flow Management System)	여객의 흐름을 실시간으로 확인하기 위해 출국장 등에 설치된 관리시스템
PIDS	외곽침입감지시스템 (Perimeter Intrusion Detection System)	외곽 울타리지역의 불법·무단 월담 및 침입을 자동으로 감지하는 시스템
RI	반입금지물품 (Restricted Item)	항공기 안전운항 및 여객의 생명과 재산을 보호하기 위하여 항공기에 반입이 금지된 위해 HE는 위험물품
STEB	훼손탐지 가능봉투 (Security Tamper-Evident Bag)	액체 및 젤류물품의 기내반입을 허용하게 하는 ICAO기술기준에 따라 제작된 보안봉투
TRS	주파수공용통신시스템 (무전기) (Trunked Radio System)	무선중계국의 많은 주파수를 다수의 가입자가 공동으로 사용하는 무선방식의 이동통신장비
TSA	미국 교통보안청 (Transportation Security Administration)	미국 국토안보부 산하 교통관련 보안업무를 총괄하는 정부기관
USAP	항공보안평가 (Universal Security Audit Programme)	ICAO에서 각 체약국의 국제적인 항공보안 기준의 부합여부를 항평가하는 제도
WAS	경고방송시스템 (Warning System)	불법침입 시도 또는 발생시 방송을 통하여 자동으로 경고방송하는 시스템
WMD (WTMD)	문형 금속탐지기 (Walk-through Metal Detector)	전기 자기장을 이용하여 금속물체를 탐지하는 출입문 형태의 장비
X-ray Machine	엑스선 검색장비 (X-ray Machine)	엑스선발생장치를 이용하여 검색대상물에 엑스선을 조사(照射)하고 그 내용을 모니터에 영상으로 표시하는 검색장비

참고문헌

- ICAO ANNEX 17 (SECURITY)
- ICAO SECURITY MANUAL (Doc 8973)
- Checkpoint Operation Guide(Air Transport Association of America and Regional Airline Association)
- IATA SECURITY MANUAL
- 항공보안법규 (대한민국 항공보안협회 편저, 진영사 2015)
- 보안검색론 (고광남 · 소대섭, 진영사 2018)
- 항공보안 법규해설 (소대섭, 진영사 2018)
- 항공보안개론 (고광남 · 장경태 · 소대섭 공저, 진영사 2019)
- 항공보안법, 시행령, 시행규칙
- (국토교통부 고시) 항공기 내 반입금지 위해물품
- (국토교통부 고시) 항공보안장비 종류, 운영 및 유지관리에 관한 기준
- (국토교통부 고시) 항공보안장비 성능 인증 및 성능검사 기준
- (국토교통부 고시) 항공보안장비 시험기관 지정 및 운영 등에 관한 규정
- (국토교통부 고시) 액체 · 분무 · 겔류 등 항공기내 휴대 반입 금지물질 운영기준
- (국가정보원) 국가보안시설 및 보호장비 관리지침
- 철도안전법, 시행령, 시행규칙
- (국토교통부 고시) 철도보안검색장비 운영 및 유지관리 등에 관한 기준
- 경비업법, 시행령, 시행규칙
- 청원경찰법, 시행령, 시행규칙
- 총포 · 도검 · 화약류 등의 안전관리에 관한 법률
- 국제항해선박 및 항만시설의 보안에 관한 법률, 시행령, 시행규칙

저자소개

■ 고광남

現 대한민국 항공보안협회 일반경비교육원 원장
現 한국항공보안교육원 상임고문
現 (사) 대한민국 항공보안협회 감사
現 (사) 한국선급 강의
前 한국공항공단 항공보안검색교육원 창설(한국 최초)
前 인천국제공항공사 항공보안교육원 외래교수
前 경찰교육원 강의
前 미국 Safe Passage “Train the Trainer” Course이수
前 미국 폭발물 탐지장비 “ITEMISER” 과정 이수
前 영국 “Instructor Training” 과정 이수

■ 김규성

現 케이비엔지니어링(주) 보안시스템 사업부 부장
現 한서대학교 항공보안시스템전공 항공보안장비 강의
前 미국 Safe Passage "Train the Trainer" Course이수
前 Cargo System 미국 제작사 교육 이수
前 보안검색장비 말레이시아/미국 제작사 교육 이수
前 보안검색장비 미국 제작사 교육 이수
前 Linatron M9 태국 제작사 교육 이수

■ 소대섭

現 한서대학교 항공융합학부 항공보안시스템전공 교수

現 (사) 한국재난안전정책개발연구원 원장

現 (사) 대한민국 항공보안협회 이사

現 (사) 한국항공교통학회 이사

現 항공보안포럼 이사

前 인천국제공항공사 항공보안교육원 부원장 및 전임교관

前 인천국제공항공사 부장

저서

항공보안검색(항공보안검색교육원 고광남, 김규성 공저, 2000)

항공보안(Aviation Security)(항공보안교육원 소대섭외 공저, 2004)

항공보안법규집(항공보안교육원 소대섭외 편저, 2004)

보안검색(항공보안교육원 소대섭외 편저, 2005)

항공보안론(고광남 · 소대섭 공저, 백산출판사 2006)

항공보안법규(대한민국 항공보안협회 편저, 진영사 2015)

일반경비원 신임교육(고광남 외 공저, 진영사 2016)

특수경비원 신임교육(고광남 외 공저, 진영사 2016)

보안검색론(고광남 · 소대섭, 진영사 2018)

항공보안 법규해설(소대섭, 진영사 2018)

항공보안개론(고광남 · 장경태 · 소대섭 공저, 진영사 2019)

항공사 보안론(장경태 · 소대섭 공저, 진영사 2019)